U0150749

壹卷
YE BOOK

让思想流动起来

新史学丛书

晚清民初细菌学说与卫生防疫

姬凌辉 著

 四川人民出版社

本书受到“浙江大学董氏文史哲研究奖励基金”“浙江大学中央高校基本科研业务费”和“浙江大学文科精品力作出版资助计划”资助。

新史学丛书总序

“为什么叫新史学？”

“什么是新史学丛书？”

十五年来，总有朋友会问这个问题，我也一直在思考和试图解答这个问题。

新史学是一种取向。就作品而言，举凡新视角，新史料，新叙述，只要“言之成理，持之有故”，派不分中西古今，人不分新旧少壮，更不论是否成名成家，一切以作品见分晓，一切以给学术界、读书界呈现佳善的学术作品为依归，进而不断汲取更多志同道合者，用绵薄之力，促进历史学界乃至整个人文社会科学界的推陈出新。

新史学是一个过程。一百多年来，新史学不断演进，如果层层堆累，甚至可以在新史学这个名号上不断加新，新新史学，新新新史学……但这不过是文字游戏而已。新史学尽管随时关注国际学术前沿，但并不热衷追逐新潮流，也不那么关注花样翻新，更多考虑是否把此前的优秀作品消化、吸收，不少老书也是新视角，其实不见得被消化。我们不断在引进跟进，但是如何创造性转化，依然任重道远。比如梁任公先生《中国历史研究法》的不少提法，至今依然很有启发，若干理念其实跟最新的史学流派若合符节。要将新史学发扬光大，需要做一个继往开来、温故而知新的工作，无论是欧美近百年来的开创性成果，还是我国近百年以来的前辈硕学之作，比如梁启超、陈寅恪、傅斯年、李济、梁方仲等先生的杰出贡献，都在在值得我们用心聆听与记取。只有在过程中去理解和创新，创新才不会沦为口号，才会变得脚踏实地，成为源头活水，悠远流长。

新史学是一种精神。在有所传承的同时，在引进域外新观念、新方法的同时，落脚点其实是中国史学的开拓，尤其是将注意力更多瞩目于年轻学人，试图在他们小荷才露尖尖角之时，就予以足够的关注，将少年心事当拿云的种种憧憬与构想化为现实，化为作品，化为积累，积跬步以至千里。与此同时，我们也留意到历史系本科、研究生的成长，将史学初阶读物纳入计划，形成新系列，希望由此让史学新鲜人少走弯路。新史学更愿意接受各种不同的声音，在多元互动而不是闭目塞听中走向未来，凡是真诚的声音，都能够在新史学里面得到回应。

新史学愿意秉持这种态度，“上穷碧落下黄泉，动手动脚找材料”，倾尽一切努力，广求力作于世界，将无尽的优秀作品聚集起来，踏实做去，聚沙成塔，集腋成裘，争取在当代学术史、出版史留下一些印迹。

十五年来，新史学品牌包括“新史学&多元对话系列”“中华学人丛书”“新史学文丛”“新史学译丛”“法国大革命史译丛”“历史–社会科学译丛”，累计出版近两百种图书，在国内产生了较大反响。作为再出发，除了“新史学&多元对话系列”保持原貌外，其他丛书统一归入新史学丛书，涵括本土与引进类著作，经典旧籍的整理，初阶史学读物，甚至部分长篇论文，远近高低各不同，中心是唯“材”是举，也力求在设计美学与阅读体验上多做尝试。

这一过程想必是艰辛的，但由于其开放性，无疑会充满惊喜。我们期待在学术界、读书界的支持下，将新史学丛书进一步提升。新史学尽管起源于欧美，但是我们期待，通过不断地坚守，在中土树立新史学的大旗，推动历史研究、历史阅读的再深化，从历史的角度促进中国学术本土化。

兹事体大，敬请海内外师友不吝赐教、赐稿，各位的鼎力支持，是新史学得以发展的保证与动力。

是为序。

谭徐锋

2022年9月18日于河北旅次

序

在新冠肆虐的三年，社会对疫病的了解与认知日渐深入，医疗史的研究也更加受到学术界的关注和重视。姬凌辉博士的《晚清民初细菌学说与卫生防疫》，即是关于医学观念与疫情防控的一项重要讨论。该书是他在硕士论文的基础上修订完成，我作为他硕士学习期间的指导教师，自然感到高兴和欣慰，也要对他取得的进步与成绩表示衷心祝贺。

作为一门古老的学问，医疗史很早就得到关注，并形成了十分系统和丰富的医学文献。当然，除了医学文献之外，早期医疗史更多的是关于医学代表性人物和医学世家的叙述。规范性、专业性的医疗史研究则是随着现代学术研究的兴起而成长起来的，于中国学术界而言更是如此。在国际学术界的影响下，中国大陆近代医疗史的研究首先主要考察的是医疗手段和技术的演进，随后将医学疾病置于广阔的社会环境之中进行“社会史”的深入讨论，21世纪初又转向医疗的社会文化史[①]。这种演进轨迹在拓展医疗史研究空间的同时，也有力深化了医疗史研究的主题，对促进中国近现代史研究

---

① 余新忠：《医学与社会文化之间：百年来清代医疗史研究述评》，《华中师范大学学报》，2017年第3期。

范式的转换也产生了较为重要的影响。

于我而言，医疗史研究是一个“熟悉”的陌生领域。之所以“熟悉”，是因为早在世纪之交朱英教授带领我们开展中国近代社会群体研究时，就对中国近代医师（公会）、护士（公会）等群体和组织有所关注并进行了初步探讨。遗憾的是，受限于时间和精力，以及学术兴趣，我们的这些研究不仅为期不长，未能持续下去，也多停留于“社会史”层面，既对当时前沿性的学术研究缺乏系统了解，更未能加以系统性的追踪和学习。因此，当姬凌辉于2013年提出将“晚清民初的防疫制度”作为硕士论文选题时，我尽管当即认为这是一个颇具学术价值的选题，但同时告知自己对这个领域较为“陌生”，可能难以提供具有操作性的指导意见。好在他具有优秀青年学子身上应该有的一些优良品质，尤其是学习勤奋努力，以及敢于并善于向该领域的校外学者主要是余新忠、张仲民等知名青年学者求教。此外，他还积极主动参加校外的学术活动，并能清晰地表达自己的学术思考和观点。也许正是因为如此，他才能受到章清教授的肯定与青睐，以及获得机会随其在复旦大学攻读博士学位。

具体来说，该书首先基于政府示谕、卫生演说和新闻报道，系统梳理了晚清民初细菌学说引介与传播的历程，尤其结合重大疫情事件，对细菌学说的本土化和在地化特征进行了具体剖析，认为自19世纪下半叶细菌学说不仅逐渐改变了东西方医学的汇通焦点，同时还构成了近代中国学科生成的重要面相。在此基础上，该书还深入论述了细菌学说如何影响了时人的卫生防疫观念，在形塑晚清民初卫生防疫机制方面的角色。在这些分析和论述下，“旧医”与“新医”的差别得以彰显，晚清民国医学的“现代性”也随之显现，晚清民国知识体系与制度转型之间的互动关系也可再审视。

“凡解释一字，即是做一部文化史。”①由此可见，系统性地论述晚清民初细菌学说引介传播的历史进程殊非易事，何况知识译介与制度构建之间更非简单的因果联系，而是多重线索耦合的产物。该书尽管希冀综合概念史、思想史和制度史的研究取向描述了晚清民初“细菌学说”本土化和在地化的进程与特征，但关于“细菌”知识翻译过程中的语言转换、话语塑造和知识建构复杂关系的呈现仍略显模糊。该书除了对“细菌学说”与“温病学说”之间的碰撞、调适和汇通尚有讨论的空间，对“细菌”“病毒”之辨也有待深入论述，尤其是：晚清民初“细菌学说”之中是否包含“病毒”？“菌”“毒”语义的演化趋势是否一致，又有何区别？“菌毒”知识的系统性建构必然作用于“卫生防疫”，其具体体现在哪些方面？由此可见，关于“细菌学说”的研讨，有必要走出“细菌”，将其置于更为广阔的学术视野之下至少是中国近代医疗知识体系之中进行论述。

此外，由于医疗与健康的密切关系，我们对医疗史研究的了解与认识有一种有生而来的“熟悉”，即“具象的生命”自应是其中

① 沈兼士：《“鬼”字原始意义之试探》，《国学季刊》，1935年第5卷第3期，第60页，后收入葛信益、启功编：《沈兼士学术论文集》，北京：中华书局，1986年版，第202页。

重要研究内容。换言之，医疗史还应立足于日常生活的逻辑，仔细观察和深度描述个体人物面对疾病和疫情时的生命观、健康观及其医疗行为，进而呈现不同时代下生命的历史与意义，而非将这些掩藏于“知识建构与制度转型”的宏大叙事之中。

尽管如此，该书的出版依然是凌辉学术道路上的一个重要起点。作为一个有志于“史学远航”的选手，我们相信并冀望凌辉能在远航的征途中乘风破浪，努力耕耘，获取更大的成绩。

是为序。

郑成林

2022年11月14日，武昌桂子山

目 录

引 言 / 001

一、研究现状 / 002

二、本书写法 / 019

第一章 虫、气、细菌、卫生与晚清出洋国人的初步观察 / 023

一、前近代中国传统致病学说 / 024

二、近代西方“瘴气论”与公共卫生的兴起 / 046

三、如蝎如蟹：使西日记中的观察 / 055

四、小 结 / 063

第二章 甲午前后细菌概念的接引与沿海地区的检疫治疫 / 065

一、来华传教士对细菌概念的引介 / 066

二、1894年香港鼠疫与鼠疫杆菌 / 078

三、小 结 / 110

第三章　清末细菌学说的传播与东北鼠疫期间的防疫观念 / 112
一、清末社会各界的译介与在地化实践 / 113
二、宣统鼠疫期间细菌学说与东北地区的防疫观念 / 142
三、小　结 / 168

第四章　民初细菌学说的多样化与晋绥鼠疫期间的防疫面相 / 170
一、民初细菌学说的多样化 / 171
二、民初细菌学名词审查与统一进程 / 211
三、晋绥鼠疫期间的防疫措施与观念 / 224
四、小　结 / 248

第五章　北洋政府时期中央防疫处及其生物制品的推广接种 / 250
一、中央防疫处的组织、人事与经费 / 251
二、1919年霍乱时期的防疫观念与生物制品的推广 / 267
三、小　结 / 315

结　语 / 317
一、纵横交织 / 319
二、医学之网 / 325

参考文献 / 328
一、史料之部 / 328
二、中文专著（含中译本）/ 332
三、回忆录、传记、文集 / 341
四、学位论文 / 343

五、期刊论文 / 344
六、英文著作 / 349
七、英文论文 / 350
八、工具书 / 351
九、电子及数据库资料 / 352

附　录 / 353

后　记 / 382

引　言

一个不可否认的事实是，细胞、细菌、病毒的出现远远早于人类。如果说“清洁与健康”是对现代城市的基本要求，那么当我们将历史的镜头拉回19世纪中期至20世纪初期的中国，并定格在“细菌”[①]与“卫生”上，会不会有另一幅生动、有趣的图景呢？换言之，它们是否在近代中国也经历了从知识到制度转型的复杂过程？如果该问题成立，那么从19世纪国人对西方细菌学说[②]的引介、认

① 按照现代辞典解释，细菌是“微生物的一大类，体积微小，必须用显微镜才能看见。有球形、杆形、螺旋形、弧形、线形等多种，一般都用分裂繁殖。自然界中分布很广，对自然界物质循环起着重大作用。有的细菌对人类有利；有的细菌能使人类、牲畜等发生疾病”。引自中国社会科学院语言研究所词典编辑室编：《现代汉语词典》（2002年增补本），北京：商务印书馆，2002年，第1353页。而比较权威的《不列颠百科全书》则解释为：“一类在显微镜下才能看到的单细胞生物。其大小以微米计。基本形态有球形、杆形和螺旋形。典型的细菌细胞中含有细胞质和未形成核结构的核物质，具有细胞质膜、细胞壁，有些细菌细胞外面还包有胶状或黏液性物质（荚膜）。许多种细菌在休眠阶段时整个细菌变成一个芽孢，一旦条件适宜，又可重新活动。这使它们成为地球上分布得最广泛的生物。在自然界中，细菌可以进行多种秩序井然的生物化学反应。由于这些活动，各种复杂的有机物被分解成简单的化合物，使土壤保持肥力，从而使植物得以生长，动物得以有食物来源。人类利用细菌的这种活动，生产出抗生素、维生素、代血浆等药品，乳酪、食醋和味精等食品。某些细菌又可以引起人类、动植物，乃至其他细菌的疾病。”参见《简明不列颠百科全书》，北京：中国大百科全书出版社，1986年版，第500–501页。

② 需要说明的是，本书所出现的细菌学说概念不仅指细菌学科本身的知识体系，还包括与细菌学说直接或间接的相关知识，加之细菌概念译介过程中并非口径一致，故在正文中会根据史实和行文表述，使用“细菌学说”“细菌学”“细菌致病说”“细菌学知识”“霉菌”等词汇进行表达。

识与传播，再到20世纪初期基于西方细菌学说理论的近代公共卫生制度的建立，这其中又经历了哪些发人深省的历史情节？带着这些问题，本书选择以晚清民初为时段，以细菌学说的渐次引介与卫生防疫机制的构建为主线，以重大疫情为历史剖面，试图对该时期公共卫生、细菌与防疫观念三者之间的关系，以及从细菌学说到卫生防疫制度的历史演变有所展现。

一、研究现状

国内外医史学界关于细菌学说史的专题研究成果体量不大，但也不乏创新力作。较早的研究，如布鲁诺·拉图尔（Bruno Latour）揭示了巴斯德（Pasteur）的成功有赖于一张多种力量汇集而成的网络，包括公共卫生运动、医学职业化（含军医和私营从业人员）以及殖民地利益。巴氏消毒的成功是多种力量加上巴斯德本人的天赋作用的结果，这为我们提供了一种讨论科学、医学与社会关系的新路径，也许三者之间一开始就没有这么大的分别①。与以往单纯强调巴斯德模式在世界范围内推广过程的研究不同，普拉提克·查克拉巴提（Pratik Chakrabarti）既揭示出19世纪晚期热带细菌学在印度经历了体制化进程，还表明殖民地居民对于西方细菌学说的理解与认识，往往基于各种认识论，以及各种社会、制度、文化、思想资源，在殖民地各处，科学家及其各种治疗疾病的医疗实践存在较为复杂的历史多样性，提出了所谓的

① Bruno Latour. *The Pasteurization of France*， translated by Alan Sheridan and John Law， Cambridge， Mass.: Harvard University Press， 1988.

“道德范式”解释框架[1]。无独有偶，这些复杂历史情节亦在近代中国几乎同时上演，而且更为丰富多彩，不过也很难直接套用“巴斯德模式”或“道德范式”来理解。究其根源，中国文化底蕴与南亚、东南亚、非洲、澳洲等殖民地文化差异性较大，故有必要立足于中国本土，关照中西，进而综合考辨细菌学说入华历程。

从目前日本及中国大陆、港台的研究成果来看，对医疗史的研究还是两大套路并行，学者们一般将其归结为“正统医疗科技史”与“新社会史”[2]、“医学史”与“社会史”[3]、“内史”与“外史”[4]，等等。诸如此类的划分一方面反映出当前学界逐渐形成研究路径与范围的部分共识，另一方面这种识见也造成了事实上的区隔，即真正意义上学科内部与学科之间的突破和扩展尚不明显，这

① Pratik Chakrabarti. *Bacteriology in British India: laboratory medicine and the tropics*, Rochester， Woodbridge: University of Rochester Press， 2017，pp.5–6.

② 杜正胜:《作为社会史的医疗史——并介绍“疾病、医疗与文化”研讨小组的成果》,《新史学》，1995年第1期。

③ 尹倩:《民国时期的医师群体研究（1912~1937）——以上海为中心》，华中师范大学博士学位论文，2008年，第2–6页。

④ 曹树基、李玉尚著:《鼠疫：战争与和平——中国的环境与社会变迁（1230–1960）》，济南：山东画报出版社，2006年版，第7页。实际上其他学者也有类似表述，如较近的学者皮国立也大体认为由中医所书写的“内史”与历史学者所进行的“外史”研究共同构成了目前医史研究的两大套路，见皮国立著:《近代中医的身体观与思想转型：唐宗海与中西医汇通时代》，北京：生活·读书·新知三联书店，2008年版，第21页。但历史学者对“内史”与“外史”的理解，与科学史学者理解的“内外史”存在异同。一般而言，科学史的“内史”指的是科学本身的内部发展历史。科学史的“外史”则指社会、文化等因素对科学发展影响的历史。但科学史学者也认为这种“内史”与“外史”的二元划分最终会被消解并产生新的范式，这种新的范式将拓展和加深科学史研究领域。（参见刘兵，章梅芳:《科学史中“内史”与“外史”划分的消解——从科学知识社会学的立场看》,《清华大学学报》（哲学社会科学版），2006年第1期。）而这种消解也是目前医疗史领域所要努力的方向，本书虽然仍然按照“内外史”划分去梳理研究现状，但并不代表笔者坚持传统的“内外史”二元对立，这是需要特别说明的一点。

也是以上各位学者们不断呼吁要改善的地方，但同时也应该认识到，由医家立场出发和由史家视角出发所书写的医疗史并没有优劣高下之分，以此理念为之，笔者将从内史、外史两个方面去梳理国内细菌学说研究现状。

（一）“内史”路径

中医学角度看细菌。抗生素、激素的发明，使人们轻易认为传染性疾病已经被征服了，中医温病学说也早已过时。但长期致力于研究“温病”“伤寒”学说的邓铁涛，早在1998年通过论证吴鞠通病原说的科学性，认为中医走的是另一条道路，虽无西方细菌学说，但细菌早已被概括于“邪气”之中，特别是在治疗病毒性传染病方面甚至领先于世界[①]。2003年非典型肺炎(SARS)在广东省暴发，疫症随后扩散至全国多个省份以及香港特别行政区。突如其来的疫情以及后来中医药介入取得的成果，促使中西医开始进行反思，并努力寻找中医资源，随之出现了大量关于讨论中医温病学说的文章，并且持续升温。集中表现为对温病学派人物及其学说的阐发，例如农汉才对祝味菊生平与学术思想的研究[②]，刘兰林阐述了疠气学说的创立基础与发展滞后的原因[③]，邢玉瑞反思了吴有性的杂气病因说的沉浮[④]，张新亮、盖丽丽从继承传统和中医现代化的

① 邓铁涛：《试论吴鞠通病原说的科学性》，《中国中医基础医学杂志》，1998年第5期。

② 农汉才：《祝味菊生平与学术思想研究》，中国中医科学院（现名）硕士学位论文，2005年。

③ 刘兰林：《疠气学说创立基础及发展迟滞的原因》，《安徽中医学院学报》，2003年第2期。

④ 邢玉瑞：《杂气学说的沉浮及其思考》，《江西中医学院学报》，2007年第3期。

角度评述了戾气学说[①]，吴少俊对吴有性《温疫论》和袁班《证治心传》的探讨[②]，戴翥对叶天士《临证指南医案》外感温热类温病养阴学术思想及用药规律的研究[③]，等等。

也有学者从中西医病因学角度进行研究，如田进文在准确把握阴阳理论、五藏理论特别是肝藏理论的基础上，研究人体的细胞、解剖、组织等现象[④]；王磊系统地梳理了中医病因学史[⑤]；关洪全对中医学“六淫”与“内生五邪”学说中的病原微生物和条件致病微生物致病认识进行了阐释[⑥]；张维骏从生态医学角度对中西医病因学进行了比较研究[⑦]；等等。还有人对伏气学说进行探讨，如郝斌对伏气学说的源流及其理论的文献研究[⑧]。当然除了上述成果外，还有理论和方法的运用，如丁建中运用多学科的现代科学理论与技术，模拟符合中医六淫病因理论中关于外燥的温度、湿度等时空量化指标，对外燥致病机制进行了很好的研究[⑨]；彭鑫从微生态学角度对《伤寒论》阳明、太阴病证与肠道微生态及人体反应性关系的

---

① 张新亮、盖丽丽：《戾气学说的新评价和启示》，《中华中医药学刊》，2007年第9期。

② 吴少俊：《吴有性〈温疫论〉、袁班〈证治心传〉与中医温病学形成的研究》，广州中医药大学博士学位论文，2009年。

③ 戴翥：《叶天士〈临证指南医案〉外感温热类温病养阴学术思想及用药规律研究》，云南中医学院硕士学位论文，2012年。

④ 田进文：《从细胞到人体的阴阳五藏之演化及肝藏生理病理的研究》，山东中医药大学博士学位论文，2003年。

⑤ 王磊：《中医病因学史论》，黑龙江中医药大学博士学位论文，2008年。

⑥ 关洪全：《试论中医“六淫”与“内生五邪”学说中的病原微生物致病认识》，《中医研究》，2009年第4期。

⑦ 张维骏：《生态医学思想下的中西医病因学比较研究》，湖北中医药大学博士学位论文，2011年。

⑧ 郝斌：《伏气学说的源流及其理论的文献研究》，北京中医药大学博士学位论文，2007年。

⑨ 丁建中：《外燥致病机制的实验研究》，湖北中医学院博士学位论文，2006年。

研究[1]；文达良运用统计分析方法与文献研究相结合，归纳岭南医家的用药规律和特点，从气机升降的理论角度，兼论药物的气味厚薄、寒热属性、升降浮沉等方面内容，探讨了岭南医家对温病的防治经验[2]；等等。由此可见，目前研究的重点依然是温病学派、厉气学说等派别的学术流变，以讨论吴有性《瘟疫论》和温病四大家（叶桂、薛雪、吴瑭、王士雄）居多。

西医角度看细菌。现代医学分科系统较为复杂，仅笔者所知，细菌学说常散见于感染性疾病与传染病、预防医学与卫生学之中。从感染性疾病与传染病角度研究细菌较有特点，主要探讨了致病菌的耐药性问题，如徐叔云对抗菌素临床应用与药理的探讨[3]，赵惠远介绍了微生物的变异特性[4]，李世虞对麻风病的耐药性问题加以阐释[5]，谢汇江研究了结核病的感染与发病原理[6]，此外还有李建华、宋丰贵、贾鸣、胡晓梅、胡福泉等人对细菌生物膜耐药机制的探究[7]，等等。

若从预防医学与卫生学角度来看，此类论著写作风格以科普

---

① 彭鑫：《〈伤寒论〉阳明、太阴病证与肠道微生态及人体反应性关系研究》，北京中医药大学博士学位论文，2008年。

② 文达良：《从气机升降理论探讨岭南医家论治温病经验》，广州中医药大学博士学位论文，2013年。

③ 徐叔云：《抗菌素临床应用与药理》，《安徽医学》，1973年第1期。

④ 赵惠远：《微生物的变异》，《赤脚医生杂志》，1979年第9期。

⑤ 李世虞：《麻风的耐药问题》，《皮肤病防治》，1984年第Z2期。

⑥ 谢汇江：《结核病的感染与发病（现代实用结核病系统讲座第二讲）》，《中华结核和呼吸杂志》，1994年第6期。

⑦ 李建华、宋丰贵：《细菌生物膜形成与细菌耐药机制研究进展》，《中国新药与临床杂志》，2008年第1期。贾鸣、胡晓梅、胡福泉：《细菌生物被膜的耐药机制及控制策略》，《生命的化学》，2008年第3期。

性为主，如富川佐太郎和原晋林对灭菌与消毒的发展史的研究[1]，黄可泰和夏素琴对梅契尼可夫与关于衰老起因的自身中毒学说的介绍[2]，徐建国对新病原细菌的世界性和来源问题进行了归纳[3]。特别是自2003年以后此类文章明显增多，如《人类疾病与医学成就（之一）》（《中国财经报》，2003-04-26）；柏伊：《除魔之战：人类与瘟疫的交锋》（《中华读书报》，2003-05-28）；孟庆云：《霍乱的流行与公共卫生建设》（《中国中医药报》，2003-08-04）；张月景：《九大学说解读人衰老》（《科学大观园》，2003年第11期）；曹斯，李娇，吴承刚：《疫苗那些事儿》（《南方日报》，2014-01-04）；等等。

中西医结合看细菌。当然也有很多从中西医结合角度出发，去认识中医的“气”与西医的“菌”，如李福利：《统一医学》（《科学》，1996年第2期）；赵颖，熊旭东：《感染性疾病之中西医认识差异》（《中国中医急症》，2006年第10期）；李立平，赵亚刚：《中医正气与免疫、微生态平衡的研究现状》（《现代中西医结合杂志》，2012年第31期）。

在诸多“内史”研究成果之中，韩鹏从“医学编史学”的多元化角度，认为消化性溃疡细菌学说的产生、认同和传播是临床医学中的一场“革命”，并提出一种同盟者网络模型加以诠释，系统

① 富川佐太郎、原晋林：《灭菌与消毒的发展历史》，《消毒与灭菌》，1984年第1期；《灭菌与消毒的发展历程表》，1984年第4期。

② 黄可泰、夏素琴：《梅契尼可夫与关于衰老起因的自身中毒学说》，《自然杂志》，1993年第4期。

③ 徐建国：《新病原性细菌的世界性和来源问题》，《疾病控制杂志》，1997年第1期。

考察了该学说由产生到获得科学共同体的认同，进而在社会范围广泛传播并产生巨大影响的历史过程[①]。但从其专业背景来说，该文属于正统的“内史”研究，更强调学科自身发展的内在趋向，对知识、制度与社会文化之间的互动则关注较少。

最后就是从医学教育与医学边缘学科角度了解细菌，具体而言就是医学史，而该领域恰恰是历史学与医学互跨学科交流和探讨最多的，故以下所说“外史”部分将主要论及医史学者和历史学者所作出的努力。

（二）“外史”路径

一般而言，大部分医学通史著作都会谈及细菌学说的产生、发展与现状，在早期的医史专著中多有体现，如近代名医丁福保所著的《西洋医学史》将细菌学说作为“内科学史”的重要内容加以译述[②]。李廷安的《中外医学史概论》提纲挈领地勾勒出细菌学说的“大事件”，并认为“自1870–1880之十年间，为医学进化上最盛之时期，尤以细菌方面为然”[③]。就国外而言，罗伊·波特（Roy Porter）的《剑桥插图医学史》和卡斯蒂廖尼（Arturo Castiglioni）的《医学史》一直是较有影响力的西方医学史著作。在《剑桥插图医学史》中，罗伊·波特把细菌学说主要放在第五章医学科学和第七章药物治疗与药物学的兴起中论述，着重写到20世纪的医学突破

① 韩鹏：《消化性溃疡细菌学说的产生、认同与传播》，北京大学博士学位论文，2008年。

② 丁福保著：《西洋医学史》，北京：东方出版社，2007年版，第78–82页。

③ 李廷安著：《中外医学史概论》，民国丛书第三编，第79册，科学技术史类，上海书店据1947年商务印书馆版本影印，1991年版，第22–24页。

与细菌学说的建立[1]，细菌学说的成熟与抗生素的发明[2]。卡氏的《医学史》则把细菌学说放在第十九章作为一个子目进行阐述，并认为19世纪下半叶巴斯德和科赫的工作标志着科学的细菌学说开始建立，细菌学说帮助人们找到了许多疾病的发病原因，并成为当时医学领域中最重要、最有用的学科。[3]但不难发现以上多为介绍与评述，少有专门阐述细菌学说学科知识在近代中国的成长。

此外还有大量通俗性读物，西方比较有代表性的有威廉H.麦克尼尔（William H.McNeill）的《瘟疫与人》（*Plagues And Peoples*），玛格塔（Roberto Margotta）的《医学的历史》（*History Of Medicine*），还有卡尔格·德克尔（Bernt Karger-Decker）的《医药文化史》，等等。以上三本著作对细菌学说均着墨不多，《瘟疫与人》也只是将其作为论述1894年中国鼠疫的知识背景，其他二本也都是在通不在专，但总体上表现出较强的社会文化关怀。

由于中医学（Traditional Chinese Medicine，简称为“TCM”）自成体系，长期与西方医学双峰并峙，故国内学者多从东西方医学交流史角度去梳理西方细菌学说，侧重于医学思想文化的探讨，如丁福保的《西洋医学史》、李廷安的《中外医学史概论》、陈邦贤的《中国医学史》中均有论及。最典型的是李经纬所写的《西学

① （英）罗伊·波特（Roy Portey）主编，张大庆译：《剑桥插图医学史》（修订版），济南：山东画报出版社，2007年版，第119-123页。

② 同上，第170-171页。

③ （意）卡斯蒂廖尼（Arturo Castiglioni）著，程之范主译：《医学史》（下册），桂林：广西师范大学出版社，2003年版，第731-732页。

东渐与中国近代医学思潮》[1]《中外医学交流史》[2]《中医学思想史》[3]，这三本书前后有所继承，主要探讨了西学东渐背景下的中西医思想冲突与调适，部分内容涉及细菌学说，但也并未把该学说作为主体独立讨论。傅维康的《中国医学史》[4]亦延续此风格，此种大部头的论著很明显受制于主题所限而不可能做到具体而微。此外由历史学者撰写的中西医学交流史也有部分涉及细菌学说，如何小莲的《西医东渐与文化调适》从医学传教士入华医学传教史角度梳理，主要探讨了19世纪新教教士翻译医书、开设医院、西医教育等活动，其中第六章通过对传教士关于西医知识体系的译介研究，认识到结核杆菌的发现对于治疗肺结核的重要性，但她主要是为了论证赵元益在中西医交流史上的地位，细菌学说相关内容所占篇幅不多[5]。

另外一位值得关注的学者是高晞，她在《德贞传：一个英国传教士与晚清医学近代化》一书中，通过发现历史中的失语者德贞在华近三十八年的医学实践，很好地考察了西方现代医学被引进晚清中国的历史过程。与何小莲相比，虽然二者都关注的是新教医学传教士，但高氏明显抛弃了中西二元对立的思维模式，对西方医学史把握较为到位，并且认识到技术不断革新的显微镜对于细菌学说

---

① 李经纬、鄢良编著：《西学东渐与中国近代医学思潮》，武汉：湖北科学技术出版社，1990年版。

② 李经纬主编：《中外医学交流史》，长沙：湖南教育出版社，1998年版。

③ 李经纬、张志斌主编：《中医学思想史》，长沙：湖南教育出版社，2006年版。

④ 傅维康主编：《中国医学史》，上海：上海中医学院出版社，1990年版。

⑤ 何小莲著：《西医东渐与文化调适》，上海：上海古籍出版社，2006年版，第260页。

的发现和病菌理论的建立的重要性[1]。也正如张大庆所言，“19世纪医学最重要的贡献是细菌学说的建立，如果说18世纪病理解剖学的建立找到了疾病原因和人体内部器官病理改变之间的关系，那么19世纪时细菌理论的确立找到了外部原因对人体疾病的影响”[2]。然而令人感到吊诡的是，目前不但通论细菌学说的著述不多，而且专论细菌学说在近代中国引介、传播及其影响的论著也少之又少，这与细菌学说在中国近、现代史上的实际地位极不相称，以下择要论之。

梁其姿则从古代疫原认知角度出发，通过考察元明清时期医界对“湿”“杂气”“污秽”等带有方土意味概念的论述，从“郁蒸”概念切入，认为有明以降，沟渠污水、尸气等开始成为秽气的构成要素，且在明末清初有强化趋势；自清代中后期起，污秽的内容更为丰富，衍生出范围更明确符合近人卫生观念的因素；到了民初，除了传统的沟渠污水、地裹尸气外，时人渐将粪溺及污脏的家居床几器具，甚至衣服等也视作引发疫病的因素；并且认为在细菌学说正式被提出以前，西方许多有关环境与疾病的看法，与中国明清时期很相似[3]。

与梁其姿不同，美国学者罗芙芸（Ruth Rogaski）较早地以城市卫生为个案，进而探讨了天津卫生制度演进和卫生观念变迁的历程，从“保卫生命”到“管理细菌”，揭示了天津在殖民地及半殖

① 高晞著：《德贞传：一个英国传教士与晚清医学近代化》，上海：复旦大学出版社，2009年版，引言部分第18–36页。
② 张大庆著：《医学史十五讲》，北京：北京大学出版社，2007年版，第120页。
③ 梁其姿：《疾病与方土之关系：元至清间医界的看法》，见于李建民主编：《生命与医疗》，北京：中国大百科全书出版社，2005年版，第357–389页。

民地历史场景下，“显微镜、皮下注射器针头和药签同步枪和刺刀一起，实现了对成千上万人的检查和消毒”[①]，彰显了卫生的现代性（Hygienic Modernity）。较之稍晚，余新忠则对明清时期避疫、治疫到防疫观念演变进行了很好的梳理，但他对于19世纪下半期具有世界影响性的细菌学说着墨不多，且认为“细菌学说传入中国后，很快得到各阶层的认同”[②]，此观点在其后来的著作中亦有延续[③]。若从知识的“生产—译介—输入—传播—实践”角度看，细菌学说之于当时西方世界尚属新奇，之于中国更难以将其表述为“常识”，且晚清民初中国的社会文化图景较为复杂，在探讨这个问题时需要考虑时空性、差异性等因素。

近年来，美国学者吴章（Bridie J.Andrews）借鉴吉尔兹提出的“地方性知识”概念，揭示了清末民初肺结核病在传统中医学与近代西医学中遭遇的碰撞与调适，如从“尸虫”到“传染”，或从传统的“相染”观到西方的急性传染病概念等。但同时又指出根深蒂固的传统疾病与身体观，如“虚”“痨”等与基于近代西医细菌论的肺结核观念之间的鸿沟巨大。换言之，肺痨与肺结核其实是两种迥然相异的身体观所产生的疾病语言。到了20世纪初期，肺痨这个原本单纯的传统中医词语渐渐混入了通俗西方生物医学的其他概念。“痨”病的疾病观转化到“结核”病的疾病观的复杂过程，即是作

① （美）罗芙芸著，向磊译：《卫生的现代性：中国通商口岸卫生与疾病的含义》，南京：江苏人民出版社，2007年版，第289页。

② 余新忠著：《从避疫到防疫：晚清因应疾病观念的演变》，《华中师范大学学报》（人文社会科学版），2008年第2期，第58页。

③ 余新忠著：《清代卫生防疫机制及其近代演变》，北京：北京师范大学出版社，2016年版，第91页。

为19世纪西方实验科学产物的细菌致病学说在20世纪初进入中国并被吸纳的一个缩影①。虽然该文勾画出了中国医学界在建构现代中医知识过程中对西方强权与文化欲拒还迎、且拒且迎的复杂心态，但仅以肺结核为例去揭示近代细菌学说在中国在地化的过程是否是历史的全貌呢？答案是不言而喻的，至少在晚清民初实际上影响最大的应该是鼠疫、霍乱和天花，由于天花是病毒不是细菌，不适合作为考察对象，因此以鼠疫和霍乱去看晚清至民初细菌学说的在地化过程也许更有说服力。

路彩霞以京津地区为观察点，较为详细地探讨了疫气观、秽气说和细菌说三者之间的碰撞与调适②，她认为“时人观念中并没有将疫虫与疫气截然分开，秽气是二者混融的中介，人们对瘟疫病原进行着中西合璧的想象——不干净的空气里飞舞着有毒的虫子”③。暂且不论其论点公允与否，至少作者在方法论上值得借鉴，即以瘟疫流行为契机，以清末报刊、书籍等为载体，以新闻报道、政府示谕和卫生演说为文本展开探究，这给笔者以很大启发。雷祥麟的《卫生为何不是保卫生命？——民国时期另类的卫生、自我和疾病》一文，以“卫生”“国家”与“生命”三个轴线来探讨这种“另类的卫生”，以丁福保、陈果夫、聂云台、陈方之、余岩

---

① （美）吴章（Bridie J. Andrews）著：《肺结核与细菌学说在中国的在地化（1895–1937）》，刘小朦译自Bridie J.Andrews，“Tuberculosis and the Assimilation of Germ Theory in China，1895–1937，” *Journal of the History of Medicine and Allied Sciences*，52（1997），pp.114–155。收录于余新忠、杜丽红主编：《医疗、社会与文化读本》，北京：北京大学出版社，2013年版，第217–244页。

② 路彩霞著：《清末京津公共卫生机制演进研究（1900–1911）》，武汉：湖北人民出版社，2010年版，第140页。

③ 同上，第145页。

等人的卫生论述为文本，呈现出“中国式卫生”与西方“Hygiene”之争，且认为卫生之争的重点不止在于选择不同的保健工具，更是对于不同生活形态、生命理想与社会关系的重要价值抉择[①]。就这一点来说，细菌学说在中国是否也存在一个中西文化碰撞与融合的过程？

皮国立的《“气”与“细菌”的近代中国医疗史：外感热病的知识转型与日常生活》一书，对“气”与“细菌”问题有较为系统和深入的论述，在一定程度上弥补了这一空缺。皮氏从思考“中医如何看待（西医）微生物学？”切入，以复线式的叙述手法，从把握“气”与“细菌”两个核心概念出发，将此一问题放置在民国初年社会与文化的历史脉络中探索，并提出他对于中医外感热病学曲折发展的因果分析，以及从医史学关怀出发之“重层医史”的史识理解，并力图回到日常生活之中，史料翔实，内容丰富。但此书出版以后，也引来了一些批评意见。

其中台湾师范大学历史系硕士生高恺谦所写《评皮国立，〈“气”与“细菌”的近代中国医疗史——外感热病的知识转型与日常生活〉》一文[②]，观点颇为犀利。首先他认为皮氏在阐释中医外感热病学在面对汇通西医的病名与细菌论问题时，“中医除了接受西化之外，事实上有很重要的一部分是承继传统经典的一面”[③]，言

---

① 雷祥麟：《卫生为何不是保卫生命——民国时期另类的卫生、自我与疾病》，《台湾社会研究季刊》，2004年第2期（总第54期），第17-59页。

② 高恺谦：《评皮国立，〈“气”与“细菌”的近代中国医疗史——外感热病的知识转型与日常生活〉》，《新史学》（台北），2013年第24卷第4期，第191-199页。

③ 高恺谦：《评皮国立，〈“气”与“细菌”的近代中国医疗史——外感热病的知识转型与日常生活〉》，《新史学》（台北），2013年第24卷第4期，第191-199页。

外之意皮书过于强调“现代化”。其次，认为虽然皮书企图从民众日常生活史的视野切入，并构筑出一幅医疗的社会文化史图像，但以第七、八两章为例分析，发现仍多用精英或医者的观点来看民间调养、饮食与禁忌文化，似乎少有民众自己的声音。然后，又通过对各章节设定进行分析，认为此书的聚焦点其实是以内史为主，特别是中医学术思想的变迁。再次，他认为皮书论证中医自身传统史料的时间轴线拉得过长，对于所谓中医“自身传统”也缺乏明确界定，导致其指涉过于宽广。最后，他认为对于涉及中日西新名词译介问题不能一笔带过，必须首先解决并揭示出“这中间的转折过程为何”[①]。

实际上，医学名词术语构成了东西方医学交流的重要语言符号。正如刘禾所发之疑问：“不同的语言之间是否不可通约（incommensurable）？倘若如此，人们如何在不同的词语及其意义间建立并维持虚拟的等值关系（hypothetical equivalences）?在人们共同认可的等值关系的基础上，将一种文化翻译成另一种文化的语言，这究竟意味着什么？倘若不使一种文化经验服从于（subjecting）另一种文化的表述（representation）、翻译或者诠释，我们还能不能讨论或者干脆闭口不谈跨越东西方界限的‘现代性’问题？”[②]但医学名词术语毕竟经历了音译、意译、造字、日译名词、术语统一等艰难历程，这种“不可通约性”似乎也在文化交流

① 高恺谦：《评皮国立，〈“气”与“细菌”的近代中国医疗史——外感热病的知识转型与日常生活〉》，《新史学》（台北），2013年第24卷第4期，第197页。

② 刘禾著：《跨语际实践：文学，民族文化与被译介的现代性（中国：1900-1937）》（修订译本），北京：生活·读书·新知三联书店，2008年版，序，第1页。

与互鉴中逐渐走向了一定程度上的“通约”[①]。

除高恺谦所评几点之外，笔者尚有以下疑虑。皮国立在第一章第六节部分解释了自己之所以会选择气与细菌学说的争议，是因为“近代以来中西医论争的重点，大致可以划分为两个时期。民国以前，中西医论争的范畴是以解剖生理学为主的论争”。他还引用张仲民关于晚清卫生书籍的研究成果，进而认为，“在晚清，生理学是卫生知识的主体，当时翻译的西医书籍是以生理学为主，而不是微生物学。民国之后，则转为细菌学说所带来的治疗学和疾病解释上面的争议，以及以细菌学说为理论根基，所衍生出的中西医公共卫生与国家权力之间的角力战”[②]。此观点大体无误，但是令笔者不解的是，既然晚清翻译西医书籍的主体不是微生物学，那么直接讲民国以后即转为细菌学说所带来的治疗和认知上的争议过于突兀。

要之，晚清民初细菌学说之于中国也存在一个“在地化”（Provincializing China）[③]的过程，但遗憾的是笔者并未见到细菌学说的引介与传播的相关论述，也没有将细菌学说的引介放在同一时间区间内的重大疫情下去关照，也就是说本土化和地方化特征没

---

① 主要有付雷：《中国近代生物学名词的审定与统一》，《中国科技术语》，2014年第3期；芦笛：《中国早期真菌译名的审查与真菌学界的反应》，《中国真菌学杂志》，2017年第5期；姬凌辉：《风中飞舞的微虫：细菌概念在晚清中国的生成》，复旦大学历史学系、复旦大学中外现代化进程研究中心编：《近代中国研究集刊：近代中国的知识与观念》第7辑，上海：上海古籍出版社，2019年版，第112–140页；张彤阳：《中国近现代微生物学名词的审定与演变历程》，《自然科学史研究》，2020年第2期；等等。

② 皮国立著：《“气”与“细菌”的近代中国医疗史：外感热病的知识转型与日常生活》，台北：中医药研究所，2012年版，第35页。

③ 关于“在地化”的含义和理论意义请参考，梁其姿：《医疗史与中国“现代性”问题》一文，收录于余新忠、杜丽红主编：《医疗、社会与文化读本》，北京：北京大学出版社，2013年版。

有呈现出来。既然是讲“知识转型与日常生活”，但却避而不谈细菌学说如何译介传播确实让人难以理解。从这个角度来说，皮国立更多的是直接谈细菌学说的影响，论证中医以“症”看病和西医验“菌”看病之间的汇通与差别，这均使人看过之后稍有不满足。此种论述手法在该书中还有多处类似表达，如第二章第六节小结部分，第七章第一节前言部分以及第九章第三节部分。此外他认为“近代中国学术的‘西化’已不用多谈，这个旧框架将阻挡我们观看近代中国史的全貌，因为它只有单一视角而已”，并且认为“五四史观”不适合用来探讨中西医论争问题[①]。但事实上民初细菌学说的译介与五四新文化运动有着密切关系，甚至有些“不谋而合”，这至少说明有必要对清末民初细菌学说的引介与传播史进一步研究。[②]

（三）一点反思

首先，从目前国内外研究现状来说，海外学者多立足于热带医学、细菌学说、公共卫生、巴氏杀菌、细菌实验、细菌学检验机构等内容展开研究，研究区域集中在英属、德属、法属殖民地，以非洲、南亚、东南亚、大洋洲等国家或地区为主，受制于热带医学传统的不断建构，未能对东亚地区的细菌学说传播与实践问题展开专题研究，这一点也正是本书努力的方向。

其次，国内研究就“内史”而言，学者们要么仍主要探讨温病

① 皮国立著：《“气”与“细菌”的近代中国医疗史：外感热病的知识转型与日常生活》，第321–322页。

② 黄兴涛、陈鹏：《“细菌”“病毒”概念的传播与中国现代卫生防疫观念的兴起》，《光明日报》，2020年4月20日，第14版。

四大家的医籍和医学思想，侧重医学文献的研究；要么就是研究细菌学说的专业学科知识或做科普性知识介绍。就“外史”来说，历史学者的介入无疑给细菌学说史的研究注入了一泉活水，诸如梁其姿、吴章、雷祥麟、余新忠、路彩霞、皮国立、陈鹏等学者，从不同角度和主题对细菌学说之于中国这个主题进行了很出色的探究。但笔者梳理以上研究成果发现，对于晚清民初细菌学说之于中国的引介与传播谈之甚少，许多学者往往将其作为一种既存的历史事实。而且已有多位学者不断提到目前医疗史研究对大量医学期刊、报纸、时人文集、小说等史料运用不够，若以瘟疫流行为契机，以清末报刊书籍等为载体，以新闻报道、政府示谕和卫生演说等文本展开探究，将是本书继续努力的方向。基于此，笔者想要回答以下问题：晚清民初细菌学说是如何被引介进来的？在实际疫情中又是如何影响不同社会阶层的？最终又如何影响近代卫生防疫机制构建的？

再次，就目前学界关注的时段来看，常将中国近现代公共卫生体系演变的时段比照中国近现代史历史分期进行划分，即1840–1911年、1912–1928年、1928–1937年、1937–1945年、1945–1949年、1949–至今，这意味着仍应对细菌学说的传播与实践的变动轨迹重新进行长时段通贯考察，打通晚清与民国，相对完整地呈现出细菌学说在中国的历史。因此，立足于清代看民初细菌观念与卫生防疫机制演进的一般情况[①]，仍是合理路径之一，但是民初北洋政府实际行政管辖范围比较有限，各省市、各区域卫生行政事业发展

① 余新忠著：《清代卫生防疫机制及其近代演变》，北京：北京师范大学出版社，2016年版。

步调不一，导致近代中国卫生防疫事业发展历程十分曲折，知识与制度之间的互动与联系往往显得有些“脱节”。

最后，医学与社会的关系于有形无形之中形塑了过往医学的发展历程以及当下研究者的思维模式。当我们习惯性地将医疗置换成疾疫、将卫生置换成清洁、将卫生行政置换成组织与机构、将鲜活的生命转化成冰冷的数字，是否意味着我们已经简单粗暴地从事医疗史研究很久了？实际上，医疗史本身一定是“失去”的传统医学、“活着”的传统医学与现代化的科学医学共有的历史进程。应该抛去诸如“中与西”“科学与不科学”“进步与落后”等二元对立观念，应该做到“无中生有”，首先回到“无”的历史场景中。

二、本书写法

本书着眼于将医疗史和社会文化史研究相结合，考察晚清民初细菌学说的译介过程，以及在重大疫情下细菌学说与新旧防疫机制之间的互动，进而探讨细菌学说如何影响了时人的卫生防疫观念，又是如何影响了晚清民初卫生防疫机制的初创。

在研究对象的地域上，本书拟作全国性探讨，但限于目前个人能力、精力、时间等因素，主要以香港、广州、上海、天津、北京、奉天（今沈阳）、太原等中东部城市为重点考察对象，初步涉及华南、华东、华北、东北等四大区域。在时段上，将以细菌学说的引介为取舍标准，大致以19世纪中期至20世纪前期为主要考察区间，时段的截取并不意味着细菌学说在中国的引介与传播就此戛然而止，前后尚未关照到的时间区间将留待以后继续探讨。

在研究方法上，本书以历史学的实证研究为主，在尽可能全面收集、爬梳、整理各种文献资料的基础上，把握晚清民初细菌学说进入中国的基本史实，从三个层面展开研究。其一，梳理清楚晚清民初细菌学说引介历程；其二，分析细菌学说与晚清民初“开民智”、重大疫情防治、医学教育、机构设置等各个历史单位之间的内联互动；其三，在理清晚清民初细菌学说史脉络的基础上，就重大疫情防控期间的防疫观念予以分析。

在研究路径上，整合医疗史、概念史、思想文化史与制度史研究。就医疗史而言，已有愈来愈多学者的研究取向有着新文化史的风格，例如Larissa N.Heinrich[①]、Ruth Rogaski[②]、Hugh Shapiro、Bridie J.Andrews、Pratik Chakrabarti、雷祥麟、李尚仁、杨念群[③]、余新忠、胡成、张仲民[④]等。蒋竹山将医疗史概括为新文化史视野下的医疗史研究五种类型，细菌学说便是全球史研究中的“文化相遇”问题，探讨这种既有“文化转向”又具有全球视野的医疗史研究取向是可行的也是必要的[⑤]。无论是破除“以进化为变化”的

---

① Larissa N.Heinrich, *The Afterlife of Images: Translating the pathological Body between China and the West*, Duke University Press, 2008.

② （美）罗芙芸著，向磊译：《卫生的现代性：中国通商口岸卫生与疾病的含义》，南京：江苏人民出版社，2007年版。

③ 杨念群著：《再造“病人”：中西医冲突下的空间政治（1832~1985）》（新史学&多元对话系列），北京：中国人民大学出版社，2013年版。

④ 张仲民著：《出版与文化政治：晚清的“卫生”书籍研究》，上海：上海书店出版社，2009年版。以及氏著：《出版与文化政治：晚清的 “卫生”书籍研究》，上海：上海人民出版社，2021年版。

⑤ 蒋竹山著：《当代史学研究的趋势、方法与实践：从新文化史到全球史》，台北：五南图书出版有限公司，2012年版，第110页。

史学迷思[1]，还是从近代学科知识成长的视野来审视近代中国的历史，无疑都十分重要[2]，而概念最终引发的与西方接轨时带来的制度性变化同样值得重视[3]，实际上细菌概念便符合近代中国历史性基础概念的“四化”标准[4]。故在史料运用与解读上，需要整合医疗史、概念史、思想史与制度史研究取向，从静态的文本中寻绎出动态的历史图景，进而综合审视晚清民初的知识与制度转型。

① 桑兵著：《近代中国的知识与制度转型》，北京：经济科学出版社，2013年版，第7页。

② 章清著：《会通中西：近代中国知识转型的基调及其变奏》，北京：社会科学文献出版社，2019年版，第472页。

③ 陈力卫著：《东往东来：近代中日之间的语词概念》，北京：社会科学文献出版社，2019年版，第308页。

④ “四化”包括标准化、通俗化、政治化、衍生化。参见孙江著：《重审中国的“近代”：在思想与社会之间》，北京：社会科学文献出版社，2018年版，第365-367页。

第一章
虫、气、细菌、卫生与晚清出洋国人的初步观察

从明中后期到鸦片战争之前，中国基本上处于闭关锁国的状态，一方面这使得传统的文物典章制度不因受异质文明冲击而中断，传统医学便是其中宝贵一页，明清两代医学上承两汉，下启晚清，并开温病学说一脉；另一方面，相对封闭的社会环境和文化政策，使得国人因袭多于创作，守旧多于开新，这为西学东渐埋下了历史伏笔。从1566–1840年之间，西方世界已经历文艺复兴、启蒙运动、民族国家统一、早期工业革命等一系列激烈的社会变革，昔日被轻蔑的“远人”已然成长为拥有坚船利炮的列强。西方医学界借助工业革命带来的技术和思想革新，透过复消色差显微镜，发现了一个更加清晰的微观世界，人们通过研究微观世界里的细菌，开始向宏观世界里的“瘴气论”宣战。鸦片战争以后，面对千年未有之变局，中国人开始睁眼看世界，不仅是对西方的“长技”“器物”“制度”等层面有所观察和学习，事实上，还有对西方所发现的微观世界的好奇和理解，细菌由此开始进入国人视野，并开始颠覆国人的世界观。

一、前近代中国传统致病学说

中国古代解释病因的理论资源非常丰富，这体现了古人如何思考人身与天地万物之间的关系。从这个意义上讲，中国古代疾病观不仅仅是一个医学问题，也是一个历史课题。近年来历史学界介入医学史研究，立足于晚近公共卫生、卫生、疾病、传染病、细菌致病说等问题做了不少有益的探讨，但仍缺乏对中国古代因虫致病说的系统整理，而传统典籍中的“虫”与“气”更是成为晚近时人接引细菌致病说的津梁，因此有必要回到中西医不同致病学说冲突与融合的前夜，重点梳理一下“因虫致病”说与温病学说的流变。

（一）中国古代“因虫致病”说

古人对于虫的理解，当分置在不同历史时期知识和文化之下，含义千差万别，可以粗略分成作为博物的虫、作为巫术的虫、作为病原的虫几种。早在《山海经》中就有多处提及虫，例如“又北三百里，曰神囷之山，其上有文石，其下有白蛇，有飞虫”[①]，又如“又东二百三十里，曰荣余之山，其上多铜，其下多银，其木多柳、芑，其虫多怪蛇、怪虫”[②]。可见，蛇与虫同时出现在文本中，虫与蛇的形象从一开始便置放在一起论述。

查字书所载，虫古音同虺，“一名蝮，博三寸，首大如擘指。

① 袁珂校注：《山海经校注》，卷三北山经，上海：上海古籍出版社，1980年版，第92页。

② 袁珂校注：《山海经校注》，卷五中山经，上海：上海古籍出版社，1980年版，第178页。

象其卧形，物之微细，或行，或飞，或毛，或蠃，或介，或鳞，以虫为象，凡虫之所属皆从虫”[①]。从其所指可知，虫作虬，形似蛇，含行、飞、毛、蠃、介、鳞等物，即《尔雅》所释：“《说文》虫者，裸毛羽鳞介之总称也。”[②]清代《康熙字典》有云：“《说文》《玉篇》《类篇》等书，虫、蚰、蟲皆分作三部……截然三音，义亦各别，《字汇》《正字通》合蚰蟲二部，并入虫部，虽失古人分部之意，而披览者易于查考，故姑仍其旧，若《六书正伪》以为虫部即蟲省文，则大谬也。”[③]也就是说，在《说文解字》中，“虫”与“蟲”是音义不同的两个字，“虫”专指一种蛇，即“蝮蛇”。“蟲”指有足的昆虫，而《尔雅·释虫》则论道，“有足谓之虫，无足谓之豸”[④]，有无足肢成为分别虫、蟲、豸的标准，虽然关于“蟲”何时简化为“虫”，以及“虫”的古今音义变化问题均难以精确考证，但从《尔雅》目录来看，虫与天、地、丘、山、水、木、鱼、鸟、兽、畜等诸大类并存，这表明虫是分别芸芸众生的重要名目，而这种认识也就构成了中国古代博物学中虫类得以存在的较早文本依据。

到了唐代，虫与豸汇同一部，分列蝉、蝇、蚊、蜉蝣、蛱蝶、萤火、蝙蝠、叩头虫、蛾、蜂、蟋蟀、尺蠖、蚁、蜘蛛、螗蜋等子目[⑤]，但亦有以“鸟部鳞介虫附”之名目总论万物的做法，含

---

① （清）段玉裁：《说文解字注》，北京：中华书局，2013年版，第669–670页。

② 《十三经注疏》整理委员会整理，李学勤主编：《十三经注疏·标点本13·尔雅注疏》，北京：北京大学出版社，1999年版，第280页。

③ （清）张玉书等：《康熙字典》（下），上海：上海书店出版社，1988年版，第1649页。

④ 《十三经注疏》整理委员会整理，李学勤主编：《十三经注疏·标点本13·尔雅注疏》，北京：北京大学出版社，1999年版，第293页。

⑤ （唐）欧阳询撰：《艺文类聚》，上海：上海古籍出版社，2013年版。

凤、鹤、鸡、鹰、乌、鹊、雁、鹦鹉、龙、鱼、龟、蝉、蝶、萤等物[①]，由此可知，唐代对于虫的分类并没有明确的边界。宋代是中国古代博物学的繁荣时期，此时既有将万物分立二门之举，即草木花果门和虫鱼鸟兽门[②]，也有将昆虫分为七类的做法[③]，还有将虫分别为鳞介与虫豸二部，与疾病部并立[④]。此外，还有飞鸟、走兽、虫、鱼之分[⑤]，亦有以“杂虫”之名简而论之[⑥]，甚至有虫门独列，不与其他类目相分合，分列蚁穴、壁鱼、白蝙蝠、濡需、埳井蛙、守宫、醢鸡、水蚕等子目[⑦]。金时并无新发明，基本沿袭宋时《事物纪原》的分类法，别为花竹木植门与禽兽虫鱼门[⑧]。

明清时期以《本草纲目》为代表的著作，对于虫的分类更加系统，虫与疾病的关系也更为明确。该书收药品一千八百九十二种，其中昆虫类占有一百零六种，称为“虫部”，并有一总序详论之，节略如下：

> 虫乃生物之微者，其类甚繁，故字从三虫，会意。按《考工记》云，外骨内骨，却行仄行，连行纡行，以脰鸣、注鸣、旁鸣、翼鸣、腹鸣、胸鸣者，谓之小虫之属。其物虽微，不可与麟凤龟龙为伍，然有羽毛鳞介倮之形，胎卵风湿化生之异。

---

① （唐）徐坚著:《初学记》，目录，清光绪孔氏三十三万卷堂本。
② （宋）高承著:《事物纪原》，目录，明正统九年序刊本。
③ （宋）李昉等编:《太平广记》，目录卷第一，民国景明嘉靖谈恺刻本。
④ （宋）李昉等撰:《太平御览》，总类，四部丛刊三编景宋本。
⑤ （宋）杨伯岩辑:《六帖补》，目录，清文渊阁四库全书本。
⑥ （宋）叶廷珪撰:《海录碎事》，总目，明万历二十六年刻本。
⑦ 《锦绣万花谷》，上海：上海古籍出版社，1991年版。
⑧ （金）王朋寿撰:《重刊增广分门类林杂说》，总目，民国嘉业堂丛书本。

蠢动含灵，各具性气。录其功，明其毒，故圣人辨之。况蜩螀蚁蚳，可供馈食者，见于《礼记》；蜈蚕蟾蝎，可供匕剂，载在方书。《周官》有庶氏除毒蛊，剪氏除蠹物，蝈氏去鼃黾，赤发氏除墙壁狸虫，蠷螋之属，壶涿氏除水虫，狐蜮之属，则圣人之于微琐，罔不致慎。学者可不究夫物理而察其良毒乎？于是集小虫之有功有害者，为虫部，凡一百零六种，分为三类，曰卵生、曰化生、曰湿生。[1]

李时珍认为，虫具有“微”与“繁”两个特点，故虫与蟲可以通用。较之以往诸书，李氏提出虫分三类，即卵生、化生、湿生，这点与以往分法完全不同，即不再仅按照虫的形体划分，而是按照虫的繁殖方式进行再分类，并作“功害”之别。但此时期也有人不做细分，如徐炬将虫部单设，开列六十二种[2]。

以上便是古代虫的博物学意义，与此同时，虫还与古人的身体发生关联，成为解释病因的重要论据之一。古人相见，常会寒暄一句，“别来无恙”，这句问候语至今仍被广泛使用。所谓的恙并非指病，而是指虫，“恙，毒虫也，喜伤人。古人草居露宿，相劳问曰：无恙。《神异经》云北大荒中有兽，咋人则病，名曰獇，獇，恙也。常入人室屋，黄帝杀之，北人无忧病，谓无恙”[3]。也就是说，在逐水草而居的上古时期，古人通过互相询问“无恙”来传达

① （清）纪昀主编：《四库全书·子部·医家类·本草纲目卷三十九》（景印文渊阁四库全书），台北：台湾商务印书馆，2008年版，第774册，第172页。

② （明）徐炬辑：《新镌古今事物原始全书》，济南：齐鲁书社，1997年版。

③ （清）陈梦雷编纂：《古今图书集成·明伦汇编·人事典》，扬州：广陵书社，2011年版。

对人身的关怀。先秦时期，赵威后曾问齐使：“岁无恙耶？王亦无恙耶？”东晋顾恺之曾与殷仲堪践行，询问“人安稳，布帆无恙”。“《苏氏演义》亦以无忧病为无恙。恙之字同，或以为虫，或以为兽，或谓无忧病。《广干禄书》兼取忧及虫，《事物纪原》兼取忧及兽。《广韵》其义极明，于恙字下云：忧也，病也，又噬虫善食人心也。于㺊字下云：㺊兽如狮子，食虎豹及人，是㺊与恙为二字，合而一之《神异经》诞矣。”①

如果说肉眼可见的毒虫早已成为古人解释疾病的重要依据，那么作为概念的虫则是古代宗教、医学、巫术等领域理解疾病的思想资源。中国古代即有虫积胀、虫入耳、虫痫、虫疰痢、虫斑、虫积、虫瘕、虫兽伤、虫心痛、虫病、虫积腹痛、虫疥、虫兽螫伤、虫牙痛、虫病似痫、虫积腹胀、虫渴、虫痛、虫胀、虫齿、虫积经闭、虫瘤、虫吐、虫痔等病名或病症名。此外还有大量以虫字为偏旁部首与疾病相关的汉字，如虫通“痋”，《说文·疒部》，“痋，动病也。从疒，虫省音”，后经段玉裁注解，“痋即疼字”②。《神农本草经》有云，“白薇，味苦平，主暴中风，身热肢满，忽忽不知人，狂惑邪气，寒热酸痋，温疟洗洗，发作有时”③。又有《图经衍义本草》认为，“犀角，味苦、酸、咸，微寒，无毒，主百毒虫痋，邪鬼瘴气”④。

---

① （清）陈梦雷编纂：《古今图书集成·明伦汇编·人事典》，扬州：广陵书社，2011年版。

② （清）段玉裁撰：《说文解字注》，北京：中华书局，2013年版，第355页。

③ （明）滕弘撰、（清）顾观光辑：《神农本草经》，长沙：湖南科学技术出版社，2008年版，第42页。

④ 张宇初：《道藏》，第17册，北京：文物出版社，1988年版，第632页。

《灵枢·上膈》有云："人食则虫上食，虫上食则下管虚。" 此处显然说的是寄生虫病，古代对于寄生虫病的集中论述也很多，例如佛教有"八万户虫"之说，道教持"三尸九虫"之论。"三尸九虫"源于道教医学，认为人体与三尸九虫相伴相生，"人之生也，皆寄形于父母胞胎，饱味于五谷精气，是以人之腹中各有三尸九虫为人大害。常以庚申之日上告天帝，以记人之造罪，分毫录奏，欲绝人生籍，灭人禄命，令人速死。"也就是说，三尸九虫记录"宿主"的功过是非，并在庚申之日上达天听，天帝据此生杀予夺。道教医学认为人体三尸分居上、中、下三个部位，分主命、食、色，"上尸名彭琚，在人头中，伐人上分，令人眼暗、发落、口臭、面皱、齿落。中尸名彭质，在人腹中，伐人五脏，少气多忘，令人好作恶事，噉食物命，或做梦寐倒乱。下尸名彭矫，在人足中，令人下关骚扰，五情涌动，淫邪不能自禁"[①]。

一般将九虫分为伏虫、蛔虫、白虫、肉虫、肺虫、胃虫、鬲虫、赤虫、蛲虫。"一曰伏虫，长四寸；二曰蛔虫，长一尺；三曰白虫，长一寸；四曰肉虫，如烂李；五曰肺虫，如蚕蚁；六曰胃虫，若虾蟆；七曰鬲虫，如菰瓣；八曰赤虫，如生虫；九曰蛲虫，色黑，身外有微虫千万，细如菜子，此群虫之主。"[②]而且仅能通过"守庚申""去三尸符"等方式除去。九虫具有代际传递性，除胃虫、蛔虫、肉虫外，其余六类虫在人体内均经六次繁衍，生有六

---

① 《玉函秘典》，胡道静等主编：《藏外道书》（第九册），成都：巴蜀出版社，1994年版，第781页。

② 《金笥玄玄》，胡道静等主编：《藏外道书》（第九册），成都：巴蜀出版社，1994年版，第790页。

代，每一代虫导致的症状各异[①]。

实际上，道教医学的这种观点，也影响了古代中医理论。如巢元方认为，“人身内自有三尸诸虫与人俱生，而此虫忌血恶，能与鬼灵相通，常接引外邪，为人患害”。但他也认为三尸九虫所引发的病征大同小异，并将其分为沉尸、伏尸、阴尸、冷尸、寒尸、丧尸等。若从病因角度来看，巢氏认为体内尸虫与外邪相接是致病的根源所在[②]。然而，宋代的《圣济总录》则将“诸尸病”分为飞尸、遁尸、沉尸、风尸、伏尸五类，认为，“唯此五尸之气，变态多端，各各不同，大率皆令人沉沉默默，痛无常处，五尸之外，复有尸气，虽各有证，然气为病大同小异而已”[③]，在这里尸虫与尸气均成为致病因素之一。

以“传尸劳”（结核病）为例，“传尸冷劳者，脊骨中出白虫，或出赤虫，若骨蒸劳谪汗出，腰脚疼痛不遂，脚下出汗如胶漆，诸风气水病，并服一粒差，小儿无辜，可服半粒如前法，有虫出鼻内，如线状是效”[④]。在此表述中，白虫或赤虫实际上成了病因所在，这也符合三尸九虫的说法。就此病而言，气与虫之间可以互相转化，“气虚血痿，最不可入劳瘵之门，吊丧问疾，衣服器用中皆能乘虚而染触。间有妇人入患者之房，患人见之思想，则其劳气随入

---

① 《金笥玄玄》，胡道静等主编：《藏外道书》（第九册），成都：巴蜀出版社，1994年版，第795页。

② （清）纪昀等主编：《四库全书·子部·医家类·巢氏诸病源候总论》（景印文渊阁四库全书），第734册，台北：台湾商务印书馆，2008年版，第721–722页。

③ （清）纪昀等主编：《四库全书·子部·医家类·圣济总录纂要》（景印文渊阁四库全书），第739册，台北：台湾商务印书馆，2008年版，第325–327页。

④ （清）纪昀等主编：《四库全书·子部·医家类·普济方》（景印文渊阁四库全书），第754册，台北：台湾商务印书馆，2008年版，第826页。

染患，日久莫不化而为虫”[①]。也就说，古人认为劳气可以化生为虫，因此不仅要避肉眼所见之虫，还要防由气化生之虫。

当然，以上均属自然发生的虫病，古代尚有大量关于蛊的记载，最早见于《周易》蛊卦，“蛊，巽下艮上，刚上而柔下，蛊元亨，而天下治也”[②]，单就此字而论，实为一卦名而已。稍晚见于《左传》所载医和之言，“是谓近女室，疾如蛊”，“女，阳物而晦时，淫则生内热惑蛊之疾”，“于文，皿虫为蛊，谷之飞亦为蛊。在《周易》，女惑男，风落山，谓之蛊”[③]，此处的蛊指因近女色而染上的疾病，且对虫与蛊之间的化生关系有了初步论述。其后《说文解字》释蛊，“腹中虫也”，“腹中虫者，谓腹内中虫食之毒也，自外而入，故曰中”[④]。结合字形来看，人体的腹部就像是一个器皿，盛着自外而入的毒虫。隋代医书载有“蛊毒”的制作方法，“凡蛊毒有数种，皆是变惑之气，人有故造作之，多取虫蛇之类，以器皿盛贮，任其自相啖食，唯有一物独在者，即谓之为蛊。便能变惑，随逐酒食，为人患祸。患祸于他，则蛊主吉利，所以不羁之徒而蓄事之。又有飞蛊，去来无由，渐状如鬼气者，得之卒重。凡中蛊病，多趋于死。以其毒害势甚，故云蛊毒”[⑤]。

因此，蓄意种蛊为律法所禁止，“造畜蛊毒，买卖毒药，害人

---

① （清）陈梦雷等编纂：《古今图书集成·博物汇编·艺术典》，扬州：广陵书社，2011年版。

② 《十三经注疏》整理委员会整理：《十三经注疏·周易正义》，卷三，北京：北京大学出版社，2000年版，第108–109页。

③ 《十三经注疏》整理委员会整理，李学勤主编：《十三经注疏·春秋左传正义》，卷四十一，北京：北京大学出版社，2000年版，第1339–1344页。

④ （清）段玉裁撰：《说文解字注》，北京：中华书局，2013年版，第683页。

⑤ （隋）巢元方：《诸病源候论》，卷之二十五，蛊毒病诸候上，见于张民庆主编，《诸病源候论译注》，北京：中国人民大学出版社，2010年版，第485页。

性命，各有常刑”[①]。明代的王肯堂认为蛊毒应包括蛇毒、蜥蜴毒、虾蟆毒、蜣毒、草毒等，“凡入蛊乡，见人家门限屋梁绝无尘埃洁净者，其家必畜蛊，当用心防之，如不得已吃其饮食，即潜地于初下箸时，收藏一片在手，尽吃不妨，少顷却将手藏之物，埋于人行十字路下，则蛊反于本家作闹，蛊主必反来求”[②]。这种文本表述无疑增加了蛊毒的巫术色彩。

值得注意的是，作于晚清民初之际的《清稗类钞》对“南方行蛊”一事有详细表述，“南方行蛊，始于蛮僮，盖彼族狉獉成俗，不通文化。异方人之作客闽、粤者，往往迷途入洞，中蛊而死，漳、汀之间较盛”，蛊种类不一，名亦各异，“闽曰蛊鬼；粤曰药鬼；粤西有药思蛊，状似灶鸡虫；滇蜀有金蚕蛊，又名食锦蛊。《五岳游草》载稻田蛊；《冯氏医说》载鱼蛊、鸡蛊、鹅蛊、羊蛊、牛蛊、犬蛊、蜈蚣蛊、蜘蛛蛊、蜥蜴蛊、蜣螂蛊、科斗蛊、马蝗蛊、草蛊、小儿虫等称”[③]。

按照行蛊目的，可分为两类：其一，男女之事，以蛊留人，“粤东之估，往赘粤西土州之寡妇，曰鬼妻，人弗娶也。估欲归，必与要约，三年则下三年之蛊，五年则下五年之蛊，谓之定年药。愆期，蛊发，膨胀而死；如期返，妇以药解之，辄无恙。土州之妇，盖以得粤东夫婿为荣”，故有谚语曰：广西有一留人洞，广东

---

① （明）贡举编：《镌大明龙头便读傍训律法全书》，卷之九，明万历中刘氏安正堂刊本。

② （明）王肯堂著：《证治准绳》，第八册，七窍门下，蛊毒，见于（清）纪昀等主编：《四库全书·子部·医家类·证治准绳》（景印文渊阁四库全书），台北：台湾商务印书馆，2008年，第767册，第527页。

③ 徐珂编撰：《清稗类钞》，第四册，北京：中华书局，2010年版，第3527页。

有一望夫山。其二，谋害商旅，图财害命，“粤东诸山县，人杂瑶蛮，亦往往下蛊。有挑生鬼者，能于权量间，出则使轻而少，入则使重而多，以害商旅，蛊主必敬事之”[1]。投宿者常自带甘草，以验证是否有蛊。此外，滇中亦多蛊，既有药成之蛊，也有自生之蛊，“其太史典试云南，偶与监试某观察言及，观察曰：‘此易见耳。’翼日，告曰：‘蛊起矣。’太史出视之，如放烟火”[2]。近人余云岫认为，“蛊毒之事，实近神话，无是物也。动物毒固有能杀人者，然其发也速，过而不留”[3]。从这个意义来说，蛊毒，一种作为巫术的虫，亦是古人解释致病原因之一，且其神秘色彩形塑了古人不入蛊乡的思想观念与生活常识。

事实上，除了虫与人直接接触引发病痛外，虫与风、气的结合亦是理解因虫致病的路径之一。今天常见的简体字“风”，事实上阻碍了我们思考古代虫与风的关联性。风的繁体字为“風”，中间实际为一虫部，当虫字做偏旁部首位于字的内部或者下部时，常在虫字上部加上一横或一撇，如“蚩”字中虫上加一横，“風”字中虫上加一撇。单从字形上看，虫居于“風”字之中，似乎传达出“八面之风，中必有虫”的讯息。查《说文解字》有云：“风，八风也。东方曰明庶风，东南曰清明风，南方曰景风，西南曰凉风，西方曰阊阖风，西北曰不周风，北方曰广莫风，东北曰融风。”[4]此处八风呈现的是古人基于舆地方位对风的认知，而对于虫与风、气的复杂

① 徐珂编撰：《清稗类钞》，第四册，第3528页。
② 同上，第四册，第3529页。
③ 余云岫编著：《古代疾病名候疏义》，北京：人民卫生出版社，1953年版，第325页。
④ （清）段玉裁撰：《说文解字注》，北京：中华书局，2013年版，第683页。

关系，王充《论衡》有云："夫虫，风气所生，仓颉知之，故凡、虫为风之字。取气于风，故八日而化。生春夏之物，或食五谷，或食众草。"[①]此处虫的含义以及虫与风、气的关系不言而喻，此种说法长久不衰，清代孔广森的《大戴礼记补注》和李道平的《周易集解纂疏》亦延续此论。

总之，《山海经》中出现的蛇与虫，其实是一个基于地理方位意义上的博物概念，蛇与虫同置，也影响了虫的形象建构。当虫被放置在更为宽泛的博物体系中，"草、木、虫、鱼、鸟、兽"的分类与书写显得更有意义。当虫与人身发生关联时，虫被赋予致病义涵，既有"别来无恙"式的日常问候，也有三尸九虫传变生病的复杂理论，更有蓄意施蛊的险恶之举，"虫"与"气"之间也呈现出互化互生的医学认知，所以中国古代"虫"与"气"并非相互攻讦的两种理论。此外，关于蛊毒的各种说法也强化了由虫致病的观念形成。

（二）明清温病学说的形塑与发展

温病是多种外感急性热病的总称，包括传染性与非传染性两大类，一般而言，以传染类为主。热性传染病在人类因疾病而死亡的历史上长期居于首位，直到20世纪20–30年代，硫胺和青霉素发明以后，情况才有了根本性逆转。伤寒和温病是我国医学中研究传染病的两个重要学派，换言之，自古以来中医辨证施治伤寒与温病的历史，即是中国古代传染病史的一个缩影。"温病"名称早在《黄

① （东汉）王充：《论衡》，商虫篇第四十九，四部丛刊景通津草堂本。

帝内经·素问·卷九》中已经出现，热论篇中有记载："寒者，冬气也，冬时严寒，万类深藏，君子固密，不伤于寒，触冒之者，乃名伤寒。其伤于四时之气，皆能为病，以伤寒为毒者，最乘杀厉之气，中而即病，名曰伤寒。不即病者，寒毒藏于肌肤，至夏至前变为温病，夏至后变为热病，然其发起皆为伤寒致之，故曰热病者，皆伤寒之类也。"[①]《内经》还对温病的病因、分类、脉证、治疗原则等都有不少零散记述。其后《难经本义·五十八难》写到，"伤寒有五：有中风，有伤寒，有湿温，有热病，有温病"[②]，其中湿温、热病、温病三者是后世温病学说中的主要病症，以上论著基本认为温病或热病皆为伤寒之类，此即温病学说的萌芽阶段。

东汉末年，张仲景的《伤寒论》虽然主论伤寒证治，但也关涉温热病。一方面他继承了《内经》对伤寒的经典论述，"其伤于四时之气，皆能为病，以伤寒为毒者，以其最成杀厉之气也。中而即病者，名曰伤寒。不即病者，寒毒藏于肌肤，至春变为温病，至夏变为暑病，暑病者热极重于温也"。另一方面他提出温病的病因是由四时不正之气所导致，"是以辛苦之人，春夏多温热病，皆由冬时触寒所致，非时行之气也。凡时行者，春时应暖而复大寒，夏时应大热而反大凉，秋时应凉而反大热，冬时应寒而反大温，此非其时行之气也"[③]。此外，张氏还对温病初期证候特点作了较明确的描述，

---

① （清）纪昀主编：《四库全书·子部·医家类·黄帝内经素问》（景印文渊阁四库全书），台北：台湾商务印书馆，2008年版，第733册，第103页。

② （清）纪昀主编：《四库全书·子部·医家类·难经本义》（景印文渊阁四库全书），台北：台湾商务印书馆，2008年版，第733册，第493页。

③ （清）纪昀主编：《四库全书·子部·医家类·伤寒论注释》（景印文渊阁四库全书），台北：台湾商务印书馆，2008年版，第734册，第220-221页。

“太阳病，发热而渴，不恶寒者，为温病”[1]，并提出用桂枝汤方[2]治疗，但张氏在论述中，总体上详治寒而略治温。

晋代王叔和所编的《金匮玉函要略方》是《伤寒杂病论》古传本之一，经其整理，上卷为辨伤寒，中卷则论杂病，下卷记载药方。《金匮要略》以脏腑经络为辨证重点，结合营卫气血、阴阳五行等理论，将致病原理归纳为三大类，“一者经络受邪，入脏腑为内所因也；二者四肢、九窍、血脉相传，壅塞不通，为外皮肤所中也；三者房室、金刃、虫兽所伤”[3]。虽未直接言及温病，但其辨证施治理论和“上工治未病”[4]的预防思想的确立，无疑影响了温病学说的后续发展。隋代巢元方在《诸病源候论》里，将时气病、热病、温病、疫疠病、疟疾、黄病、痢病、丹毒等分门别类，与伤寒并列，各为一种专病，“热病诸候凡二十八论”，“温病诸候凡三十四论”[5]。并提出温病“皆因岁时不和，温凉失节，人感乖戾之气而生病”，有“转相染易，乃至灭门，延及外人” 的传染性特点，故“须预服药，及为法术以防之”[6]。唐代孙思邈的《备急千

---

① （清）纪昀主编：《四库全书·子部·医家类·伤寒论注释》（景印文渊阁四库全书），台北：台湾商务印书馆，2008年版，第734册，第229页。

② 桂枝汤方：《伤寒杂病论》之配伍为：桂枝三两去皮（味辛热）、芍药三两（味苦酸，微寒）、生姜三两切（味辛温）、大枣十二枚（味甘温）。见于（清）纪昀主编：《四库全书·子部·医家类·伤寒论注释》（景印文渊阁四库全书），台北：台湾商务印书馆，2008年版，第734册，第230页。

③ （清）纪昀主编：《四库全书·子部·医家类·金匮要略论注》（景印文渊阁四库全书），台北：台湾商务印书馆，2008年版，第734册，第4页。

④ （清）纪昀主编：《四库全书·子部·医家类·金匮要略论注》（景印文渊阁四库全书），台北：台湾商务印书馆，2008年版，第734册，第2页。

⑤ （清）纪昀主编：《四库全书·子部·医家类·巢氏诸病源候总论》（景印文渊阁四库全书），台北：台湾商务印书馆，2008年版，第734册，第628–636页。

⑥ （清）纪昀主编：《四库全书·子部·医家类·巢氏诸病源候总论》，景印文渊阁四库全书，台北：台湾商务印书馆，2008年版，第734册，第636页。

金要方》将温病、热病归并到“伤寒方”之下，提出“凡温病可针刺五十九穴”的针灸疗法，还记载了诸如“屠苏酒辟疫气令人不染温病及伤寒岁旦之方”“大乙流金散辟温气方”“雄黄散辟温气方”“治温病不相染方”“葳蕤汤”[①]等20余首药方，对后世的温病学有很大的影响。此外，唐代的《外台秘要方》中，也载有不少防治温病的方剂，总计34首[②]。

到了辽宋金元时期，温病开始脱离伤寒学说体系，在治疗上出现了新的见解，尤其是刘完素明确提出热病初起不可辛温大热之药，主张采取辛凉之法以表里双解，养阴退热，并且发明了双解散[③]之类的方剂，突破了以往对外感热病初起时，一概用辛温解表和先表后里的习惯治法。明初王履指出：“惟世以温病、热病混称伤寒，故每执寒字，以求浮紧之脉，以用温热之药，若此者因名乱，实而戕人之

---

① （清）纪昀主编：《四库全书·子部·医家类·备急千金要方》（景印文渊阁四库全书），台北：台湾商务印书馆，2008年版，第735册，第306–315页。

② 凡列如右，“温病论病源二首、辟温方二十首、断温令不相染方二首、温病哕方四首、温病渴方二首、温病劳复方四首”，共计34首。引自（清）纪昀主编：《四库全书·子部·医家类·外台秘要方》（景印文渊阁四库全书），台北：台湾商务印书馆，2008年版，第736册，第2–3页。

③ 据《宣明论方》记载：双解散，即七两益元散和七两防风通圣散相和搅匀，每服三钱水，一盏半入葱白五寸、盐豉五十粒、生姜三片，煎至一盏温服。治风寒暑湿饥饱劳役内外诸邪所伤，无问自汗，汗后杂病，但觉不快便可通解得愈，小儿生疮疹使利出快，亦能气通宣而愈。益元散之配伍为：桂府腻、白滑石六两，甘草一两炙，为末，每服三钱，蜜少许，温水调下，无蜜亦得，日三服欲冷饮者新汲水调下解利伤寒发汗，煎葱豆汤调下四钱，每服水一盏、葱白五十个、豉五十粒，煮汁一盏调服。防风通圣散之配伍为：防风、川芎、当归、芍药、大黄、薄荷叶、麻黄、连翘、芒硝，以上各半两朴朴者，石膏、黄芩、桔梗各一两，滑石三两，甘草二两，荆芥、白术、栀子各一分。为散末，每服二钱水一大盏，生姜三片，煎至六分，温服涎漱，加半夏半两姜制。以上均引自（清）纪昀主编：《四库全书·子部·医家类·宣明论方》（景印文渊阁四库全书），台北：台湾商务印书馆，2008年版，第744册，第768–814页。

生”[①]，主张“至于用药则不可一例而施也”[②]，认为温病是伏热自内而发，治法以清里热为主。因而将温病进一步从伤寒学说中划分出来，为之后温病学体系的建立，提供了一定的理论依据。

明清时期，温病学无论在理论上或在具体治疗措施上都有重大发展，温病学说逐渐趋于成熟，从而形成了独立的温病学体系，而此过程中，明代吴有性[③]的贡献尤为突出。据《明史》记载，从永乐六年（1408）到崇祯十六年（1643），发生大瘟疫达十九次之多，崇祯辛巳年间（1641）“南北直隶、山东、浙江同时大疫”[④]。吴有性目睹当时疫病流行、死亡枕藉的惨状，感慨自古以来，“瘟疫其病与伤寒相似而迥殊，误作伤寒治之多死，古书未能分别”[⑤]，他在总结和反思前人有关论述的基础上，通过深入细致的观察、探讨、实践后，于崇祯十五年（1642）著成《瘟疫论》一书，创立“杂气”说。

---

① （清）纪昀主编：《四库全书·子部·医家类·医经溯洄集》（景印文渊阁四库全书），台北：台湾商务印书馆，2008年版，第746册，第953页。

② （清）纪昀主编：《四库全书·子部·医家类·医经溯洄集》（景印文渊阁四库全书），台北：台湾商务印书馆，2008年版，第746册，第952页。

③ “吴有性，字又可，江南吴县人。生于明季，居太湖中洞庭山。当崇祯辛巳岁，南北直隶、山东、浙江大疫，医以伤寒法治之，不效。有性推究病源，就所历验，著《瘟疫论》，谓：‘伤寒自毫窍入，中於脉络，从表入里，故其传经有六。自阳至阴，以次而深。瘟疫自口鼻入，伏于膜原，其邪在不表不里之间。其传变有九，或表或里，各自为病。有但表而不里者，有表而再表者，有但里而不表者，有里而再里者，有表里分传者，有表里分传而再分传者，有表胜于里者，有先表后里者，有先里后表者。’其间有与伤寒相反十一事，又有变证、兼证，种种不同。并著论制方，一一辨别。古无瘟疫专书，自有性书出，始有发明。其后有戴天章、余霖、刘奎，皆以治瘟疫名。”见于赵尔巽等撰：《清史稿·艺术一》（列传二百八十九，第五百零二卷），北京：中华书局，2021年版，第13866–13867页。

④ （清）纪昀主编：《四库全书·子部·医家类·瘟疫论》（景印文渊阁四库全书），台北：台湾商务印书馆，2008年版，第779册，第2页。

⑤ （清）纪昀主编：《四库全书·子部·医家类·瘟疫论》（景印文渊阁四库全书），台北：台湾商务印书馆，2008年版，第779册，第1页。

他认为，“伤寒论曰发热而渴，不恶寒者为温病，后人省氵加疒为瘟，即温也。如病证之证后人省文作证，嗣后省言加疒为症。又如滞下古人为下利脓血，盖以泻为下利，后人加疒为痢。要之，古无瘟、痢、症三字，盖后人之自为变易耳，不可因易其文，以温、瘟为两病，各指受病之原，乃指冬之伏寒，至春、至夏发为温热，又以非时之气为瘟疫。……夫温者，热之始，热者，温之终，温热首尾一体，故又为热病，即温病也。又名疫者，以其延门合户，如徭役之役众人均等之谓也。今省文作殳，加疒为疫，又为时疫、时气者，因其感时行戾气所发也，因其恶厉，又谓之疫厉，终于得汗而解，故燕、冀名为汗病。此外又有风温、湿温即温病，夹外感之兼证，名各不同，究其病则一然”[①]。而其《瘟疫论》一书除了正名之外，还对疫原、致病原理、治疗的基本原则和方法进行了阐述。

其一，对疫原的认识。他认为瘟疫是由“杂气”引起的，“刘河间作《原病式》，盖祖五运六气，百病皆原于风、寒、暑、湿、燥、火，无出此六气为病，而不知杂气为病更多于六气。六气有限，现在可测，杂气无穷，茫然不可测也，专务六气，不言杂气，焉能包括天下之病欤！”[②]，认为疫气仅仅是杂气的一种，“疫气者亦杂气中之一，但有甚于他气，故为病颇重，因名之疠气，虽有多

---

① （清）纪昀主编：《四库全书·子部·医家类·瘟疫论》（景印文渊阁四库全书），台北：台湾商务印书馆，2008年版，第779册，第53–54页。

② （清）纪昀主编：《四库全书·子部·医家类·瘟疫论》（景印文渊阁四库全书），台北：台湾商务印书馆，2008年版，第779册，第32–33页。

寡不同，然无岁不有”[①]。杂气说突破了明以前的医家对温病病因所持的时气说、伏气说、瘴气说以及“百病皆生于六气”的论点。吴有性认为杂气“无形可求，无象可见，况无声复无臭”[②]，一般而言，“夫物之可以制气者，药物也，如蜒蚰解蜈蚣之毒，猫肉治鼠瘘之溃，此受物气之为病，是以物之气制物之气，犹或可测，至于受无形杂气为病，莫知何物之能制矣。惟其不知何物之能制，故勉用汗吐下三法以决之”[③]。

其二，对致病原理的认识。首先，杂气的种类不同，“其气之不一”，侵犯的脏器部位不一，所引起的疾病也不同，“是气也，其来无时，其著无方，众人有触之者，各随其气而为诸病焉”[④]。也正因戾气的种类不同，对人类或禽兽致病的情况也不同，“至于无形之气，偏中于动物者，如牛瘟、羊瘟、鸡瘟、鸭瘟，岂但人疫而已哉？然牛病而羊不病，鸡病而鸭不病，人病而禽兽不病，究其所伤不同，因气各异也”[⑤]。其次，杂气致病时间和地点无规律可循，“气之所至无时也，或发于城市，或发于村落，他处安然无有，是知气之所著无方也”[⑥]。再次，杂气致病多寡轻重不一，有大流行

① （清）纪昀主编：《四库全书·子部·医家类·瘟疫论》（景印文渊阁四库全书），台北：台湾商务印书馆，2008年版，第779册，第32页。

② （清）纪昀主编：《四库全书·子部·医家类·瘟疫论》（景印文渊阁四库全书），台北：台湾商务印书馆，2008年版，第779册，第31页。

③ （清）纪昀主编：《四库全书·子部·医家类·瘟疫论》（景印文渊阁四库全书），台北：台湾商务印书馆，2008年版，第779册，第33–34页。

④ （清）纪昀主编：《四库全书·子部·医家类·瘟疫论》（景印文渊阁四库全书），台北：台湾商务印书馆，2008年版，第779册，第31页。

⑤ （清）纪昀主编：《四库全书·子部·医家类·瘟疫论》（景印文渊阁四库全书），台北：台湾商务印书馆，2008年版，第779册，第33页。

⑥ （清）纪昀主编：《四库全书·子部·医家类·瘟疫论》（景印文渊阁四库全书），台北：台湾商务印书馆，2008年版，第779册，第32页。

型与散发型的不同表现，“其年疫气盛行，所患者重，最能传染，即童辈皆知气为疫”，此即疫病之大流行。另一种情况是，“其年疫气衰少，闾里所患者不过几人，且不能传染”[①]，此即疫病之散发。最后，杂气是通过口鼻侵犯体内，“盖瘟疫之来，邪自口鼻而入感于膜原”[②]，而人体感染瘟疫的方式，“有天受，有传染，所感虽殊，其病则一”，所谓“天受”，是指通过自然界空气传播；“传染”则是指通过患者接触传播。但只要是同一种杂气，不论“天受”或“传染”，所引起的疫病则是相同的。杂气是否致病不仅与此年杂气的强弱直接相关，很大程度还取决于人体的抵抗力。“其感之深者，中而即发，感之浅者，邪不胜正，未能顿发，或遇饥饱劳碌，忧思气怒，正气被伤，邪气始得张溢，营卫运行之机乃为之阻，吾身之阳气因而屈曲，故为热其始也”[③]，阐明了杂气、人体、瘟疫三者之间的关系。

其三，提出了治疗疫病的基本原则和方法。《温疫论》对疫病治疗的基本原则为“客邪贵乎早逐，乘人气血未乱”，“客邪”就是指侵犯人体致病的杂气。还要“谅人之虚实，度邪之轻重，察病之缓急，揣邪气离膜原之多寡，然后药不空投，投药无太过不及之弊”[④]，主张辨证施治。在瘟疫初起时，“此邪不在里，下之徒伤胃

---

① （清）纪昀主编：《四库全书·子部·医家类·瘟疫论》（景印文渊阁四库全书），台北：台湾商务印书馆，2008年版，第779册，第33页。

② （清）纪昀主编：《四库全书·子部·医家类·瘟疫论》（景印文渊阁四库全书），台北：台湾商务印书馆，2008年版，第779册，第50页。

③ （清）纪昀主编：《四库全书·子部·医家类·瘟疫论》（景印文渊阁四库全书），台北：台湾商务印书馆，2008年版，第779册，第3页。

④ （清）纪昀主编：《四库全书·子部·医家类·瘟疫论》（景印文渊阁四库全书），台北：台湾商务印书馆，2008年版，第779册，第10页。

气，其渴愈甚，宜饮达原饮”[①]，邪渐入胃时，“复加大黄，名三消饮，……惟毒邪表里分传膜原，尚有余结者宜之”[②]。自此以后，他所创制的“达原饮”成为开达膜原、辟秽化浊、治疗瘟疫的名方。

由此可见，“杂气”学说涉及病名、病因、病理、施治等各个方面。在细菌和其他微生物被人类发现之前的二百年，吴有性对瘟疫的认识已十分独到，摆脱了千百年的“火”邪、六气致病说而归之于“杂气”。此外，他还就伤寒同温病的病因、侵入途径、证候、传变、治疗等进行比较和鉴别。吴有性在温病学上所提出的卓见和诊治经验，丰富了温病学说的内容，为后来温病学说的发展和系统化奠定了基础。温病学说发展到清代，则出现了另一个重要分支——温热学，在叶桂、薛雪、吴瑭、王士雄等人的努力下，使温病学说臻于成熟。

---

① （清）纪昀主编：《四库全书·子部·医家类·瘟疫论》（景印文渊阁四库全书），台北：台湾商务印书馆，2008年版，第779册，第3页。达原饮之配伍为：厚朴一钱、草果仁五分、知母一钱、芍药一钱、黄芩一钱、甘草五分、槟榔二钱。用水二钟，煎八分，午后温服。

② （清）纪昀主编：《四库全书·子部·医家类·瘟疫论》（景印文渊阁四库全书），台北：台湾商务印书馆，2008年版，第779册，第6页。三消饮之配伍为：槟榔、草果、厚朴、白芍、甘草、知母、黄芩、大黄、葛根、羌活、柴胡，姜枣煎服。

第一，叶桂与卫气营血辨证论治学说。叶桂[①]（1667–1746），即叶天士。叶桂建立卫气营血辨证纲领，采用了中医传统辨证纲领的办法，即强调先立一纲，再及其余。叶氏在《温热论》开篇即提出，“温邪上受，首先犯肺，逆传心包。肺主气属卫，心主血属营。辨营卫气血虽与伤寒同，若论治疗法，则与伤寒大异”，以温病发展的卫、气、营、血四个阶段，表示病疫由浅入深的四个层次，“卫之后方言气，营之后方言血”[②]。“四分法”对温病的诊断和治疗提供了一个基本的认识原理，也提供了诊断与治疗的操作方法。如《临证指南医案》的温热篇亦是按照四分法分“温邪入肺”“热入心营”“热邪入心包”“热陷血分”若干子目。其中有王姓一案即是明证，议曰：“吸入温邪，鼻通肺络，逆传心胞络中，震动君主，神明欲迷。弥漫之邪，攻之不解，清窍既蒙，络内亦痹……既入胞络，气血交阻。逐

① “叶桂，字天士，江苏吴县人。先世自歙迁吴，祖时、父朝采，皆精医。桂年十四丧父，从学于父之门人，闻言即解，见出师上，遂有闻于时。切脉望色，如见五藏。治方不出成见，尝曰：‘剂之寒温视乎病，前人或偏寒凉，或偏温养，习者茫无定识。假兼备以幸中，借和平以藏拙。朝用一方。晚易一剂，讵有当哉？病有见证，有变证，必胸有成竹，乃可施之以方。’其治病多奇中，于疑难证，或就其平日嗜好而得救法；或他医之方，略与变通服法；或竟不与药，而使居处饮食消息之；或于无病时预知其病；或预断数十年后：皆验。当时名满天下，传闻附会，往往涉于荒诞，不具录。卒，年八十。临殁，戒其子曰：‘医可为而不可为。必天资敏悟，读万卷书，而后可以济世。不然，鲜有不杀人者，是以药饵为刀刃也。吾死，子孙慎勿轻言医！’桂神悟绝人，贯彻古今医术，而鲜著述。世传所注本草，多心得。又许叔微本事方释义、景岳发挥。殁后，门人集医案为临证指南，非其自著。附幼科心法一卷，传为桂手定，徐大椿谓独精卓，后章楠改题曰三时伏气外感篇；又附温证证治一卷，传为口授门人顾景文者，楠改题曰外感温证篇。二书最为学者所奉习。”引自赵尔巽等撰：《清史稿·艺术一》（列传二百八十九，第五百零二卷），北京：中华书局，2021年版，第13874–13876页。

② （清）叶天士撰，黄英志主编：《叶天士医学全书》（明清名医全书大成），北京：中国中医药出版社，1999年版，第341页。

秽利窍，须藉芳香。议用局方至宝丹”。[1]

第二，吴瑭与三焦辨证论治学说。吴瑭[2]（1758–1836），即吴鞠通。吴氏本立志于科举仕途，19岁有感于父因病而死，转而学医。曾经游学京师，检校《四库全书》，得明季吴又可《温疫论》，“观其议论宏阔，实有发前人所未发，遂专心学步焉。细察其法，亦不免支离驳杂，大抵功过两不相掩，盖用心良苦，而学术未精也。又遍考晋唐以来诸贤议论，非不珠璧琳琅，求一美备者，盖不可得，其何以传信于来兹”[3]，基于前人成果和不足，他经过临证实验和独立思考，写成《温病条辨》，建立了三焦辨证论治学说。分别从上焦、中焦、下焦三篇，对温病、暑温、伏暑、湿温及寒湿、温疟、秋燥等一一条辨，如第三条指出，“太阴之为病，脉不缓不紧而动数，或两寸独大，尺肤热，头痛，微恶风寒，身热，自汗，口渴或不渴而咳，午后热甚者，名曰温病”[4]。

---

① （清）叶天士撰，黄英志主编：《叶天士医学全书》（明清名医全书大成），北京：中国中医药出版社，1999年版，第139页。

② “吴瑭，字鞠通，江苏淮阴人。乾、嘉之间游京师，有名。学本于桂，以桂立论甚简，但有医案散见于杂证之中，人多忽之。著温病条辨，以畅其义，其书盛行。”引自赵尔巽等撰：《清史稿·艺术一》（列传二百八十九，第五百零二卷），北京：中华书局，2021年版，第13875页。

③ 李刘坤主编：《吴鞠通医学全书》（明清名医全书大成），北京：中国中医药出版社，2015年版，第8页。

④ 李刘坤主编：《吴鞠通医学全书》（明清名医全书大成），北京：中国中医药出版社，2015年版，第20页。

第三，薛雪、王士雄与湿热辨证论治学说。薛雪[①]（1681-1770），即薛生白。研究湿热辨证论治学说，一般都以《湿热条辨》为主，虽无足够证据证明此书为薛雪所作，但薛雪为善治湿病的医学大家却是没有疑问的。但此书原本已难以见到，目前主要收录在《陈修园医书七十二种》、章虚谷的《医门棒喝》、王孟英[②]的《温热经纬》等医书中。其中《湿热条辨》有言，“湿热证，始恶寒，后但热不寒，汗出胸痞，舌白，口渴不引饮”，并自注云，“此条即湿热证之提纲也”[③]。《湿热条辨》所提出的证型，大体上有湿在肌表、湿热阻遏膜原、湿邪化热、邪犯营血以及三焦湿热等，还提出了多种兼证的辨别及治疗原则。如薛氏明确指出，“湿热之证，阳明必兼太阴者，徒知脏腑相连，湿土同气，而不知当与温病之必兼少阴比例。少阴不藏，木火内燔，风邪外袭，表里相应，故为温病。太阴内伤，湿饮停聚，客邪再至，内外相引，故病湿热”，

---

① “薛雪，名亚於桂，而大江南、北，言医辄以桂为宗，百馀年来，私淑者众。最著者，吴瑭、章楠、王士雄。雪，字生白，自号一瓢。少学诗於同郡叶燮。乾隆初，举鸿博，未遇。工画兰，善拳勇，博学多通，於医时有独见。断人生死不爽，疗治多异迹。生平与桂不相能，自名所居曰扫叶庄，然每见桂处方而善，未尝不击节也。著医经原旨，於灵、素奥旨，具有发挥。世传湿温篇，为学者所宗，或曰非雪作。其医案与桂及缪遵义合刻。”引自赵尔巽等撰：《清史稿·艺术一》（列传二百八十九，第五百二十卷），北京：中华书局，2021年版，第13875页。

② “王士雄，字孟英，浙江海宁人。居于杭，世为医。士雄读书砺行，家贫，仍以医自给。咸丰中，杭州陷，转徙上海。时吴、越避寇者麇集，疫疠大作，士雄疗治，多全活。旧著霍乱论，致慎于温补，至是重订刊行，医者奉为圭臬。又著温热经纬，以轩、岐、仲景之文为经，叶、薛诸家之辨为纬，大意同章楠注释。兼采昔贤诸说，择善而从，胜楠书。所著凡数种，以二者为精详。”引自赵尔巽等撰：《清史稿·艺术一》（列传二百八十九，第五百零二卷），北京：中华书局，2021年版，第13875-13876页。

③ 盛增秀主编：《王孟英医学全书》（明清名医全书大成），北京：中国中医药出版社，2015年版，第66页。

所以他认为“内伤外感，孰多孰少，孰实孰虚，又在临证时权衡矣”[①]。此外，他还将三焦湿热分为浊邪蒙闭上焦、湿伏中焦、痰流下焦、湿热阻闭中上二焦等四种类型，已呈现出把三焦和卫气营血辨证方法相结合的趋势，但尚不及吴瑭明确。而从后世实际影响来看，王士雄、章虚谷等著名医家都比较重视《湿热条辨》中所体现的辨证施治。所以明清时期温病学说的完善与发展构成了19世纪中医治疗外感热病的主要理论基础。

二、近代西方“瘴气论”与公共卫生的兴起

作为19世纪医学方面所发生巨大变化的历史背景，我们需要先回溯一下18世纪末叶的医学知识、流行病及医学实践的概况。1790年时西方的许多病患和死亡均缘于微生物感染。瘟疫（黑死病）已经在此前一个世纪暂时消亡，但是痢疾、天花、肺痨（肺结核）等传染病却到处流传。 而此时培养医生依照英国、欧洲大陆和美国等不同的社会环境而各不相同。就英国而言，在英格兰，内科医师主要是由剑桥、牛津两所大学培养出来的，而且剑桥、牛津的毕业生也垄断了伦敦皇家内科医师学会。然而对于那些既不属于苏格兰教会，又没有钱的人来说，苏格兰的爱丁堡大学和格拉斯哥大学是最佳选择。此时的医学院校已能提供医学各学科的全面教育，包括解剖学、心理学、化学以及医学与外科实践。

18世纪法国和英国在医疗人员和机构上有很多的相似性，但在

① 盛增秀主编：《王孟英医学全书》（明清名医全书大成），北京：中国中医药出版社，2015年版，第67–68页。

法国，政府机构的地位较为牢固，它们制定了大量的规定、法令和证书来管理行医资格的获得和实践。与英国相比，法国有更多的正规医学机构，如20多所医学院的大学以及许多无大学城市的医学或外科医师协会。此外，北欧的医学教育有一个特色，就是其大学体系充满了活力。比如德国的大多数公国都有自己的大学，这些大学都创建于中世纪和文艺复兴时期，因此接受以大学为基地的医科教育就变得较为容易，使得德国的医师有所增加。就美国而言，英国对早期的美国医学教育有着重大的影响。美国许多医师都曾在英国的大学特别是爱丁堡大学接受过学习和培训。尽管诸如宾夕法尼亚大学和纽约国王大学（即后来的哥伦比亚大学）的医学院已经形成了本土的医学特色，但1790年时的美国人主要还是去英国留学，之后也会去法国、德国和奥地利接受更为系统的临床和科学训练。

启蒙运动使得许多的医院得以建立，医生们也已经认识到医院在教育及提供更为集中的临床经验方面所具有的价值和意义。但真正意义上的新型医学院校是法国大革命前后出现的，其中以巴黎的主宫医院最具代表性。新型医院与传统医院的不同之处，一方面体现在内科医师与外科医师地位平等，另一方面则为临床医学的诞生。而以巴黎主宫医院为代表的巴黎医学院系统其成就主要体现在以下三个方面：病理解剖学的局部病因说、相应诊断技术的发展以及对疾病和疗法的数值研究等。之后巴黎医学院系统，也可说是临床医学在英国、德国、美国得到实践和推行。“按照医学成果和发展方向划分，19世纪的欧洲医学有三个中心，英国爱丁堡和伦敦、法国巴黎和德国柏林，因民族、文化、社会经济结构和语言的不同，三大医学中心的研究方法、方向和关注兴趣迥然，英国爱丁堡和格拉斯哥大学医学院的民主式教育、法国巴黎的临床医学和德国的实验室医学，在19世纪的欧洲各领风骚。”[①]虽然到了19世纪中期，医院已经成为医疗服务的支柱，是医学教育的基地，但它的局限性也逐渐为人们所认知。通常医院只为患病的人提供服务，只治疗急性发作的疾病，且在任何情况下往往局限于某种疾病和来自特定社会经济阶层的人群。换言之，它们努力的目标是治疗而不是预防，服务对象是个人而不是公众，只有在极少数情况下才是整个社会。

18世纪人们还是将粪便和尿倒在大街上。在伦敦，粪便被收集起来倾倒在垃圾场。然而不幸的是，这些垃圾被排到污水池，池中的物质渗透进入地下污染了井水，或者被排进河水中。英国的泰晤士河和伦敦海德公园曲折蜿蜒的水池已经变得和污水明沟相差无几了。直到19世纪30年代，抽水马桶才在条件较好的家庭里出现[②]。在快速发展的北方制造业城市，工业革命带来了不计其数的简陋棚屋，这些屋舍由于过度拥挤、通风和光线不足，给疾病的发生创造了有利条件。人们首先认识到了新鲜空气的重要性。斯蒂芬·黑尔斯（1677–1761）在1743年设计出了一种通风机，使得监狱、船舱、矿井和狭窄空间能够获得新鲜空气流通。这一发明很快得到了广泛应用，使人们的健康和生活条件得到提高。1803年声名狼藉的窗税得以废除，给照明和通风的实现带来了一点帮助，但在烟雾弥漫的工业城镇很少有充足的光线，再加上城市饮食较之农村饮食的缺乏，造成了很多“英国病”——佝偻病的发生。

---

① 高晞著：《德贞传：一个英国传教士与晚清医学近代化》，上海：复旦大学出版社，2009年版，第16页。

② （英）罗伯特·玛格塔（Roberto Margotta）著，李城译：《医学的历史》，太原：希望出版社，2004年版，第160页。

英国是世界上第一个工业国家，到了19世纪70年代，已有一系列有关公共卫生的法规。早在1804年，英国福音派教徒就支持议会通过了针对童工的工厂法案，几经修订形成《济贫法案》。时人查德威克[①]认为疾病与贫困是一种恶性循环的互动关系。因为疾病使工人们丧失了工作能力，或杀死了养家糊口的主人，所以削弱了挣钱本领，故而降低了穷人维持有益于健康的自然环境和社会环境（食物、水、衣着和住房）的能力，最终又容易患病。他认为对付疾病更多的不是靠医疗途径，而是靠社会尤其是管理途径，通过改善通风、清洗炊饮设备、废物处理和清理住房等方式，就能预防疾病在劳动人口中的传播。19世纪30年代的霍乱推动了“清洁”（cleanliness）走向公众卫生。

1832年的霍乱对于许多英国人而言，似乎瘟疫又降临了，“这场流行病使2.3万名英格兰人和威尔士人丧生”[②]，史称“霍乱的年代”。对于该病的传播方式，有触染论和非触染论之说。但维多利亚时代是一个自信的年代，“只要掌握了关于任何一社会状况的可靠资料，不管是关于童工、妓女的，还是关于不必要的工人死亡的，就能找到适当的治疗方法”[③]。1842年，查德威克发表《报告》，然而此时政府的注意力主要集中在“反谷物法立法”上，直到1848年，

---

① 埃德温·查德威克（Edwin chadwick）（1800–1890），是始于19世纪30年代的公共卫生运动的代表性人物。他最早是从减缓贫困、管理受救济者的努力中得到启发，进而对公共卫生环境的关注逐渐增强。引自（英）威廉·F. 拜纳姆：（Willian F.Bynum）著，曹珍芬译：《19世纪医学科学史》（剑桥科学史丛书），上海：复旦大学出版社，2000年版，第89页。

② （英）威廉·F. 拜纳姆（Willian F.Bynum）著，曹珍芬译：《19世纪医学科学史》（剑桥科学史丛书），上海：复旦大学出版社，2000年版，第93页。

③ 同上，第97页。

公共卫生法案才得以通过，一些地方当局按照查德威克的建议，采用上釉的陶器作为排污系统，这样就降低了污染饮用水的可能性。同时废除浅井水源，引入管网供水系统。这一倡议应部分归功于麻醉师约翰·斯诺（John Snow，1813–1858）的调查工作，他收集了大量有关霍乱爆发的病情数据，并指出这一疾病是通过水源传染的①。

斯诺认为未经处理的污水是造成水污染的主要原因，通过对水进行显微镜和化学分析，进而认为致病物质，不管是生物物质还是化学物质，在传染链中都会繁殖。同时期的意大利显微镜专家菲利浦·帕西尼（Filippo Pacini，1812–1883）于1854年声明，霍乱患者的粪便中含有一种独特的微生物。但因二人均缺乏精确证据，故未能得到认可。如果说1834–1854年是“查德威克时代”，那么就可以说1855–1876年是“西蒙时代”，西蒙是地区卫生改革向国家公共卫生医疗构建转变过程中的核心人物。他推动了许多重要的健康立法，包括1855年法案和1875年的公共卫生法案，前者要求伦敦的49个卫生区每一区任命一位卫生官（Medical Officer of Health，简称M.O.H.），后者内容涉及住房、通风、污水排放、饮水供应、阻挠行为、危险性贸易、触染性疾病、种痘及其他诸多公共问题，这些法案为英国的卫生管理提供了基础，直到第一次世界大战结束。在公共卫生时代，法国的路易·勒内·维莱梅（Louis Rene Villerme，1782–1863）、美国的莱缪尔·沙特克（Lemuel Shattuck，1793–

① 1854年伦敦的索霍（Soho）区爆发了一次严重霍乱，1.4万人受感染，有618人死亡；斯诺认为是一种看不见的物质在传染过程中起到了媒介作用。经过追踪调查，他发现病来自布罗得街的一口水井，主要污染源是一个泄漏的污水坑。参见（英）罗伯特·玛格塔（Roberto Margotta）著，李城译：《医学的历史》，太原：希望出版社，2003年版，第161页。

1859）和德国的鲁道林·尔肖（Rudolf L. K. Virchow，1821–1902）等人，或是进行卫生统计，或是为建立卫生总理事会而努力，或是投身于传染病预防事业，或是研究病理为社会服务，等等。正是这些公共卫生学家为公共卫生时代奠定了基础，“通过检查、研究和统计，他们证明了城市工业化社会所带来的特殊的健康问题之严重程度，并努力克服了工业化早期的个人主义、自由放任思想与他们所处时代涉及人数更多的问题——过早死亡和体弱、经济和人员损失——之间的紧张状况”①。

如果说19世纪30年代是“公共卫生的时代”，那么19世纪中期就到了“实验室的时代”②，借助实验手段、技术革新和自然科学的研究成果解读人体奥秘、探寻病理、防治疾病是19世纪医学发展的重要面相。19世纪医学最重要的贡献是细菌学说的建立③，如果说18世纪病理解剖学的建立找到了疾病原因和人体内部器官病理改变之间的关系，那么19世纪时细菌理论的确立找到了外部原因对人体疾病的影响④。细菌学说的建立与17–18世纪光学技术革新有很大关系，特别是显微镜的发明与使用，而且在19世纪医学科学家眼

---

① （英）威廉·F. 拜纳姆（Willian F.Bynum）著，曹珍芬译：《19世纪医学科学史》（剑桥科学史丛书），上海：复旦大学出版社，2000年版，第114页。

② 实验室本身并非19世纪的创新。“laboratory”一词与“labor”源于同一个拉丁语词根，实验室就是人们工作的地方。英语中开始用“laboratory”一词至少始于17世纪初，而属于同时代的另一个同源词“elaboratory”指的则是最早先存在的一种特别的房间，在那里人们可以精心制作东西，即试图通过劳动生产出成品，特别是从贱金属中炼制出金。因此早期的实验室通常都是炼金的场所，但到启蒙运动时期，该词汇以及它所表示的场所已为人们所熟悉，在那里，人们已不仅仅研究化学，而且也研究自然世界的其他方面。同上，第115–116页。

③ 关于细菌学说在19世纪以前和19世纪产生和发展情况请参阅笔者自己整理的《附录一：1692–1900年西方细菌学说发展概况年表》。

④ 张大庆著：《医学史十五讲》，北京：北京大学出版社，2007年版，第120页。

中，显微镜也是常见的仪器之一，因此有必要首先对显微镜的发明史进行回顾。

最早的透镜仪器可能来自荷兰，在1608年10月初由米德尔堡（Middelburg）的一位眼镜制造商汉斯·里柏希（Hans Lipperhey，又常被拼作里柏歇Lippershey）获得专利权。但是同时代的记述中如英国的莱昂纳德和托马斯·迪格斯也宣称拥有发明权，故实际的发明者还是存在争议的[①]。1665年罗伯特·胡克（Robert Hooke）出版了《显微图谱》一书，书中描绘了大量微观物体，并第一次使用“细胞”（cell）来描述软木植物标本上微小的盒形隔间，他将细胞比喻成一行行形状相似、僧侣们居住的斯巴达式房间（cell）。他的术语很快成了用来形容植物和动物最小生命组织部分的常规用法[②]。

目前人们通常认为显微镜出现在望远镜之后，不过具体的起源还是不清楚。但可以确定一点，“最迟在13世纪时就已经出现了放大镜，到17世纪这种放大技术发展到了巅峰，由荷兰显微镜学家列文虎克（Anton Van Leeuwenhoc）磨制出了精致透明的镜片”[③]，1692年他“以自制简单显微镜于雨水及唾液、下痢症之粪清检验，得一种生活体，名曰最小动物”，并被认为是“霉菌学开派之始祖”[④]。毫无疑问，列文虎克是那个时代最伟大的显微学家，但是他的技艺

---

① （英）科林·A. 罗南（Colin A.Ronan）著，周家斌、王耀扬等译：《剑桥插图世界科学史》，济南：山东画报出版社，2009年版，第269页。

② （英）史蒂夫·帕克（Steve Parker）著，李虎译：《DK医学史：从巫术、针灸到基因编辑》，北京：中信出版社，2019年版，第144–145页。

③ 同上，第298页。

④ 《医话丛存续编:细菌学说发现年表（医学卫生报）》，《中西医学报》，1910年第4期，第29–30页。

却秘而不传，以至于此后一百年左右没有后继者。尽管列文虎克的单片显微镜已经很出色，但要想实现真正的高放大倍数，就需要研制至少包括两片透镜的复合式显微镜。不过复合式显微镜由于受到“色差”[①]的影响而难以进行清晰的观测，这一缺陷直到1830年代复消色差显微镜的出现才被完全克服，之后显微镜在生物学、微生物学、解剖学、组织学等学科发展中扮演了非常重要的角色，也把一个全新的微观世界展现在人类面前。

复消色差显微镜出现后，在舍恩莱因（Johann Lukas Schonlein）、马提亚·施莱登（Matthias Schleiden）、拉图尔（Charles Cagniard de la Tour）、亨勒（Jacob Henle）、西奥多·施旺（Theodor Schwann）、鲁道夫·维周（Rudolf Virchow）等人的努力下，细胞学说得以明确地建立起来。如果说细胞学说解答了生命如何产生，那么对细菌的培养和研究则揭开了生命如何腐烂消失。对细菌的培养和研究具有里程碑式意义的人物首推法国的路易斯·巴斯德（Louis Pasteur，1822–1895）和德国的罗伯特·科赫（Robert Koch，1843–1910）。巴斯德的功绩主要表现在三个方面：一是阐明了发酵和有机物腐败的原理，发明了沿用至今的加温灭菌法，即“巴氏灭菌法”；二是通过对牛羊炭疽病的研究，证明炭疽杆菌是炭疽病的致病菌，首次通过实验的方式将细菌与传染病关联起来；三是开创了

① “色差”是色像差的简称，像差的一种。复色光（如白光）经过透镜折射后所成像的边缘呈彩色模糊的现象。由于透镜材料对各种色光的折射率不同，透镜对各种色光的焦距也就不同，而像的位置与大小又决定于焦距，所以色像差有位置色差（亦称“纵向色差”）和放大色差（亦称“横向色差”）两种。参见辞海编辑委员会编：《辞海》（下），上海：上海辞书出版社，1981年，第4372页。

人工疫苗研究方法，集中表现在他对狂犬病疫苗的研究上[①]。

事实上，细菌学说研究的许多基本原则和技术都是由科赫奠定的，其主要功绩是在细菌学说研究的手段和方法上作出了突破性的贡献。“自1857年pasteur、Cohn 氏等始于液状培养基内接种细菌，顺次移植稀释之，得比较的纯粹培养法，至Naegeli、Fitz、Miguel、Duclaux 诸氏稀释法稍致完善，而发酵菌之完全纯粹培养告成。1870年T.Schroter 氏以毛细管吸收血液，得保存腐败菌之纯粹培养，是等诸法皆不过对于一二特种细菌，得纯粹培养，若细菌分杂法等尚不能达其目的，于细菌学说上裨益尚小。1881年Koch氏发明透明固形培养基，创施所谓扁平培养始得贯彻目的，而细菌学说乃大昌明。Pasteur 等意料不及之细菌分离法及纯粹培养法亦得恣行，皆出Koch博士之赐也”[②]。科赫还发现、分离和鉴定了伤寒杆菌、结核杆菌、霍乱弧菌、麻风杆菌、白喉和破伤风杆菌、痢疾杆菌、鼠疫杆菌等许多病原微生物，论证了结核病的传染原理，鉴于他在结核病方面的研究成果，1905年荣获诺贝尔生理学或医学奖。然而，由于他将未完成实验的结核菌素进行推广接种，导致很多人无辜牺牲，后来实验也证明结核菌素并无治疗价值。

19世纪下半叶，实验室每隔几个月就宣布发现一种新的病原微生物。这些讯息同时传输到中国和日本，引起19世纪50年代以后的中日两国先进知识分子的关注。“前因柏林医生寇赫，新得疗治痨症之法……各国皆遣医官往习其法”，1890年，薛福成“派医官

① 张大庆著：《医学史十五讲》，北京：北京大学出版社，2007年版，第121页。

② 《学说：细菌学：细菌培养法（未完）》，《医药学报》，1908年第10期，第53–65页。

赵元益静涵，驰往柏林，派翻译学生王丰镐省三，伴之往”[①]。差不多同时，日本派留学生去德国跟随科赫学习，科赫的两位学生德国人埃米尔·阿道夫·冯·贝林（Emil Adolf von Behring，又译艾摩·阿道夫·比瑞格，1854–1917）和日本人北里柴三郎（Kitasato Shibasaburo，きたさとしばさぶろう，1852–1931）曾于1890年合作，发现了破伤风抗毒素，开创血清疗法。1901年贝林因为发现白喉抗毒素获得第一届诺贝尔生理学或医学奖，北里柴三郎回国开创日本新医学——血清学，并率先在日本开展对传染病和细菌学说的研究，此后对近代中国细菌学说的发展产生了一定的影响。

三、如蝎如蟹：使西日记中的观察

在晚清“采西学”的过程中，驻外公使及使馆官员、海外游历使、商人、留学生等群体是近代西学东渐的重要传播媒介，而其所流传下来的日记、诗歌、文集等亦成为重要的史实依据。出洋国人对西方医学的较早记载出自林鍼（字景周，号留轩，1824–?）的《西海纪游草》，“医精剖割，验伤特地停棺（每省有一医馆，传方济世。凡贫民如其中就医，虽免谢金，或病致死，即剖尸验病，有不从者，即停棺细验）”[②]。可见，此时对西医的整体印象是精于解剖。

1890年，薛福成派随从医官赵元益到科赫实验室参观学习，然

① （清）薛福成著：《出使英法义比四国日记》，钟叔河主编：《走向世界丛书》第1辑8，长沙：岳麓书社，2008年版，第276页。

② （清）林鍼著：《西海纪游草》，钟叔河主编：《走向世界丛书》，第1辑1，长沙：岳麓书社，2008年版，第38页。

而在此之前，已经有中国人前往西方学医，容闳的同窗好友黄宽即是一代表人物。“（1850）黄宽旋即妥备行装，径弗苏格兰入爱丁堡大学，予与黄宽二人，自一八四〇年同读书于澳门玛礼孙学校，嗣后朝夕切磋共笔砚者垂十年，至是始分袂焉。”[①]后来容闳去了耶鲁大学，黄宽则在爱丁堡大学习医，“历七年之苦学，卒以第三人毕业，为中国学生界增一荣誉，于一八五七年归国悬壶，营业颇为发达。以黄宽之才之学，遂成为好望角以东最负盛名之良外科。继复寓粤，事业益盛，声誉益隆。旅粤西人欢迎黄宽，较之欢迎欧美医士有加，积资亦富。于一八七九年逝世，中西人士临吊者无不悼惜”[②]。

关于黄宽的事迹，在吐依曲尔牧师（Joseph H.Twichell）于1878年耶鲁法学院肯特俱乐部演讲词中亦有证言，“黄宽（Wong Kun），1850年去苏格兰，接受两年的普通教育后，进入爱丁堡大学医学系，后以极优的成绩毕业。1856年黄宽回到中国，在广州开业行医，在那边沿海一带极受敬重，一来由于他的个人人品，再者因为他的医学才能，许多外国侨民推崇他为加尔各答以东才华出众的医师。黄宽于1878年10月15日故去”[③]。

如果说林鍼和容闳算是偶然的话，那么同治五年（1866），由清政府派遣斌椿父子率领同文馆学生一行五人赴“泰西游历”，当是第一批亲自去接触和了解西方文化的代表。到了法国之后，斌椿

---

① （清）容闳著：《西学东渐记》，钟叔河主编：《走向世界丛书》，第1辑2，长沙：岳麓书社，2008年版，第57页。

② （清）容闳著：《西学东渐记》，钟叔河主编：《走向世界丛书》，第1辑2，长沙：岳麓书社，2008年版，第57–58页。

③ （清）容闳著：《西学东渐记》，钟叔河主编：《走向世界丛书》，第1辑2，长沙：岳麓书社，2008年版，第162页。

即感慨“西人好洁，浴室厕屋皆洗涤极净”[①]。尤其是当他看到显微镜时，发现“有滴水于玻璃，用显微镜照影壁上，见蝎虫千百，游走其中，滴醋亦然。蚤虱大于车轮，毫发粗于巨蟒。奇观也！”，并且赋诗一首：“野马窗前飞，醯鸡瓮中舞；照壁见蝎行，乡心动一缕。君看一粒粟，世界现须弥；有国称蛮触，庄生岂我欺”[②]。这是笔者所见国人最早对显微镜和细菌学说的记载，对于显微镜能够“照壁见蝎行”的神奇作用，斌椿由衷地赞叹不已。

与斌椿同行的张德彝也对显微镜与细菌进行了描述，“后往一小馆，系以显微镜照异物映影于壁上者。屋中黑暗，西壁嵌有玻璃不甚大。观者面东壁而坐。术者以滴水放于显微镜上，向日而照，映诸对壁，则水内小虫无数，蠕蠕如鱼虾然。醋内照之有虫如蝉，千百飞舞，大皆三尺许。河水照之，有如蝎如蟹之虫，大皆三尺。据云人之精血便溺，以及生水醋色，皆有小虫，虫体甚微，特无人见之耳”[③]。稍晚于斌椿的是志刚，1868年他在美国观显微镜而见细菌，“有作电气光视显微镜，能见人所不见之物者。其法，将面糊涂于径二尺许、边薄中厚之显微镜。镜后发电气光。人在镜前观之，则陈面糊中，有寸许至尺许大之虫，或蜿蜒而行，或蠕蠕而动。盖一切食物及汤中，皆有生机之动，动而为生物居其中。故冷

---

① （清）斌椿：《乘槎笔记》，钟叔河主编：《走向世界丛书》，第1辑1，长沙：岳麓书社，2008年版，第113页。

② （清）斌椿：《海国胜游草》，钟叔河主编：《走向世界丛书》，第1辑1，长沙：岳麓书社，2008年版，第175页。

③ （清）张德彝著：《航海述奇·欧美环游记》，钟叔河主编：《走向世界丛书》，第1辑1，长沙：岳麓书社，2008年版，第545页。

水及隔宿有汤水之物，皆不可食，观于此而益信当知所戒矣”[①]。

需要指出的是，据美国学者吴章（Bridie Andrews）研究，中国人对于细菌学说的最早记录出现在薛福成的日记中[②]，而他的这种说法亦为国内学者沿用，上述志刚的记载亦是有关学者常引之文，由此综合看来，认为最早记录为薛福成所为的说法存在“以讹传讹”之嫌。因此笔者认为国人对于细菌学说的最早记录应是斌椿所为，而非薛福成。

其后，李圭作为中国工商业代表，于1876年到美国费城参加为纪念美国建国一百周年而举办的世界博览会，来去正好环行地球一周。他在参观英国馆时，对当时显微镜的形制作了具体描述，“显微镜长自二三寸至二三尺，有独眼，有双眼，视物由十倍大至二千倍”，“二千倍”显然是夸张之词，现代光学显微镜也只能放大至1600倍，分辨的最小极限为0.1微米，“司事者以水一滴，置玻璃片上与观，则见水内之虫，如鱼、如鳖、如蟹、如蝎，游泳往来。又以针刺手指滴血，则见血带黄色，若鱼子，又若稻穗”[③]，通过对水滴和血液的观察，发现微生物像鱼、鳖、蟹、蝎之类。同年，郭嵩焘作为“出使英国钦差大臣”（后兼使法国），成为常驻西方国家的第一位中国外交官。

1877年，郭嵩焘参访“英类敦类非纽”（Inland Revenue）时，

---

① （清）志刚著：《初使泰西记》，钟叔河主编：《走向世界丛书》，第1辑1，长沙：岳麓书社，2008年版，第276页。

② Bridie J.Andrews，“Tuberculosis and the Assimilation of Germ Theory in China，1895–1937”，*Journal of the History of Medicine and Allied Sciences*，52（1），pp.114–157.

③ （清）李圭著：《环游地球新录》，钟叔河主编：《走向世界丛书》，第1辑6，长沙：岳麓书社，2008年版，第213页。

记录了显微镜用于海关商品化学检验，“烟末、茶叶，各以显微镜试之而得其本质，伪造者莫能混也”①。之后不久，他又参观了“罗亚尔科里叱阿甫非西升斯”（royal college of physicians，皇家医师学院），看到“折光显微镜数十具，形制各异”，认为，“所照皮血，皆医术也”。又通过对足皮、肺膜及所患疮血的观察，看到“小虫大二分许，用水养之，盖水蛆之属也，四足、腹下有肉翅如悬乳。映水照之，血注如浆，潆洄不息。水草长数分，映水照之，随其筋脉有血灌输，如珠走隙中”，最终感慨，“体察入微而探讨入神，直穷于思议矣”②。英国是19世纪医学发达的典型代表国家之一，在外科手术方面当属约瑟夫·李斯特(Joseph Lister，1827–1912)。据史料记载，在李斯特之前“西人破骨之法，不敢擅开膝骨，以恐风入其中，于法不得施治”，郭嵩焘曾于1878年拜访“立斯得”（即李斯特），李斯特认为，“风入不为患也，所患太空中尘埃野马，皆生质也，入膝骨中相为生育，故无治法”。“生质”即后来所说的微生物，能够于膝骨中繁殖。李斯特发明了外科消毒方法，“炼药为水，以洗太空中尘埃，就所坐处洗荡尺许之地，可以容足，破骨施治，一无妨碍”，此法一出，“一时颇宗信之”③。

1877年，张德彝以翻译官的身份随郭嵩焘、刘锡鸿出使英国，他对显微镜及其镜下之物亦有生动描述，“镜形如‘页’字，高一

---

① （清）郭嵩焘著：《伦敦与巴黎日记》，钟叔河主编：《走向世界丛书》，第1辑4，长沙：岳麓书社，2008年版，第196页。

② （清）郭嵩焘著：《伦敦与巴黎日记》，钟叔河主编：《走向世界丛书》，第1辑4，长沙：岳麓书社，2008年版，第233页。

③ （清）郭嵩焘著：《伦敦与巴黎日记》，钟叔河主编：《走向世界丛书》，第1辑4，长沙：岳麓书社，2008年版，第619页。

尺，粗五寸。人由上看，前对灯光，下放玻璃片。每片横长寸半，宽五分。两片合一，内含小物，四面糊纸，中留圆径，以露内含之物，如小虫花蕊、爪翅头须，凡大一二分者，照皆盈尺，尚不为奇。惟一玻璃内含一点，小比针尖，照则人头一百七十四，七孔分明，无模糊处。又一点，照则大字一篇，清楚无讹”①。

需要说明的是，早期出洋国人“海外奇谈”式的记载，呈现出时人按照自身知识背景去理解和认识细菌的不同方式。具体说来，旧识与新知在异域之外发生关联与汇通，此时接引“细菌学说”的“中学”思想文化资源，不仅有中国古代“博物学”的身影，还有世人“仰观宇宙之大，俯察品类之盛”的文人情怀。但是知识的流动并非单向度，晚清来华传教士作为东西方文化交流的重要“管道”，也构成理解“细菌学说”在华传播的重要环节，因此类内容较多，故放在后续章节中探讨。

除游历欧美之外，早期游历日本的先进国人同样不可忽视。1877年，为交涉“琉球案”，清政府派遣何如璋、张斯桂、黄遵宪等人前往日本，何如璋担任首任驻日使官，张斯桂通过游览长崎街市，不由自主地发出赞叹，“袚除官道净无瑕，白石平铺衬白沙”②。何如璋身为正使，很是注意“参稽博考，目击身历”的重要性③。他在日本期间先后参观过医学校、东京大学、卫生局、盲

① （清）张德彝著：《随使英俄记》，钟叔河主编：《走向世界丛书》，第1辑7，长沙：岳麓书社，2008年，第382页。

② （清）张斯桂著：《使东诗录》，钟叔河主编：《走向世界丛书》，第1辑3，长沙：岳麓书社，2008年，第143页。

③ 姬凌辉：《“琉球案”与黄遵宪对日认识之转捩》，《华中师范大学研究生学报》，2014年第4期。

哑院等机构，他了解到日本长崎的医学校设有“植物、动物、光、化、电理、组织诸学”，所谓组织学即“显极微物之谓，如以镜视脏腑虫于玻璃瓶之类”，并设有解剖室，“剖视恙根”[①]。在参观东京大学期间，他认识到学校设有文、理、法、医、工等五科，拥有诸如“分光镜、诊脉计、呼吸计、脉波计、截蚀牙器、验肺器、验息器、地震上下计”等大量医疗器械，“制自德意志、美利加居多”[②]，一语道破玄机，说明日本近代医学的起步是师法德国和美国而来。

如果说何如璋等人初步认识到了日本明治维新带来的公共卫生变革，那么傅云龙便是深入观察日本卫生行政情形的先行者。1887年12月13日（光绪十三年十月二十九日），傅云龙参观了日本卫生局，并于事后撰写《卫生论》一文，该文是近年来医疗史学者讨论“卫生的现代性”的重要论据之一[③]，兹列全文如下：

> 二十九日　导游内务省之卫生局者四：一田原良纯，一须田胜三郎，一村井纯之助，一清水友辅。局长兼元老院议官、从四位、勋三等长与专斋导云龙游历卫生试验所，执盏语云龙

---

① 何如璋等：《甲午以前日本游记五种》，钟叔河主编：《走向世界丛书》，第1辑3，长沙：岳麓书社，2008年版，第206页。

② 何如璋等：《甲午以前日本游记五种》，钟叔河主编：《走向世界丛书》，第1辑3，长沙：岳麓书社，2008年版，第211页。

③ 诸如，（美）罗芙芸著，向磊译：《卫生的现代性：中国通商口岸卫生与疾病的含义》，南京：江苏人民出版社，2007年版，第147–158页。沈国威著：《近代中日词汇交流研究：汉字新词的创制、容受与共享》，北京：中华书局，2010年版，第220–224页。雷祥麟《卫生为何不是保卫生命？——民国时期另类的卫生、自我与疾病》，收录于李尚仁主编：《帝国与现代医学》，北京：中华书局，2012年版，第435–436页。

曰："卫生之目当否，愿论定之。"为作《卫生说》云：

卫与医，皆所以遂其生也；意将毋同，然而说异。医恒施于已疾，卫则在于未疾也。先是，明治八年设司药，医学一端耳。十六年，易名卫生试验所。表饮食之比较，图服用之损益，固合化学、算学、医学、物理学，而自成一卫生学矣。长与氏犹虑名实未符，问云龙至再。案《说文解字》：卫，宿卫也，从韦、帀，从行。（按：卫，繁体作"衛"。《说文解字》的解释，是从分析"衛"字字形作出的。）行，卫也；帀之言周，《史记》卫令曰周庐以此。然则卫生云者，有护中意，有捍外意：不使利生之理，有时而出；不使害生之物，乘间而入。秽者，洁之仇也，去秽即以卫洁。赝者，真之贼也，辨赝即以卫真。过而不及者，中之弊也，退过进不及，即以卫中。洁也，真也，中也，皆所以生也，独医云乎哉！或谓何不曰养？曰：养，难言也。以心以气曰养，有自然之道；以力以物曰卫，有勉然之功。今日之勉然，未始非自然基；然以学言，则不必高言养也。目以卫生，谁曰不宜？①

在这篇文章中，傅云龙和时任卫生局局长长与专斋就"卫生"一词含义的演变问题进行了讨论。篇中既有上溯到《说文解字》《史记》等典籍的"咬文嚼字"，也有对卫生学分立于医学之外的深入论证，核心观点认为，所谓"卫生"即是保卫生命的养生之道，这与后来行政意义上的"卫生"概念有较大差别。无独有偶，

① （清）傅云龙著：《游历日本图经馀记》，钟叔河主编：《走向世界丛书》，第1辑3，长沙：岳麓书社，2008年版，第215页。

西方来华传教士韩雅各笔下的上海卫生，同样是充满了对食物、饮料、运动、衣物、沐浴、排汗、痱子、肝脏、睡眠、热情等内容的关注，而非后来的“卫生”概念[①]，以上种种认识或许才是“卫生”的最初本义。

四、小　结

古人对于疾病的理解是一个时空立体的概念，既有鬼神司命，也有六淫外邪，还有三尸九虫，当然也与饮食起居密切相关。在传统医学理论资源中，人与虫是相伴相生的关系，以“三尸九虫”说为代表，当虫与邪气发生关联时才会致病。另外就是身外之虫，既指博物学意义上的分类概念，也专指蛊毒或者由外侵入人体的毒虫。明清时期，在继承六淫外邪学说的基础上，发展出了以杂气说为代表的温病学说，经过吴瑭、叶桂、薛雪、王士雄等人的努力，使温病学说构成十九世纪中国医学解释病因和治疗方法的主要理论资源。总之，由虫致病与由气致病是古人认识人身、疾病与环境三者关系的主要路径。

与此同时，西方社会正处于早期工业革命阶段，中世纪古老的瘴气理论和夹杂着巫术的治疫方法仍然有着较大影响，然而，1832年发生在英国的一场霍乱彻底改变了西方不卫生的习惯，在斯诺、查德威克、西蒙等人的努力下，人们开始相信瘟疫发生的原因在于缺乏个人卫生和公共卫生，并开展了诸如保持住房通风、修筑下

① （英）韩雅各（James Henderson）著，赵婧译：《上海卫生：中国保健之注意事项》，北京：中华书局，2021年版。

水道、洁净饮用水源等革新措施，因此19世纪30年代也被后世称为“公共卫生的时代”。工业革命的迅速发展也使得医疗器械制造技术更新成为可能，1830年复消色差显微镜的发明使得西方医学界能够更加清晰地观察微观世界，各种微生物被时人发现，逐渐改变了西方医学界对病原的认识，西方医学界出现了传统“瘴气论”和近代“细菌说”之间的较量。由此可见，即便是到了19世纪30年代，中西医学仍然是各成系统，渊源有自，本无优劣之别，且在各自不同的社会文化环境和自然地理环境中履行着保卫生命的职责。

如果说在明末清初时期中西医学仅仅是通过极少数耶稣会士互相交流的话，那么鸦片战争以后，随着通商口岸的逐渐建立和新教医学传教士的医疗事工逐渐合法化和内地化，中国传统医学的文化版图逐渐融入西方医学色彩。鸦片战争之后，中国人开始睁眼看世界，除了坚船利炮、文物典章的宏观世界外，还有略显低调的微观世界，最先走向世界的一批国人在日记中对显微镜、细菌、医院、卫生均有零散记载，细菌由此渐渐进入国人视野，国人对细菌的朦胧认识开启了西学东渐史上的精彩一幕。

第二章
甲午前后细菌概念的接引与沿海地区的检疫治疫

晚清以降，随着《天津条约》《北京条约》《烟台条约》《中法新约》《马关条约》等一系列不平等条约的签订，中国与西方直接交流的渠道由最初的五个通商口岸逐渐深入内陆腹地。不少来华传教士通过来往信函和日记将中国形象回传给自己的母国，由于中国传统的城镇文化，特别是江南地区多河湖沟汊，不免道路泥泞，水汽熏蒸，而最先开放的多为东南地区通商口岸，所以正如传教士麦高温[①]笔下所说，“如果瘟疫横扫了一座城镇的某个地区时，人们会对这是由于饮用水不洁或污水横溢造成的设想，持以最不屑一顾的态度。中国人声称，各种流行病是由恶魔引起的，而治愈这些疾病不是用保持环境卫生和清扫阴沟，并用大量的石炭酸消毒的方法，而是用巫师的法术，它会立即将这一群看不见的最难治服的妖魔赶

① （英）麦高温（John Macgowan，1835–1922），英国伦敦会传教士。1860年来华，先后在上海、厦门传教。他精通汉学，著有《中华帝国史》《厦门方言英汉字典》《华南写实》《华南生活见闻》等书。

走”[1]。

与此同时，教会学校、医院等机构在条约体系的保护下竞相设立，甚至于1887年出现了由来华医学传教士组建的“中国博医会”，以及该会创办的同人刊物——《博医会报》，这都为细菌学说、卫生学知识进入中国创造了条件。然而知识影响社会的速度与知识更新的速度往往是不同步的，在1894年广东、香港鼠疫中，这种“时间差”导致的防疫行为与观念之间的落差与偏差，折射出中国社会从传统走向近代的艰难与复杂。

一、来华传教士对细菌概念的引介

沈国威将“细菌”与“细胞”归为中日互动词，并认为“细菌”是由“细胞”概念衍生而来，指出中国最早对“细胞”的记载见于韦廉臣、李善兰、艾约瑟合译的《植物学》（1858）[2]。但细菌与细胞毕竟不是一回事[3]，也就意味着从细胞入手寻绎细菌概念在华传播史恐难成立，理应遵循细菌学说史的自身发展脉络。

耐人寻味的是，十九世纪中后期国人对于“细菌”并无太多概念。究其缘由，“细菌”对译bacteria出现较晚，故而《申报》虽作为近代新名词和新事物的橱窗，其最早出现“菌”这一概念也是在1881年，但却不是指显微镜可见之细菌。该字出现在一篇题为《食

---

① （英）麦高温（John Macgowan）著，朱涛、倪静译：《中国人生活的明与暗》，北京：中华书局，2006年版，第107页。

② 沈国威著：《新语往还：中日近代语言交涉史》，北京：社会科学文献出版社，2020年，第28页。

③ 宋恪三：《细菌与细胞》，《康健杂志》（上海），1933年创刊号，第13–14页。

菌伤生》的报道中："菌种不一，而乡人之采菌者不加小心，恃胸有定识也。讵月之十一日，胥门外梅湾某姓母子采菌半篮，午饭食讫不及片时陡然吐泻，翌日同毙，按菌毒以苦茗、白□用酒调服可治，见之方书，不识死者曾经试服否？"[①]该文所提及的"菌"指一种食材，而"菌毒"亦指其自带的毒性。1882年一篇题名为《毒菌害人》的报道，大概讲述的是江苏太湖七十二峰一带，"每于夏秋时乡人皆入山采菌售卖，其价甚廉，而其味甚美，居家无不贪焉"[②]。该文主要讲述因误食毒菌而致人身死一事，开头部分用了"俗传"一词，表明此则故事虽有杜撰成分，但能够被"俗传"，也说明"菌"可食用应是一种较普遍的认知。查古代字书所载："菌，地蕈也。"[③]据《本草纲目》所释："地蕈，菌谱，地生者为菌，木生者为檽。江东人呼为蕈，《尔雅》云：中馗，菌也。郭璞注云：地蕈似钉盖，江东名为土菌，可啖。"关于菌的毒性问题，古人认为与季节和毒虫有关，"菌冬春无毒，夏秋有毒，有蛇虫从下过也。"李时珍则认为："按《菌谱》云杜蕈生土中，与山中鹅膏蕈相乱，俗言毒虫之气所成，食之杀人甚"。[④]这当然与后来细菌学说意义上的"菌"和"菌毒"不可简单划一，但至少从含义上来说，菌分有毒和无毒亦成为可比附理解细菌分有毒和无毒的思想资源，同时值得注意的是，菌的毒性一开始便与毒虫相关。

---

① 《食菌伤生》，《申报》，1881年7月16日。
② 《毒菌害人》，《申报》，1882年8月28日。
③ （清）段玉裁撰：《说文解字注》，北京：中华书局，2013年版，第37页。
④ （清）纪昀主编：《四库全书·子部·医家类·本草纲目卷三十九》（景印文渊阁四库全书），台北：台湾商务印书馆，2008年版，第774册，第27页。

表2.1　19世纪英汉双语字典中“菌”的英语译名表

菌		
年代	译名	出处
1819	菌 . A plant well tasted, but which often poisons people. The mushroom; the name of a hill.	《五车韵府》，第2部字典，第1卷，1819年，第452页，KEUN.
1823	菌 KHEUN. A plant well tasted, but which often poisons people. The mushroom; the name of a hill. 菌有味而常毒杀人。	《五车韵府》，第1部字典，第3卷，1823年，第173页，140th Radical. VIII. Tsaou
1832	Khwun 菌 A mushroom; khwun kwuy，菌桂，a sort of cinnamon bark，brought from Cochinchi-na，of which mats can be made.	麦都思英华字典汉语俗语，1832年，第386页。

虫		
年代	译名	出处
1819	虫、蟲.Animals，either inhab-iting earth or water，which have feet;quadrupeds and bipeds;in-sects;those without feet are called 豸 che. Occurs used for the fol-lowing. A surname.Chung poo 蟲部 insect and reptile class; it includes frogs and shell fish.	《五车韵府》，第2部字典，第1卷，1819年，第113页，Chung.
1823	虫 HWUY. Commonly read Chung.A general term for in-sects，worms，reptiles，in-cluding Testudines;lizard kind; sespents and frog kind There is not in European phrase any word that corresponds to the Chinese Chung，from which circum-stance，the word insect in the following definitions，must not be understood strictly in many cases; for with the exception of birds，quadrupeds，and fish that swim，almost every living crea-ture is called Chung.	《五车韵府》，第1部字典，第3卷，1823年，第243页，142nd Radical. II. Hwuy 虫

续表

年代	译名	出处
1832	Hwuy，虫， the ancient form of the preceding;the generie term for all the scaly tribe.	麦都思英华字典汉语俗语，1832年，第279页。
1874	（1）general term for insects and reptiles，虫，蟲；（2）reptiles having feet，	

与此同时，就在西方细菌学说初步建立之际，“细菌致病”说的译介也在中国开始出现。以《博医会报》为例，1891年曾刊有一篇题为《科赫的液体》（Koch's Fluid）的文章，该文详细介绍了科赫研究肺结核杆菌的著名实验，“科赫通过观察肺结核杆菌在携带肺结核或非肺结核的几内亚猪身上的运动、繁衍和死亡，证实了他认为该液体有治疗作用的想法。在健康动物身上，接种一个纯粹培养基，接种过一段时间后，大约10天到40天左右，形成一个坚硬的结瘤，不久结瘤破裂形成溃疡并且持续不断，直至该动物死亡。然而，当一头已经感染肺结核的几内亚猪被接种，没有结瘤形成，但是接种部位的表面结构坏死并且衰退。然后注射一定量的稀释甘油，输注这种纯粹培养物，则引起动物的体质提高。显然地，到目前为止，已经在他的观察中，科赫不能忽视这明显的迹象，即使是已死的青虫菌，或者至少是一些它们成分或者产物的溶液，包含着一些也许可以被利用来制造一种药物的东西，并且产生同样的作用”①。关于该液体的治疗效用，如果说以上介绍不够直接的话，那么《医案杂志》（*medical record*）曾在1890年以问答的形式较为

① “Koch's Fluid”，*China Medical Missionary Journal*，March，1891，Vol. 5，No.1，p.28.

直白地给出了答案：它并不是在所有病例中都有临床诊断价值[1]。这表明基于细菌致病说的治疗方法在当时的西方尚不被认可，即便是科赫也不例外。《博医会报》有可能只是将其作为一种“医界新闻”介绍给在华传教的同行，实际上，在同时期《博医会报》上，更多的是对外科手术麻醉措施的介绍，如1890年对可卡因作为麻醉剂的介绍[2]，1893年对氯仿危害性的说明[3]，这也表明细菌致病说在1890年前后的不成熟性和新奇性。

除了医学传教士以外，尚有专门从事科技书籍跨文化交流工作的个人和出版机构。例如傅兰雅[4]所主持的格致书室，该书室创办于1885年，以促进中国的科学启蒙为宗旨，从事近代“声、光、化、电”等科技书籍的翻译和流通，这当然也包括卫生学方面的内容。上海格致书室在天津、杭州、汕头、北京、福州和汉口都设有分部，书室创立之初，即有强烈反响，三年内其在中国各地和日本及朝鲜卖出了价值17000元的书籍和地图等，即150000卷图书[5]。

---

① “Koch's Fluid”, *China Medical Missionary Journal*, March, 1891, Vol. 5, No.1, p.29.

② Wm.W.Shrubshall, L.R.C.S.&P.Ed, “Cocaine As An Anaesthetic”, *China Medical Missionary Journal*, December, 1890, Vol. 4, No.4, pp.259–260.

③ David C. Gray, M.B., C.M., “Danger Following Chloroform Administration”, *China Medical Missionary Journal*, March, 1893, Vol. 7, No.1, pp.17–18.

④ （英）傅兰雅（John Fryer）于1861年由英国圣公会派遣来华传教，但他在中国期间并不讲经布道，而是穷其精力致力于西学传播。1868年，受雇于上海江南制造局翻译馆，担任译员长达28年之久，翻译了大量的科学技术书籍，并于1876年创办格致书院，其后又创办科学杂志《格致汇编》，交流和传播科学常识。1877年被选为上海益智书会总编辑，从事科学普及工作。晚年定居美国，应聘执教于柏克莱加州大学，成为美国著名的汉学家，被誉为“传科技之火于华夏的普罗米修斯”。

⑤ （美）戴吉礼（Ferdinand Dagenais）主编，弘侠译：《傅兰雅档案》（第二卷），桂林：广西师范大学出版社，2010年版，第318–319页。

1894年，该书室曾发布一份教育类书籍出售目录，该目录所收录的书籍都是从江南制造局傅兰雅的著作中挑选的，它们均根据英美标准教科书籍、以简明文理改编而成，适合学生、年轻人和一般读者阅读。书籍纸张上乘、装订精良，附有不少插图，并根据页数多少和大小，分为6寸、8寸和12寸三种，这些书籍均可从上海格致书室购得，也可通过书室在各条约港及教会所在地的分部和美华书馆购买①。

其中“格致须知部”（The Outline Series）的书籍为12寸，共10种，每种8卷，售价50分，也可单卷购买，每卷平均6分。整套书由英美原著精心改编而成，附有大量插图，既可作初级学校的读本，也可作一般的科普读物。该部之第3种收录有《全体须知》（*Physiology and Anatomy*），售价为6分（cents）；该部之第5种收录有《卫生须知》（*Hygiene and Sanitary Science*）；该部之第7种收录有《医药须知》（*Medical Science*）②。

其中由益智书局赞助完成的“格物图说部”（The Hand-book Series）的书籍为8寸，印刷字体大而清晰，大部分是根据爱丁堡约翰逊公司的精美挂图改编成的手册，适合作教科书。为了让这些手册用途更广，里面的插图都是通过影印挂图再缩小来完成的，这些手册可以单独作为教科书使用，也可与挂图一起使用。例如，该部所包含的《化学卫生论》（*Chemistry of Common Life*）一书，在英文书名后特别标注出该书适合配插图一起使用，可见属于教科书性质

① （美）戴吉礼（Ferdinand Dagenais）主编，弘侠译：《傅兰雅档案》（第二卷），桂林：广西师范大学出版社，2010年版，第320页。

② （美）戴吉礼（Ferdinand Dagenais）主编，弘侠译：《傅兰雅档案》（第二卷），桂林：广西师范大学出版社，2010年版，第322-323页。

类书籍[1]。而该书则直接影响了后世梁启超在《西学书目表》中的书籍分类，他认为“西学各书分类最难……其有一书可归两类者，则因其所重……《化学卫生论》不入化学，而入医学是也”[2]。

需要特别指出的是，格致书室还推出了“保身卫生部”（The Temperance Physiology Series），该系列书籍大小为8寸，采用大字印刷，主要根据玛丽·H. 亨特夫人主编的系列书籍改编翻译而成，里面有大量精美插图，所有问题和总结部分采用小字印刷，这一系列书籍已经关注到了当时讨论热烈的问题，如鸦片问题和缠足问题，并被推荐到教会学校作为教科书使用，具体情况如下表：

表2.2　“保身卫生部”书籍之出售目录

序号	书名	版本信息	售价
1	孩童卫生编	“Health for Little Folks.” For primary grades	25 cents.
2	幼童卫生编	“Lessons in Hy-giene.” For in-termediate grades. Ready in October.	
3	成童卫生编	“Outlines of Anato-my, Physiology and Hygiene.” For high schools and advanced classes in common schools. In course of preparation.	

① （美）戴吉礼（Ferdinand Dagenais）主编，弘侠译：《傅兰雅档案》（第二卷），桂林：广西师范大学出版社，2010年版，第324页。

② 梁启超：《饮冰室合集》（第1卷），北京：中华书局，1989年版，第123页。

续表

序号	书名	版本信息	售价
4	初学卫生编	First Book in Physiology and Hygiene. By J.H.Kellogg, M.D. In the press.	
5	幼学卫生编	Second Ditto. By same Author. In preparation.	

资料来源：（美）戴吉礼（Dagenais，F.）主编：《傅兰雅档案》（第二卷），桂林：广西师范大学出版社，2010年，第325页。

虽然当时该部仅仅收录了5本专门论述卫生的书籍，但正如傅兰雅反复强调的那样，翻译和出版工作不会就此停歇，期待有更多的“新探路者”（The New Pathfinders）和其他人致力于此项工作，以便为教师们提供更为多样的教科书选择①。

除以上所论各部情况外，尚有“格致汇编部”（The Magazine Series）和“官派特译书部”（The Imperial Government Series）两大书系。前者主要是《格致汇编》7年内（1876–1883）重要文章的重印，书为6寸，印刷装订均十分精良，附有精美插图。所包含书籍不仅可以作为学校里的教科书使用，还可以向中国各阶层的人士传授非常有用的常识和技术信息，其中包括《居宅卫生论》（*Sanitary Science*）一书，售价为15分（cents）。后者每本为6寸，多为木版印刷，符合中国传统书籍装帧风格。这一系列书籍的翻译从1867年傅兰雅在清政府官员的要求下翻译《运规约指》开始，其中包括

① （美）戴吉礼（Ferdinand Dagenais）主编，弘侠译：《傅兰雅档案》（第二卷），桂林：广西师范大学出版社，2010年版，第326页。

《西药大成》(*Materia Medica and Therapeutics.Royle and Headland. 16 vols.*),《西药大成名目表》(*Materia Medica.Vocabulary of Terms in English and Chinese.* 1 vol.),《西药洗冤录》(*Medical Jurisprudence. Taylor.* 12 vols.)以及《儒门医学》(*Medicine, Hand-book of .Dr. Headland.* 4 vols.)等医学书籍[1]。

傅兰雅所编的《格致汇编》曾载有一文，专门论述微虫导致牙病，“将四十余人之牙齿与牙肉所生之质，以显微镜视之，则大半有动物、植物甚多”[2]，但是此处显微镜下之微虫，实际上被表述为类似“动物、植物”的奇异事物，这当然是由显微镜的放大效果所致，此种“名不副实”，同时也可说明时人主要是以中学来理解西学。1897年，关于“疫虫”“瘟虫”的说法频现报刊，“全球皆有疫虫，惟为数无多，则不能为害。西报言海滨山上，地极清爽，屋中居人每一点钟时，随吸而入之瘟虫，计尚有一千五百头。若城市之中，人烟稠密，则瘟虫之随吸而入者，每一点钟可得一万四千头，一昼夜当共二三十万头，宜其毒蕴内脏，不可救药。今印度疫气流行，其原委由于瘟虫甚多耳”[3]。此文原出自新加坡的《叻报》，虽然讨论的并非中国疫情，但是其所传达的观点值得注意。疫虫全球皆有的说法明显不同以往古书中草木虫鱼之说和“三尸九虫”之论，且强调不同地理环境虫数不一，疫气之盛，源于瘟虫之多，似乎给人呈现的景象是“空气中弥漫着无数的疫虫”。此外，该文还

---

① (美)戴吉礼(Ferdinand Dagenais)主编，弘侠译:《傅兰雅档案》(第二卷)，桂林：广西师范大学出版社，2010年版，第326–331页。

② 《格物杂说：牙齿生微虫之病》,《格致汇编》(第二卷，秋)，1877年，第15页。

③ 《医学：疫虫宜治》,《集成报》，1897年第12期，第45页。

运用数学原理，将微虫数目量化，这种做法同时期还催生了“核计微虫之数，能知所用之药”[①]的治疗思路。

那么，“微生物”“微虫”与细菌之间是否存在理解或对译关系，在形式上是否存在音译的情况？在内容上是否存在以虫对译细菌的理解路径？这在《微虫致病》一文中似乎能得到佐证，该文首先认为细菌与人相伴相生，“凡有生之地，即有壁他利亚在焉，又凡可食之物增，则彼亦增。又人畜身中遗弃之物增，则彼亦增，故人稠之地，极要洁净”。其次认为空气中含有无数之细菌，“今试论空气中之壁他利亚，除却冰界之上，并大洋之中，则无气不混含此物”。进而认为，“有数疾病疑是壁他利亚传染而来，此类壁他利亚曾有人由病者之身取而养之，其恶者最易伤肺，亦有不能过气喉关者”。最后劝诫时人，“呼吸恶微生物之险，不可不留心谨慎，设法杀灭居处间之微生物，或阻止其发出之地，此诚卫生之要旨也。”[②]很显然，“壁他利亚”是“bacteria”的音译，且意指“恶微生物”，但题目却是“微虫致病”，似乎可以理解成此处的微虫指的就是能够致病的细菌。这种音译方式在晚清中国并不算特殊，1878年李凤苞在担任驻德公使期间，曾前往“迈克罗士谷比施阿夸林”（显微镜水族院）参观，院中置显微镜七台，“各嵌水晶宝石，微如纤尘，以镜窥之燦然”[③]，此处李氏将“microscope”音译为“迈克罗士谷比”。

实际上，不仅是毒虫与疫气致病说之间可以相辅相成，在细菌

---

① 《格物杂说：痨疾虫为害》，《格致汇编》（第7卷，春），1892年，第50页。
② 《京外近事：格致：微虫致病》，《知新报》，1897年第36期，第23–24页。
③ 李凤苞著：《使德日记》，《丛书集成新编》（第98册），台北：新文丰出版社，2008年版，第199页。

致病说传入中国初期，毒虫与疫气知识也构成接引细菌致病说的津梁。时人割除病变组织，“以显微镜照之，果有疫虫，蠕蠕而动。两头各有黑点如眼，与粪窖之虫无异”，这种去陌生化而又形象的表述，自然而然地将细菌致病说导向古代因虫致病的话语系统之中加以解释：“此虫为空气积毒所化，微不可见，每乘日光未出之时，已没之后，群聚而飞，遇物辄伏。人食其物，则虫入脏腑。胎生卵育，顷刻繁滋。一身气血，尽成蛊毒。”[①]该文基本上也是呈现出如此图景——不干净的空气中飞舞着有毒的微虫。故而在1894年鼠疫和宣统鼠疫的防治过程中，才会呈现出“不干净的空气中飞舞着难以计数的毒虫”的想象图景。

以1894年香港鼠疫为例，虽然各国、各口岸积极实行港口检疫制度，预防香港鼠疫扩散，但是当时广州和香港的中西医对该病都是同样的手足无措。在这种情况下，日本政府派遣了医学博士青山胤通和北里柴三郎，“于四月中由东京航海至香港考察疫症情形”[②]。北里通过检验染疫未死之人，发现“其血中之虫，或多或少，与已死之人无异，虫形纤小而长，首尾皆圆，不甚活动，在人之四肢者滋生最捷，他处之虫则不然”，于是，“又将此虫搀和食物以饲牲畜、飞鸟，亦即成病，不入而死”。又考察曾出疫症之屋，“亦有此虫溷杂，将灰尘搀和食品以饲各种生物，其病死与前说无殊”，“至于瘟毙之鼠，肠脏更积虫无数，蕴毒之重可知，尝将此虫曝诸烈日中，约历四点钟而死”[③]。报告较为详细地记录了北里、

① 《利济外乘一（续）：疫虫备验》，《利济学堂报》，1897年第12期，第9–10页。
② 《验疫染疫》，《申报》，1894年7月3日。
③ 《日医生考察疫虫纪》，《申报》，1894年7月19日。

青山等人的实验过程，北里声称发现了鼠疫杆状物，“虫形纤小而长，首尾皆圆”。《申报》用“虫”而不是用“细菌”的概念，其本身就是用中国传统文化中与“虫”有关的思想资源来理解当时出现未久的细菌致病说。

综上所述，随着西方医学在19世纪中后期的快速发展，在华医学传教士也开始大量译介细菌学说、卫生学、药物学等医学知识，且所涉内容专业性较强，以教科书居多。然而，此时期关于此类知识的译介也只是众多科学知识中的沧海一粟，以《博医会报》和由傅兰雅主持的格致书室构成主要载体之一，再根据其所译介书籍的流通市场来看，主要集中在各通商口岸及东部沿海地区，于全国而言，细菌学说的流布具有区域性不平衡的特点。

需要指出的是，当十九世纪中后期细菌致病说西来之后，细菌致病说在同时期的西方也是刚刚起步，在晚清中国起初也是一种“新知识”被译介，这就涉及“细菌”概念的生成问题。当细菌致病说被引入后，时人基本上从两种路径去理解显微镜下的“微生物”或者细菌，一是古代的博物学中的草木虫鱼鸟兽，一是古代医学中的虫、气的概念，前者是具体的，后者是抽象的，所以才会呈现出时人对bacteria的理解，第一反应是引入虫的概念。对于细菌的译名问题，为什么是霉菌而不是细菌？从音译的角度来讲，既有“壁他利亚”和“巴克德利亚”对译bacteria，也有“埋克肉”对译microbe，这本身也是清末时人翻译西学的常见策略。与此同时，时人还将其意译为微生物、微生虫、疫虫、微虫、霉菌等，实际上这是基于细菌的形状、大小、繁殖等性状作出的判断。菌本身在古代是指食用菌，也可以是有毒的蘑菇，而这一点从形态上来说，时人在早期的显微镜技术下也只能大致分辨出三种类型的细菌，即弧菌、杆菌、球菌，从形态上说，它们既像虫，也像菌蕈的形状，但又比肉眼所见的食用菌更加细小，所以在显微镜之下，细菌被时人想象成虫、菌蕈也就不难理解，这本身也使得时人对细菌的理解和分类自觉不自觉地倾向动物、植物两门。由此可见，在十九世纪中后期的生物学的分类中，关于bacteria的实际分类尚不如今日明确，具体分类情况，中西情况不一，这也影响了时人对细菌和bacteria的认识。

结合报刊分析，时人所理解的细菌还可细分为两种情况，从学理上讲，往往将bacteria对译成微生物和霉菌，这两种译名在清末常常并用或混用。从致病观念上讲，“空气中飞舞的无数微虫”亦成为时人解释疫病致病原因的合理想象，“气”与“虫”被赋予更多新的含义，传统医学理论资源的“旧瓶”被装入了新兴细菌致病说的“新酒”。但需要说明的是，采用“不干净的空气里飞舞着微虫”的想象模式也只是一种情况，晚清民初时人的疫病观或者说致疫观远比我们想象的复杂。

二、1894年香港鼠疫与鼠疫杆菌

避疫，即避免与病菌接触，而检疫，是检查病疫的来源而隔离之，使病菌没有传播的机会。避疫和检疫是中国近代医疗史和中国预防医学思想史的重要内容，二者之间有着密切的联系，但若从演变过程上看，却有先后之分。范行准认为，避疫是人类趋吉辟凶的本能行为，而检疫则是人类文明进化到一定程度的产物，检疫制度之于中国，约始于17世纪检查天花，就西方而言，则肇始于14世纪的黑死病[①]。

在清代，温病学说渐成为主流医学理论，其主要观点认为，疫病是由四时不正之气、六淫（风、寒、暑、湿、燥、火）、尸气以及其他秽浊熏蒸之气而形成的疫气所致。病因有二，一则是由于精气神失调造成的正气不足，外因则是各种因素导致的疫气（戾气）的郁积熏蒸，人在其中久居，感触致疾，因此清人对疫病的应对是以养生避外为中心。所谓养生，即强调固本，主张清心寡欲、节制房事，增强体质，不失元气，使外邪难入表里；所谓避外，即可谓之避疫，采取躲避、熏香和服用避疫丹药等方式来避开或者遏制疫气，使自己度过凶年。此外也有避免接触病人、病家的衣物、食品等物品，以及舁神巡城、建坛打醮等民间仪式。

总体而言，此时因应疫病的方式和手段多是针对个人，虽然吴有性早已认识到疫病之邪气是经由呼吸道器官而入，“盖瘟疫之来，邪自口鼻而感入于膜原”[②]，且“有天受，有传染，所感虽殊，其病则一”[③]，但由于缺乏显微镜之类的仪器将“邪气”“疫气”“疫虫”精确化，也加上长期受中医“精气神”知识体系的影响，习惯于抽象表达，注重个人的卫生之道，未能从公共卫生防疫角度出发，这也是后世西方医学传教士和殖民者攻击和批评中医理论，乃

① 王咪咪编纂：《范行准医学论文集》（二十世纪初中医名家医学文集丛编），北京：学苑出版社，2011年版，第361–362页。

② （清）纪昀等主编：《四库全书·子部·医家类·瘟疫论》（景印文渊阁四库全书），台北：台湾商务印书馆，2008年版，第779册，第50页。

③ （清）纪昀等主编：《四库全书·子部·医家类·瘟疫论》（景印文渊阁四库全书），台北：台湾商务印书馆，2008年版，第779册，第3页。

至建构中国人肮脏、虚弱、不卫生等形象的立论出发点。目前学界一般认为，最早关于检疫制度的记载见于清人俞正燮《癸巳存稿》，“国初有查痘章京，理旗人痘疹及内城民人痘疹迁移之政令，久之，事乃定。康熙时，俄罗斯遣人至中国学痘医，由撒纳特衙门移会理藩院衙门，在京城肄业”[①]。缘于清人自入关以来对于天花非常恐惧，且认为汉人是天花的携带者，故设立“查痘章京”一官，专门检查痘疹，还颁布了将旗人与汉人迁移分开的政令，实则是一种检疫隔离制度。

西方检疫制度出现在14世纪，此时黑死病（black plague）[②]正如黑幕一般笼罩欧洲大地，当时医生都穿上特殊的隔离服，一种长袍，可以遮盖全身，手上戴一副大手套，这种装束和现代差不多，只是面罩做成了啄木鸟头的形状，里面塞一块海绵，海绵吸满浸有丁香和肉桂粉的醋，可以消毒，呼吸干净的空气。此外当时还有麻风病、结核病的流行，这些流行病直接影响了西方卫生制度的初步构建。1348年，威尼斯市成立专门的委员会督导一些卫生事项，如死尸的特殊殡葬，墓穴的深度，严禁死尸暴露街头，对外来船只的戒备等。黑死病患者被安顿于城外指定的地方，实行隔离，要求将

---

① （清）俞正燮撰：《癸巳存稿》卷九，沈阳：辽宁教育出版社，2003年版，第248页。

② 黑死病，即鼠疫，是人类历史上最严重的瘟疫之一，由鼠疫杆菌引起的急性传染病，原本只在某种特定生态条件下啮齿类动物间流行，当人与染病动物接触后，疫蚤将鼠疫杆菌传给人类，引发人间流行，发源于亚洲内地，后由于通商而传布到印度及其他国家和地区。于1346年冬天，从克里米亚到康士坦丁堡，之后便沿两条路线传播：一条穿过地中海东部和中东地区，于1347年秋到达埃及。一条向西北席卷地中海西部和欧洲大部地区，这场瘟疫流行导致约2500万人死亡，占欧洲当时人口的三分之一。由于在当时无法治愈，感染即死，被认为是“上帝对不虔诚的信徒的惩罚”。参见张大庆著：《医学史十五讲》，北京：北京大学出版社，2007年版，第77-80页。

患者及时上报。

1377年亚得里亚海的拉古萨（Ragusa）共和国首先颁布了对海员的管理规则，将距离城市与海港较远的地方指定为登陆场所，所有疑似鼠疫患者，须在空气新鲜、阳光充足的环境里观察30天方可入境，任何与外来旅客有接触的人也要实行隔离。后来觉得30天太短，又延长至40天，称为四旬斋（Quarantenaria）①，即是现代通用名词“海港检疫”（quarantine）的来历。此外，1383年马赛还专门设立了海港检疫站。威尼斯和其他沿海城市逐渐达成共识，将这些防御鼠疫的卫生措施用法律规定下来，即对所有有传染嫌疑的房屋施以通风和熏蒸，室内的家具放在阳光下暴晒消毒，将患者或死者的衣服和物品进行焚烧，同时保持街道和水源清洁，这些规定和制度延续至今。地理大发现以后，西方列强纷纷把海港检疫制度作为保卫其海外殖民地子民生命的重要措施，与此同时，这种制度在海外殖民地推行的过程，也是对土著居民（aboriginal people）规训与惩罚的过程，也是被殖民国家近代卫生检疫制度的建立过程，中国在19世纪也被卷入这种制度的构建。

在细菌致病学说建立之前，19世纪早期疾病瘴气理论对传染病的传播提出过两种相反的看法，即接触传染论与非接触传染论，两者实质上体现了对环境卫生的强调。在主流医学观点论争之下，主

① 四旬斋（Quarantenaria），之所以延长至40天，也不完全是因为观察疾病的需要，主要是因为中世纪炼金家称40天为一个哲学月（philosophical month），而《圣经》所记载的很多40天奇迹的故事更为这种时限做了神秘注脚，所以很明显是中世纪神学观的产物。引自 （意）卡斯蒂廖尼（Arturo Castiglioni）著，程之范主译：《医学史》（上册），桂林：广西师范大学出版社，2003年版，第301页。

要欧洲国家决定通过外交途径来因应来自海上的疾病，但是检疫制度在全球的构建并非一帆风顺。早在1834年法国便提议举办讨论国际检疫标准的会议，这个建议并未实现，及至1851年，相关国家在法国巴黎举行了第一届全球卫生会议。此后四十年间先后召开了十届国际卫生会议，直到1890年代才对疾病的侦测以及隔离检疫最短和最长的拘留时间达成协议①。因此海港检疫制度在中国建立的历史叙事亦是全球检疫制度建立的重要一环，其建立的过程和时间不完全落后于世界步伐，加之粤港鼠疫的影响，甚至为世界海港检疫制度的构建提供了中国经验。

1873年7月29日，领事团长致信工部局，他认为在新加坡和曼谷两地发现有霍乱疫情，要求工部局采取更多的卫生预防措施。在8月4日的上海工部局董事会会议上，董事会宣读了针对以上两地疫情的预防措施，作出以下决定：一、强烈要求道台阁下扩大检疫范围，并且对那些来自有怀疑的地区的船只，在它们能出示无疫证书之前，不得驶进港口超过灯船或灯塔的距离。二、应对来自福州以南中国各海域任何地点的船只实施一种检疫制度。三、保证立即采取步骤以便进行更多的卫生预防工作。四、把关于上述问题的信件抄本寄给河泊司。工部局在致河泊司的信函中，要求海关严格实施现有的港口章程，或在必要时另行制订一些章程进行合作。除此之外，还对来自曼谷的“友谊”号轮船进行询问，是否已按照1869年

---

① （英）普拉提克·查克拉巴提（Pratik Chakrabarti）著，李尚仁译：《医疗与帝国：从全球史看现代医学的诞生》，北京：社会科学文献出版社，2019年版，第158–159页。

的港口章程办事，以及船员、旅客的情况如何[1]。从董事会决议的4项内容看，所谓的“现有港口章程”即1869年的港口章程，海港检疫应至少始于1869年，而不是近年来学界一般认为的1873年[2]，只能说牛庄的港口检疫于1872年开始出现[3]，上海的海港检疫起于1873年[4]。故1873年在上海成立卫生检疫机构，是港口章程的题中之意，此后，在汕头、宁波、牛庄、汉口、天津、广州、安东（丹东）、烟台等港口相继成立了卫生检疫所，由此构建起通商口岸检疫体系。该通商口岸检疫体系的建立既为之后1894年香港鼠疫的防治奠定了基础，也成为殖民地居民与殖民者、中医与西医相摩相荡的政治空间。

（一）1894年香港鼠疫与海港检疫的推行

1894年三月，广州流行鼠疫，“粤语谓之痒子，日本人呼为苦列拉，译其义，盖黑死病也”[5]。不久，港英政府即派调查员罗森医生（Dr.Lowson，J.A）和亚历山大·雷尼尔医生（Alexander Rennie）前往广州，调查疫情。然而直到四月十五日《申报》上才

---

① 上海市档案馆编：《工部局董事会会议录》（第5册），上海：上海古籍出版社，2001年版，第650页。

② 最近有学者研究认为，中国现代的海港检疫历史起源于1873年的上海和厦门，当时是为了应对暹罗和马来亚暴发霍乱的威胁。见于杨祥银，王鹏：《民族主义与现代化：伍连德对收回海港检疫权的混合论述》，《华侨华人历史研究》，2014年第1期。

③ 杜丽红认为早在1872年奉锦山海关兵备道便已制定了《牛庄口港口章程》，见氏著：《近代中国地方卫生行政的诞生：以营口为中心的考察》，《近代史研究》2019年第4期，第117页。

④ 杜丽红：《晚清上海的“海关检疫”》，《“中研院”近代史研究所集刊》（台北），2021年第3期，第1–27页。

⑤ 《验疫染疫》，《申报》，1894年7月3日。

开始出现第一条报道：

> 近日粤东疫症流行。自城厢以及乡落，无处蔑有，死亡之多，实从来所罕见。棺木店昼夜作工仍觉应接不暇，有某乡户口寥落，不满百家，旬日之间竟毙百余人，其中幼孩居多，往来行人恐致传染，咸有戒心，不敢向此乡涉足，亦可见疫症之盛矣。[①]

又据雷尼尔的医学报告称，“从1894年3月初到月底，在广州城暴发了腹股沟腺鼠疫，打破了广州健康状况良好的局面。截至本报告写作之时，此次传染病已经蔓延到周边城镇和村庄，以及香港”[②]。对香港疫情的首次确切报道见于五月十五日《申报》头版，“香港华人近得一病，时时身上发肿，不一日即毙，其病起于粤省及北海，近始蔓延而至。每日病者约三十人，死至十七八人”[③]。据不完全统计，广州在三月至六月之间约有四万人死亡，香港在五月至七月死亡人数见下表：

表2.3 1894年香港鼠疫死亡病例统计表

日期	新增患者	留院治疗	死亡人数	栏目	见报日期
四月十日	日病者约30		17–18	《香港多疾》	四月十一日

① 《疾疫盛行》,《申报》，1894年4月15日。

② "Dr.Alexander Rennie's Report on the health of the Canton for the year ended 31st March 1894", *Medical Reports*, October–March, 1894, p.16.

③ 《香港多疾》,《申报》，1894年5月15日。

续表1

日期	新增患者	留院治疗	死亡人数	栏目	见报日期
四月十二日			每日约30	《西人言疫》	四月十三日
四月十七日			每日约20	《疫尚未已》	四月十八日
四月十八日			40余	《电传疫信》	四月十九日
四月十九日	48		47	《香港疫信》	四月二十日
四月二十日	28		27	《港电报疫》	四月二十一日
四月二十一日	18		19	《辟疫新章》	四月二十二日
四月二十六日	20余		20余	《港电疫登》	四月二十七日
四月二十七日	33		38	《港电报疫》	四月二十八日
四月二十八日			40余	《港疫更甚》	四月二十九日
四月二十九日	59		54	《港疫难弭》	四月三十日
四月三十日	81		72	《疫更难弭》	五月三日
五月一日	74		92	《疫更难弭》	五月三日
五月二日	82	205	93	《香港疫报》	五月四日
五月三日	86	235	83	《疫仍未已》	五月五日
五月五日	69	231	107	《港电报疫》	五月六日
五月六日	63	230	91	《港电报疫》	五月七日
五月八日	81	252	76	《香港疫电》	五月九日
五月九日		281		《港电报疫》	五月十日
五月十日	69	291	86	《港电报疫》	五月十一日
五月十一日	55	290	82	《港电报疫》	五月十二日
五月十二日	44		84	《港电报疫》	五月十三日
五月十三日	59		51	《港电报疫》	五月十四日
五月十五日	35		17	《港疫渐稀》	五月十六日
五月十六日	27		32	《港电报疫》	五月十七日
五月十七日	56	203	46	《港电报疫》	五月十八日

续表2

日期	新增患者	留院治疗	死亡人数	栏目	见报日期
五月十八日	29	195	43	《港电报疫》	五月十九日
五月十九日	24	157	39	《港电报疫》	五月二十日
五月二十日	31		34	《港电报疫》	五月二十一日
五月二十一日	7	81	13	《香港疫电》	五月二十三日
五月二十二日	22		29	《港电报疫》	五月二十四日
五月二十四日	17	155	25	《港电报疫》	五月二十五日
五月二十五日	8	150	13	《香港疫电》	五月二十六日
五月二十七日	11	150	31	《港电报疫》	五月二十八日
六月一日	11		17	《香港疫信》	六月二日
六月二日	12	158	16	《港电报疫》	六月三日
六月四日	14	160	19	《香港疫电》	六月五日
六月七日	12	161	9	《港电报疫》	六月八日
六月八日	9	151	9	《港电报疫》	六月九日
六月十四日	7	148	6	《港电报疫》	六月十六日
六月十五日	7	154	2	《港电报疫》	六月十七日
六月十七日	7	99	10	《港电报疫》	六月十八日
总计死亡人数	1680				

资料来源：本表根据《申报》上的报道析出，其中日期为阴历，虽然是几乎每日一报告，但也有26天未作记载，包括：四月十一日、四月十三日、四月十四日、四月十五日、四月十六日、四月二十二日、四月二十三日、四月二十四日、四月二十五日、五月四日、五月七日、五月十四日、五月二十三日、五月二十六日、五月二十八日、五月二十九日、五月三十日、六月三日、六月五日、六月六日、六月九日、六月十日、六月十一日、六月十二日、六月十三日、六月十六日。

笔者根据上表统计，得知此年共死亡约1680人。但是由于其中有26天未作登报记载，所以实际人数应远大于1680人。又据7月16

日香港来电称，“前后总计染疫而死者，共二千三百六十人”[①]，若以此为参照，加上阴历六月十四日、十五日、十七日三天的死亡人数，得出总数为2378人。香港政府曾公布鼠疫死亡病例为2550人[②]，《香港历史图说》中记载当年死亡人数为2547人[③]，《19世纪的香港》中记载病例总数是2552人[④]，然而这一数据基本上是在医院或“医船”（隔离船）上由港英政府确认的死亡人数，事实上，没有经当局确认和统计的鼠疫患者和死亡病例要多于2552人，所以此次鼠疫对于香港来说是一次“巨灾”。

面对疫情，港英政府迅速制定了《香港治疫章程》，共计12款，兹摘其要点如下：

> 一、凡有患疫之人无论轻重须即迁徙医船或本局临时所定之专处，限所就医。
>
> 二、凡有人在港内或从别处来港患疫毙命者，其尸骸须在本局所定之专处埋葬，至埋葬如何慎重之处，仍由局临时谕行。
>
> 三、凡人知有人患疫或类似疫症者，须即赴最近之差馆或官署报明，即将情照，转会局以便办理。
>
> 四、凡患疫之人迁徙医船或别限所本局委有人员办理，如

---

① 《港电报疫》，《申报》，1894年7月17日。

② 冼维逊著：《鼠疫流行史》，广东省卫生防疫站，1988年版，第232-233页。

③ 刘蜀永、萧国健著：《香港历史图说》，香港：麒麟书业有限公司，1998年版，第105页。

④ 余绳武、刘存宽主编：《十九世纪的香港》，北京：中华书局，1994年版，第349页。

非有本局或本局所委之员，及奉有执照医士之命，不得擅行迁徙。既经奉命，其迁徙应如何慎重办理仍由局随时谕行。

五、凡在港有患疫毙命者，其尸骸本局饬人埋葬，除本局所委人员外，别人不得擅将尸骸移葬。

六、凡在有疫邻近及本局所定限界地方，本局时委人员逐户探查，以视屋内情形，果否洁净，并查有无患疫，或有疫至死之人，如屋内污秽不洁，该员即饬令由本局所委之接揽洒扫人夫，洗扫洁净，洒以解秽药水，务期尽除秽恶，如屋内查有尸骸，则立即将其移葬，倘有患疫之人，则如例迁徙医船，或别限所调理。

七、凡患疫人之衣服、床铺等物，本局所委人员或接揽洒扫人夫外，别人不得擅动，须待净除秽恶后，方可检置，一如有衣物、床铺、家私等件，经本局委员或有照医士看过，不能洗洒除秽，须将物毁化者，既书有字样，即遵照办理，至其在某处毁化及应如何慎重之处，由局随时谕行。

八、患疫之人房舍无论未死或已死，既迁徙后，必须通透洗净，洒以药水，务处秽恶。如一屋之内死亡已及三人者，此屋之人须即迁出所有家私、杂物，及屋内地方须由本局委人洗扫洁净，方准再入屋居住。

九、凡有屋经有照医士谓污秽不能洗除净尽者，既立有字据，则屋内之人及家私、衣服、床铺一切须迁徙至本局所选定稳当屋宇，然后将屋如例净洗关闭，倘无本局专命，凡人不得再入屋居住。

十、凡公私众厕须每日洗洒二次，至本局意妥为度。厕主或管厕之人须备有生灰在厕应用，每粪具用后，须投以生灰少许至厕内。所有木料均用水洗洁，本局另给解秽药水同洗。本局可举局员三人会同如例，全权办事，例在必行。[①]

以上措施可以概括为两点，即“隔离”与“清洁”。条款中反复提到的“本局”是成立于1883年的“洁净局”，平时负责香港环境卫生事务，包括管理街市、屠宰场、清扫街道、清除垃圾、疏通坑渠、殡殓坟场、清理粪便、熏洗房屋、灭鼠除虫等[②]。此时，细菌学说在西方仍处于不成熟阶段，细菌致病说尚未取得医学界广泛认同，大部分人坚持“瘴气论”，强调治理公共卫生环境，这也是《香港治疫章程》把“清洁”作为预防思想和手段的主要原因。

香港鼠疫于西人而言，无异于欧洲黑死病的梦魇再次降临。所以各国为了避免各自国家和殖民地被鼠疫感染，很快作出反应，纷纷宣布各自通商口岸的港口检疫规章。1894年5月10日香港被宣布为疫区。上海租界工部局首先作出回应，在5月22日的董事会会议上，宣读了关于香港发现黑死病的正式通告，并要求凡从香港驶来船舶一经发现其船上有疫情，务须严格遵照“港口章程”第16条规定行事。经过与领事磋商，5月29日正式宣布执行，具体内容如下：

1.凡广州或香港来船，无论曾否停靠中间口岸，均需接受

① 《香港治疫章程》，《申报》，1894年5月22日。
② 刘蜀永、萧国健著：《香港历史图说》，香港：麒麟书业有限公司，1998年版，第106页。

检疫。2.按16号港口章程规定，在港口范围之外至少2英里进行检查。3.所有检疫官员认为有危险之华人行李、货物，一律卸于浦东岸边进行硫黄蒸汽消毒。4.若船上无时疫患者，按第3号规定，卸下行李后，准发检疫通行证。5.若船上有时疫患者，即按港口章程第16条处理。[①]

对此，《申报》也进行了报道，“凡船之来自香港者，如有病人，须于船上高揭黄旗，暂泊浦江口外”[②]，船只也主动规避在香港停留，“此次德国公司轮船在吴淞口外转装日本来货，即径赴新加坡，不复绕道香港”，又云，“布斯法立司轮船开往西贡，既至，地方官不准进口，令在口外停泊十天”[③]。除了西贡之外，东南亚地区的新加坡、小吕宋、暹罗也针对香港实行了港口检疫，“新加坡英官出示：凡香港前往之轮须先在口外停泊，至离港九天，方许进口。小吕宋则出示：须到埠十五天，方准进口”[④]，“由中国香港来暹之船必须在柏南河口停泊，听候医生登船验明，始准拢岸”[⑤]，同时报道称日本也采取了同样的措施。

在通商口岸中，澳门与广州、香港距离最近，时任澳门总督高士德（José Maria de Sousa Horta e Costa）也宣布实行港口检疫，并制定了7条细则，照录如下：

---

① 上海市档案馆编：《工部局董事会会议录》（第11册），上海：上海古籍出版社，2001年版，第626–627页。

② 《西人言疫》，《申报》，1894年5月17日。

③ 《防疫杂言》，《申报》，1894年5月23日。

④ 《辟疫新章》，《申报》，1894年5月26日。

⑤ 《暹日防疫》，《申报》，1894年6月10日。

一、所有来澳泊于内河及南湾以备各人需用之水船，仍须逐日到来，不可间断。

二、每日仍应将沟渠刷洗洁净，至华人所居坊间之沟渠，尤属紧要，其荷属□新桥、沙岗、沙梨头、望厦村、妈阁村暨龙田村等处，益为切要。

三、在副槽之地□及其左近处所，必须逐日用猛力之咸水冲洗洁净。

四、所有由省城或香港来澳之船及火轮渡船等，务须委医局医生于各客未登岸之先诣船查看，倘有华客生有疔疮疫症，或疑其患此症者，尤须留心，□□地为至要。

五、水师巡捕统领宜饬属分付各项船只，由省城抑或香港而来者，若疑该船内有病症，则不准登岸，倘查出果实有患病者，即将其人留于船内，随即知照医局医生，俾得前往验视。

六、无论火轮渡船及小火轮渡船，各人有患此疔疮疫症者，则不准其登岸，如有夹板并桅船或摇桨之各船只人等患此症者，应立即用火船拖带出埠。

七、至于氹仔、过路湾政务厅亦应依本款所能为诸办理，若该处亦有患此疫症者，宜即详报，辅政司署自有筹备之法，以便妥办。①

以上主要是对外措施，不久，澳门总督又颁布了详细的“辟疫章程”，共计11款，开列如下：

---

① 《澳门防疫》，《申报》，1894年6月1日。

一、所有桅船及摇浆各船艘，如系日间驶入澳埠，抑或下锭，有货物搭客登岸者，只准在南湾上鱼码头埋岸，若在内河，惟准在康公庙前地，即美基街前毛豆埋岸。

二、至于火轮渡船并小火船仍准其在原旧埔头埋岸。

三、如夜晚之时，除果有实据不测之事外，无论何项船只概行严禁与岸上人往来。

四、所有由关闸路径来澳者，无论何人均须经官医验视，方准入澳。

五、自下午六点钟起，至翌晨六点钟止，无论何人俱严禁由关闸陆路入澳。

六、其青洲路径不拘何人，概不准经过，惟该青洲教长或红模泥公司督理人请有辅政使司所发之执照声明，系何处工人方得过澳门。

七、水师巡捕应分别指使小火轮船并巡河三板，自妈阁至新桥□往来游巡，俾得示知，除上款经过指定登岸处所外，其余一带海边概不准人登岸。

八、澳门绿营巡捕统领须派委巡捕，亦行料理上款之事，且由新桥□至关闸，又转至雀仔室一带，均须设立巡捕，以便阻禁各人入澳。

九、其养生药局须委官医一员，司病者一名，饬赴氹仔，又委官医一员，司病者一名，前往关闸，并另委官医二员，以赴船政厅，其派往氹仔之医员及司病者，一经前往须俟有人替代，或系严委，始可回澳。其官医及司病者应由日出至日入之时，在关闸守候验视进关之人，至晚方可回澳。其派往船政厅之官医乃系轮流值办，但日间须常有一官医在该处守候，以便看验登岸各客。所有各医院与及各兵营等处之医务统归养生医局总官医料理。

十、西政务廛暨华政务厅所管理之坊间，亦按照本月十一日第十九号之第二页附报所刊之告示，将本澳街道住户统行督治洁净。

十一、氹仔过路湾政务厅亦须按照本札谕第一、三、七、八、十等款所关涉澳门各件，一应照款办理，为此合札，本澳各官员、军民、诸色人等一体知悉，须至札者。[①]

比较香港和澳门的防疫措施，可以发现是大同小异，其核心思想没有跳脱出中世纪应对黑死病的港口检疫内容。

据1894年6月25日报道称，当时福建漳州与泉州一带的商人在香港从事贸易的很多，也因香港疫疠盛行，惶恐万分，“大半携同眷属由香港回厦门”。驻厦门各国领事馆为了防患于未然，参照小吕宋防疫章程，照会地方衙门和传知海关总税务司，“一体照章办理”[②]。由此厦门也成为中国有检疫制度的港口。此外，汕头港也十分注意防止鼠疫传入，实行港口检疫，虽然有些初期病例未被发现，但终究没有大规模疫情暴发[③]。此时以及此后东南沿海多数通商港口都陆续建立起检疫制度。

1894年香港鼠疫是世界上第三次瘟疫大流行的起点，虽然各宗

① 《澳门防疫》，《申报》，1894年6月10日。
② 《厦门防疫》，《申报》，1894年6月25日。
③ 冼维逊著：《鼠疫流行史》，广州：广东省卫生防疫站，1988年版，第230页。

主国和殖民地纷纷启动应急响应，实行港口检疫，但由于缺乏整体性协调，难免顾此失彼，且各港口往往从自身利益出发，不愿意承担更多的责任，因而成效不彰。例如港英政府曾于6月致电上海工部局要求增派医师，“在港医生不敷诊治，是以请上海工部局延聘医生六人，附船前往，分派医船医院”[①]，虽然上海的马修斯医师及拉尔卡卡医师愿意志愿前往，但工部局与卫生官认为这不符合自身利益，要求二位医师首先对上海的防疫工作负责，同时也拒绝对香港的援助[②]。最终鼠疫通过近代交通工具（轮船），不断向世界其他地区扩散。

（二）“气”“细菌”与洁净之道

虽然各国、各口岸积极实行港口检疫制度，预防香港鼠疫扩散，但是当时广州和香港的中西医对该病都是同样的手足无措。雷尼尔医生在广州写道：“我们很努力的探求之后，只好接受不论从官方、医学界或外行的资料都显示，虽然在广州时时有各种传染病流行，特别是在春天时，目前这个特殊的病却从未在此见过。在此病开始暴发时，我们所接触的本地医师都表示对这个疾病一无所知”[③]。在这种情况下，日本政府派遣了医学博士青山胤通和北里柴三郎，“于四月中由东京航海至香港考察疫症情形”。他们于6

---

① 《电请医生》，《申报》，1894年6月5日。

② 上海市档案馆编：《工部局董事会会议录》（第11册），上海：上海古籍出版社，2001年版，第631页。

③ （澳）费克光（Carney T.Fisher）：《中国历史上的鼠疫》，载刘翠溶、（英）伊懋可（Mark Elvin）主编：《积渐所至：中国环境史论文集》，台北“中研院”经济所，2000年版，第693页。

月13日抵达香港，受到了香港卫生局长罗森博士的欢迎，并且为他们在肯尼地医院（Kennedy Town Hospital）安排了一间实验室。二人“阅两礼拜已深悉病源，不料近日亦患苦列拉”[①]，被送往医船调理，“青山存亡尚未可卜测，以寒暑表其热气，尚多至一百零五度，至北里之病情亦与相同。日王遥闻其事，心滋不安，特发电至港询问”[②]。病愈之后，北里将调研情况“著为论说，深为各西医推许，由西医劳辰在国家医院宣诵，并取疫虫示人”，报告全文如下：

> 本医生到此后一日即向病人取得此虫，西语曰北斯剌。先将病故之人剖验，见其血液及五脏间均觉蠕蠕而动，其疫之重者□指尖，血中亦有之，临将此虫剷入六畜之身，并试之鼠、兔、飞鸟等物，一经沾著未几即病作，阅二三日而死，剖开细验亦有此虫，溷于血中，其剷入之处，□时即肿胀如核，内裹虫最多，凡著虫之物无有不死者，物之大者如猪、羊、犬、兔之类，约历四日而死，小者一二日而死，鼠著则虽如法□人，历试不死，不解其何故也。又尝验之染疫未死之人，其血中之虫或多或少，与已死之人无异，虫形纤小而长，首尾皆圆，不甚活动，在人之四肢者滋生最捷，他处之虫则不然。尝将此虫搀和食物以饲牲畜、飞鸟，亦即成病，不入而死，所以一切食品必须慎之又慎，不可玩忽将之也。又尝考察曾出疫症之屋于未抹灰水未熏硫黄之先，扫其灰尘细验，亦有此虫溷杂，将

① 《验疫染疫》，《申报》，1894年7月3日。
② 《日医未愈》，《申报》，1894年7月10日。

> 灰尘搀和食品以饲各种生物，其病死与前说无殊。至于瘟毙之鼠，肠脏更积虫无数，蕴毒之重可知，尝将此虫曝诸烈日中，约历四点钟而死，或用药房所售之辟疫臭水一杯，浸其内，则此虫不再滋长，若以半杯药水和清水百杯，则其生计未尝少窒，以石灰水浸之，亦与臭水无异，且未易杀除可不言而喻矣。又查港中屋宇污秽恒多，诚悉此虫易于滋长，凡有病人必须另居一室，庶免传染之患。曾与病人相近之服物须向烈日中晒晾多时方可再用，至于饮食之物尤当加谨云。[①]

报告较为详细地记录了北里等人的实验过程，北里声称发现了鼠疫杆状物，“虫形纤小而长，首尾皆圆”。《申报》用“虫”而不是用“菌”的概念，可见此时细菌学说对于精英来说比较陌生。最早一批“走向世界”的人对自己在西方看到的显微镜下的事物，多称之为“如蝎如蟹”，其本身就是用中医传统中“虫”的概念进行比照对译。

与此同时，法国派遣了亚历山大·耶尔辛（Alexandre Yersin，1863–1943）从河内到香港去调查鼠疫及其控制，目的是遏止它向东京湾蔓延。1894年6月15日，他和两位助手到达香港，仅有一台显微镜和消毒蒸锅，实验室也只是爱丽斯医院（Alice Memorial Hospital）。“刻下书差人役竟有迁避一空者，闻爱育善堂三月内共施出棺木数千具，盐务公所亦施出千余具，其余自行购办者尚不知凡几，约计死者已万有余人，现仍日甚一日，不知伊于胡底。每日

① 《日医生考察疫虫纪》，《申报》，1894年7月19日。

善堂施棺收殓如在山阴道上应接不暇，有时棺木用罄而天炎尸变，不能久延，竟以草席卷而埋之”[①]。既然本省疫情已经无力控制，而在港华人又因要求回粤与港英政府针锋相对，与其徒增华人对粤省官员的敌对情绪，不如顺水推舟，让华人回粤。

其二，“太平山事件”让在港华人更加人人自危，使恐慌情绪继续发酵，促使更多华人离港。香港鼠疫暴发后，随着搜检屋宇工作的深入进行，洁净局人员发现，“太平山等处之居民中多不洁，曾有一屋经洁净人员搜出污秽之物四车”[②]，这让坚信“查德威克式公共卫生”[③]的港英政府卫生官以洁净为名，对太平山居民区进行强拆，此举无疑使在港华人与港英政府之间关系更加紧张。从这个意义上来说，与其说华人是为了不愿客死他乡而坚持返粤，不如说是因搜屋毁房造成的事实上的恐惧感，促使更多华人逃离香港。

面对鼠疫，除了很多人逃灾避疫之外，仍有许多人会就地接受药物治疗。中医和西医本身对瘟疫的理解就不同，而且有各自的治疫传统，医患关系也在此次鼠疫中上演。

前已论及，清代中医一般认为瘟疫是由四时不正之气、六淫（风、寒、暑、湿、燥、火）、尸气以及其他秽浊熏蒸之气而形成

---

① 《粤东患疫续纪》，《申报》，1894年5月23日。

② 《香港疫耗》，《申报》，1894年6月5日。

③ 查德威克认为公共卫生不仅是医疗问题，还是政治、经济、社会问题，因此对付疾病不是靠医疗途径，而是有效的管理途径，预防的关键在于清洁。事实上清洁代表了健康，肮脏代表了疾病，相信只有在改善通风、处理污物、清洁住房、卫生统计、地下管网铺设等方面进行努力，才能预防疾病的传播。这种观点成为19世纪英国本土公共卫生事业的理论基础，也与殖民扩张时代的热带医学有着密切联系。参见Hamlin，*Christopher. Public health and social justice in the age of Chadwick: Britain，1800–1854*，Cambridge，NewYork，Oakleigh: Cambridge University Press，1999.

的疫气所致。所谓四时不正之气是指，“凡时行者，春时应暖而复大寒，夏时应大热而反大凉，秋时应凉而反大热，冬时应寒而反大温，此非其时之气”[①]，所谓尸气是指，“人死则必臭腐，臭腐之气熏蒸于外，生人触其气必病，病甚必死，此则所谓尸气。尸气最足以酿疫，闻其气者，固易致病，而辗转传染，其害无穷”[②]。故从避疫上讲，清代中医主张应以养生避外为中心。从治疫上讲，晚清中医在借鉴历代各家“温病学说”的基础上，主张辨证施治，“攻”“下”“表”相结合。中医认为此次鼠疫的病因是湿热之毒，“人少阳一经而已，盖发于夏秋湿气，令惹起蒸之，故此时蛇虫□菌生，湿热为毒之验也。鼠居地中，先受湿热，故鼠先病，少阳乃三焦与胆皆主相火，湿热与火相合，故统观此症，热毒最重，少阳主周身之膜膈，其经绕耳，行手膀胆与肝连，肝脉绕胰缝，故生痒子必在此三处，痒子者，湿热之毒凝聚痰血而成也，即疙瘩是矣”[③]。

1894年鼠疫期间，坊间有一辟瘟古方颇为流传，“友来函述及额玉山廉访特制有治疫丹药，只以求药者纷至沓来，户限为穿，遂乃将原方抄出，交与爱育堂董事，令其如法泡制，散给病者，以救群黎”[④]。据称该方能治时行痧疫、霍乱、转筋、吐泻、绞肠、腹痛诸痧及急暴恶症，中风、中暑、中痰，伤寒、疟疾、痢疾、痦疹初起，咽喉隐疹，肝胃疼痛、久积哮喘，呃逆心腹，胀满周身掣

① （清）纪昀等主编：《伤寒论注释》，《四库全书·子部·医家类》，景印文渊阁四库全书，台北：台湾商务印书馆，2008年版，第734册，第220–221页。

② 《尸气病人说》，《申报》，1894年5月1日。

③ 《应验治疫奇方》，《申报》，1894年6月13日。

④ 《驱疫说》，《申报》，1894年5月26日。

痛，二便不通。妇女腹中结块、小儿惊痫、十积五疳、痘后余毒，治瘴痨虫、积虫毒、各种癖块，治各种无名肿毒，“凡夏秋感症服之，无不应手立效”，申报馆还将其登报推广，“详述治法、药引，一切用法以布告天下，俾天下各处善堂及有力者，照方配制，以备不虞”①，其方如下：

犀黄八钱 大枣四两 麻黄二两 细辛一两 当门子一两五 雌黄一两五 莪术一两 水安息一两五 白芷二两 琥珀一两五 槟榔一两 川乌三两 冰片一两五 胡椒一两 黄柏三两 桂心三两 茅术三两 蜈蚣七条 升麻二两 香附三两 白芍一两 蒲黄二两 丹参二两 桃仁霜一两 毛菇四两 天麻二两 净辰沙三两 大黄三两 玳瑁三两 柴胡二两 元精石三两 石葛浦二两 紫菀八钱 芫花五钱 藿香三两 小皂三两 巴豆霜一两 广皮一两五 糯米粉五十两 丁香一两 赤豆四两 大戟一两 川芎二两 文蛤三两 川连三两 羚羊三两 当归一两 犀角尖三两 羌夏三两 苏合油三两 川朴三两 草河车二两，又名七叶一枝花 余粉石一两 黄芩三两 活石龙子三条尾足全即俗名四脚蛇，又名蜥蜴，出浙江天竺，江南焦山者最佳，北产者有毒不可用 檀香二两 甘遂一两 降香四两 □□子一两 银花三两 广木香三两 郁金三两 斑蝥三十个 雪茯神三两 滑石三两 鬼羽箭四两 雄黄一两 千金霜一两 均姜二两 桑白皮一两 茜草三两 桔梗二两 山豆根一两 右药七十五味，逐味称准分磨，用重绢筛照，方取极细末，均要生晒，切勿见

① 同上。

火，先将枣肉、石龙子捣烂，以米粉为糊，将各味和匀，杵极熟，愈熟愈妙，每锭重一钱三分，燥足七分，瓷瓶收贮，勿令泄气，修合时以端午、七夕、重九或择天、月天、德天，医六合辰日，虔诚斋戒，宜于净室修合时，不可令妇女、孝服人、僧道女尼及鸡犬冲见，及孕妇生眼人俱不可看。合药时，随即念大悲神咒一千卷，灰和匀为锭。[①]

此方是一外科处方，可治疮痈、痰核、瘰疬一类疾病。一般制成丸药口服，捣碎也可外用，有清热解毒，化痰散结，活血化瘀的作用。单从72味药材来看，像大黄[②]这类的虎狼之药，剂量不可谓不重。另又有蜈蚣、蜥蜴等剧毒药物，取以毒攻毒之意，故药性猛烈，专门治疗重疾，使用宜慎重，且这类药方在古籍中颇多，充其量是一个民间验方[③]。至于方药调配修合时，要求"择黄道吉日"，"虔诚斋戒"，"避见妇女、孝服人、僧道、女尼"，"念大悲神咒"体现了古人对炮制中药时的态度要求非常高，古人认为各种神秘仪式的加入似乎可以强化药效。据《申报》报道，"惟此时廉访之丹方，则投之以疗，目前粤港之时疫立取奇效，则尤当传方速配也"[④]。

---

① 《辟瘟丹方》，《申报》，1894年5月29日。

② 关于大黄，台湾学者张哲嘉已有很好的研究，可参见张哲嘉：《"大黄迷思"——清代制裁西洋禁运大黄的策略思维与文化意涵》，原载于《"中研院"近代史研究所集刊》2005年第1期，第43–100页，后又收录于余新忠、杜丽红主编：《医疗、社会与文化读本》，北京：北京大学出版社，2013年版，第273–313页。

③ 关于此方的药效问题，笔者与南京中医药大学中医药文献研究所陈仁寿教授讨论过，深受启发，在此感谢。

④ 《驱疫说》，《申报》，1894年5月26日。

19世纪中期的华人普遍认为自己与外国人有不同的身体构造，比如华人对医船所用的西法调理就很有意见，他们担心，“恐以西药治华病，脏腑各有不同，一旦病亡，首邱莫正，死者含冤，生者抱恨”[①]。虽然此时乙醚（ether）和氯仿（chloroform）已应用到外科手术中，但疏于防范的感染影响了手术的成功率，相形之下，反而中医的保守调理方法还不至于让患者因感染而死亡[②]。因此华人患病时更愿意接受中医药的治疗，他们当时对西方疗治方法还很难接受。

雷尼尔医生认为，“防治鼠疫的首要措施就是实行轮船和海港检疫条例（the examination of steamers and quarantine regulations），还要对可能携带有疫病的舢板（junks）进行检疫”[③]。他把防治的重点锁定在那些贫穷、拥挤和污秽不堪的华人房屋，认为“这种污秽的房屋及其地下是病毒（poison）的发源地”[④]，十分强调环境与鼠疫的关系，由此可看出雷尼尔也深受“查德威克式公共卫生”的影响。事实上，当时国人也意识到老鼠可能是疫气的传播者，“广东省部分官员采取措施收集所有死亡的老鼠，每抓到一只老鼠给十钱，直到5月8日，据说以这种方式共收集了22000只老鼠”[⑤]。至于西医对中医丹方的态度以及此时西医治疗鼠疫的方法，则可从雷尼尔的

① 《香港疫信》，《申报》，1894年6月2日。

② 胡成：《东华故事与香港历史的书写》，《读书》，2003年第6期，第118页。

③ “Report on the plague prevailing in Canton during the spring and summer of 1894 by Alexander Rennie，M.A，M.B，C.M.”，*Medical Reports*，April–September，1894，p.67.

④ “Report on the plague prevailing in Canton during the spring and summer of 1894 by Alexander Rennie，M.A，M.B，C.M.”，*Medical Reports*，April–September，1894，p.70.

⑤ “Report on the plague prevailing in Canton during the spring and summer of 1894 by Alexander Rennie，M.A，M.B，C.M.”，*Medical Reports*，April–September，1894，p.69.

报告中清晰地看到。

在雷尼尔认为华医（native facult，文中意指华医）根据症状，主张祛热，但很多时候求助所谓的秘方（nostrum），以下译出一则常见报端的配方：

原文：	译文：
1.pterocarus flava，1.5 mace.	紫檀，1.5钱
2.Betel-nut，3 candareens.	槟榔，3分
3.Wild chrysanthemum，3 mace.	野菊花，3钱
4.Scutellaria viscidula，1.5 mace.	黄芩，1.5钱
5.Taraxacum officinale (dandelion)，1.5 mace.	蒲公英，1.5钱
6.Szechwan rhubarb，1.5 mace.	四川的大黄，1.5钱
7.Kan-ts’ao (a kind of grass)，2 mace.	甘草，2钱

将以上药材混合，煮沸成液体，然后喝掉，并且要用研成粉末的野菊花的叶子擦拭身体。

与此同时，雷尼尔还介绍了一个广为流传的西药配方，“一茶杯的海水添加2分的生石灰（必须是从石头里炼出来的，来自其他途径的不适用），振荡并过滤后，添加0.125两的甘汞，用配成的药水擦拭身上的肿胀部分。此外，当病人病危时，在温暖的海水中溶解一剂量的碘化钾，并且立即喝掉”[①]。

① “Report on the plague prevailing in Canton during the spring and summer of 1894 by Alexander Rennie，M.A，M.B，C.M.”，*Medical Reports*，April-September，1894，p.71.

以上所列中医药方很明显主要用于清热解毒，强调内服外用，表里同治。而西药配方主要是生石灰、甘汞、碘化钾三种物质组成。生石灰与海水调配成石灰水，可起到消毒杀菌的作用，而碘化钾对皮肤坏死组织起到溶解作用。但是甘汞（氯化亚汞）是重金属，毒性很强，对人体损害很大，但欧洲人经常用汞治疗各种疾病，这种用汞治病的传统至少可以追溯到中世纪。二者对比，不难发现中医药方药性舒缓，西医药方药性猛烈，毒性也很强。而且雷尼尔不得不承认，“无论是中医秘方还是西医药水，也不管医生是庸医还是良医，几乎所有常见药品对于治疗鼠疫都是无效的”①，同等情况下，有信仰的华人更愿意接受熟悉的华医，而不是陌生的西医。

虽然此时鼠疫杆菌已经被发现，但作为发现者之一的细菌学说家北里也表示没有特效药能够治疗鼠疫，只能从个人及公共卫生方面努力，以下是当时一位西方记者采访北里的问答内容：

问：细询疫症原委，并问受疫之人血内之虫形状何似，与何者动物相类？

答：近世所出之虫无一可能比拟，惟有一种吐泻症，俗名鸡仔瘟，其虫形与之仿佛。

问：此次疫症前五百年欧亚两洲尝有之，一千六百六十五年伦敦又有之，此后则中外皆无，惟云南省近年忽传染，今岁始流及粤东耳。问除中国不计外不由于传染之别处可忽有此

① “Report on the plague prevailing in Canton during the spring and summer of 1894 by Alexander Rennie，M.A，M.B，C.M.”，*Medical Reports*，April-September，1894，p.71.

症否?

答：此症之来必由传染，否则虽极污秽之地亦无平空自致之理。

问：此症之来是否不拘水土寒燠，不分时候冷热，系地方污秽即为传染，抑或地虽污秽亦因其水土天时之各殊而不能传染乎?

答：传染与否并不因乎水土、天时，惟暑热之地自易传染，卑湿之地最易滋长，所以云南及北海两处，不拘何时，皆有此症，惟春夏之交则较多耳。

问：洁净之地可虑此虫传染否?

答：洁净之地自不虑其延及。因此虫本性不能远离污秽之地，一见太阳即死，倘落在人身之孱弱者，或在污秽之处，则必逐渐滋生。

问：港中现有此患，有何善后良法?

答：须将污秽之房屋尽行拆毁，如曾出疫症之地，其渠中泥土亦必尽挖，将来建复此屋，勿任居人过于稠密，所有污秽之物，一概不许留存，倘或渣滓不清，则异时发作，其为祸兴，此次无异，虽有辟疫之药粉、药水不过暂时见效，经久则不能为功也。

问：省城亦有此患，不知将来能杜绝否?

答：省城地必难尽拔根株，或者歇绝，数月亦未可定，然恐今日之祸仍将再见耳。

问：港中治之之法究何者为善?

答：港地清除之后，倘省垣复有此患，须由省来港之船湾泊口外，是为要着，刻下由省回港之人亦难保无沾染疫气者。

问：信如子言，则省港相因之危险无乃永远难绝乎？

答：此言甚是，若欠打点，则旧患将复作矣。

问：此后港中慎为防闲，果能绝此患否？

答：若无污秽之物，则此虫必无藏处，弭患之良策，但求洁净而已。[①]

当药物治疗不能见效时，寻医问药已经无济于事，很多人开始求助于神灵的庇佑，人们不分昼夜在抬神巡街，沿路施放鞭炮希望能驱走恶魔。官方禁止杀猪，他们通过“年中度岁”[②]的方式，将农历四月初一日作为新年，从而使瘟神混淆年月，使致命的一年早些结束。龙舟被认为是能驱赶瘟神的利器，人们划桨穿行于整个城市[③]。关于“请神治疫”的报道屡见报刊。

表2.4　“请神治疫”媒体报道统计表

日期	文章标题	出处	报道内容
4月29日	《时疫盛行》	《申报》，第46册，第739页。	又同仁里有果乙娶妻数载，育子八龄，初五晚约近三更，其子忽发狂疾，一似邪魅相侵，于是将其子舁至飞来庙口，席地而睡，冀可驱除。（入庙驱鬼）

① 《日医答问》，《申报》，1894年7月29日。

② 关于“年中度岁”的研究，可参考路彩霞：《年中度岁与晚清避疫——以光绪二十八年为主的考察》，《史林》，2008年第5期，第90–95页。

③ “Report on the plague prevailing in Canton during the spring and summer of 1894 by Alexander Rennie，M.A，M.B，C.M.”，*Medical Reports*，April–September，1894，p.71.

续表1

日期	文章标题	出处	报道内容
4月29日	《时疫盛行》	《申报》，第46册，第739页。	洪恩里等街传说有疫鬼作祟，每当夜静之际，常有砂石由空飞下，居民疑系疫鬼，为此伎俩，以觅替身，于是一倡百和，各延羽士讽经超度亡魂，一连数日，迄无效验，爰于去月杪恭舁洪圣各神巡游街道，迄今丰沛甘霖，雷驱电掣，想疫症自当稍减矣。（羽士超度亡魂，洪圣各神游街）
5月7日	《羊城疫势》	《申报》，第47册，第44页。	然有时亦有微验者，十九日有某甲行至第十铺猝然倒毙，邻人麇集救治，终觉药石无灵，旋经其亲属认明，往购棺木以备收殓，而是日街邻人等恭奉洪圣神，巡游击鼓鸣金，异常喧扰，殆神经过之后，甲忽复生，初时见者，以为尸变，奔避不遑，及见其自能起坐，即以药饮之，遂霍然无恙，叩以倒毙之故，则茫然无知，咸谓神威所临，疫鬼退避，故得复生，有识者则一笑置之。（洪圣神游街）
5月9日	《过年却疫》	《申报》，第47册，第59页。	广州城厢内外疫症流行，居民见死亡至多，均觉不寒而栗，多方□禳，终属无灵，于是好事者创为度岁之说，谓另易岁首，方可拔除不祥，遂以四月初一日为元旦，而于三月廿三四日举行祀灶之典，一唱百和，举国皆然。纸店灶疏为之售罄，从前每张不过一二文者，今则出至十余文而不可得，亦一奇事也。现各家门首均洗刮洁净，帖换宜春，闾阎气象忽又一新矣。（年终度岁）

续表2

日期	文章标题	出处	报道内容
5月16日	《时疫盛行》	《申报》，第47册，第107页。	近日粤东染疫者甚众，死亡相继，首府两县于三月二十六七八等日，在城隍庙设坛祈禳，为民请命，方冀神灵感格仁寿同登，讵料祷祀以来，传染入股，老城更甚，西关次之。（城隍祈禳）
5月17日	《佛山禳疫》	《申报》，第47册，第116页。	迩来广东佛山镇一时疫流行，死亡相继，附近村落人心尤觉悚惶，谣传若往祖庙新建旗杆，取七星旗回，则疫气潜消于不觉，以故妇女之向旗杆膜拜者络绎如梭第。人多则宝帛、香烟每至酿成火患，诚不得不思患预防也。现在庙祝街邻纷纷会议，或奉神像出游，或□资延僧道超度，至于跳舞狮子各处皆然。荐文、二沙等处会集数狮，尤异常奋勇，金鼓鸣炮声地震，官斯土者蒿目时艰，痛心疾首亦俯顺乡情，为之弛禁矣。（舞狮迎神）
5月21日	《岭南琐志》	《申报》，第47册，第143页。	广东府张太守，资召羽士，设坛城隍庙，建醮七日，祈禳瘟疫，为民请命，至再至三，何好以神道设教乃尔？（城隍打醮）
5月23日	《粤东患疫续纪》	《申报》，第47册，第157页。	从桂南大街有观音庙居人供奉素虔，现在疫症流行，而此处依然无恙，都人士谓为神灵默佑，于初九日奉神驾巡游境内，并雇名优演剧三日，以答神庥。（观音巡游）

续表3

日期	文章标题	出处	报道内容
5月31日	《粤东患疫续闻》	《申报》，第47册，第213页。	前时城厢内外因瘟疫盛行，遂舞狮迎神，日事驱逐，纷纷扰扰，举国若狂。近见疫症仍未少休，神力与狮威终归无用，于是废然而返，刻下又将迎神之费为建醮之资，各街皆延羽士建醮，数天以禳灾疠，黄冠道服一流，生涯忙迫，大有顾此失彼之势，价值亦因此顿增获利，当不止倍蓰。（舞狮迎神）
6月26日	《定期赛会》	《申报》，第47册，第408页	宁波江北岸每于五月间，奉关圣暨周大将军出巡，今年定于二十四、二十五两日巡赛江北、白沙等处，恐届期士女如云，不减曲水湔裙之盛也。（关圣出巡）

根据表2.4可知，此年“请神治疫”的仪式是五花八门，有“入庙驱鬼”“羽士超度亡魂”“洪圣各神游街”“年中度岁”“城隍设坛打醮祈禳”“舞狮迎神”“观音巡游”“关圣巡游”等等。“洪圣”[①]是提到最多的神仙，“关圣”和“观音”次之，因其为地方神，故信众颇多。这种舁神巡游的做法也称之为“赛会”，其仪仗阵容大概为“前导金鼓二，即大锣也，而衔牌、伞、扇、旗、红帽、黑帽、香亭及陈设各物之亭继之，中杂以乐队、骑队。神舆将至，则先之以提炉，而僧道及善男信女则随于后，有系铁链于手足者，有服赭

① “洪圣”本为历史人物，本名洪熙，是唐代的广州刺史，以廉洁忠贞闻名。他通晓天文地理，为渔民、商旅等出海降低风险，后因过劳而死，为表其功德，唐朝天宝年间封为广利王，在沿海地区建庙供奉，宋朝加封为洪圣威显，元朝诏尊为广利灵孚王，清朝雍正年间再封为南海昭明龙王之神。汉族民间则称其为广利洪圣大王。

衣而背插斩条者，有裸上体而悬香炉于臂者，皆先期许愿，至是还愿之人也”[①]。

除异神巡游之外，建醮祈禳也是每逢天灾人祸时经常举行的仪式，该仪式详细情节亦有史料记载：“光绪时，某中丞方握江宁藩篆刻时，疹疠大作，命道士画符钤印系于链上，于阛阓间曳之而走，琅琅作响。已而命备大船数艘，以链缠将军柱，派中军押解至某乡而止，谓之驱疫。且令各庙赛会，以五色涂人面，谓是《周礼》方相之遗。在大堂设坛建醮，令僧四十九人诵《玉皇经》，以保全四境。僧有逾卯时至者，罚跪丹墀。以是一界黎明，钟声佛号，彻于远近。中丞衣冠出，盥手拈香，口中喃喃祝祷，盖自谓为民请命也。”[②]

以上诸种仪式被在广州调查鼠疫的雷尼尔称之为“迷信”（superstitious belief）[③]，亦有时人批评道，“愚夫愚妇喜佞神鬼，每当无可如何之际，辄信巫觋之谈，延请僧道诵经、礼忏或更张皇耳目，赛会迎神，不惜以有用之赀财，掷之于无益之地”[④]。如果抛弃唯科学主义，从心理学角度分析，这些极具现场感和神秘感的仪式能够在一定程度上缓解人们对瘟疫的恐慌情绪，“其实精神作用，神与会合，自尔通灵，无足奇也”[⑤]，甚至在一定程度上有利于保持社会秩序的稳定，“实有宣滞导郁，及群以为兴商业、保公安之原

---

① 徐珂：《清稗类钞》（第10册），北京：中华书局，2010年版，第4671页。
② 徐珂：《清稗类钞》（第8册），北京：中华书局，2010年版，第3569页。
③ “Report on the plague prevailing in Canton during the spring and summer of 1894 by Alexander Rennie，M.A，M.B，C.M.”，*Medical Reports*，April–September，1894，p.71.
④ 《论中西治疫之不同》，《申报》，1894年5月25日。
⑤ 徐珂：《清稗类钞》（第10册），北京：中华书局，2010年版，第4547页。

理，非是而将有大群将涣之忧”[1]。

总之，非正常事件往往最能检验人们常态下的行为方式和观念。当时，在港西人均认为此年鼠疫是中世纪黑死病的“起死回生”。为此，港英政府不得不邀请医学专家北里柴三郎和耶尔森前往香港验查。经过二氏研究表明，此次瘟疫的病原体是鼠疫杆菌，可以初步断定跳蚤可能是这种传染病的病媒，这在当时是轰动世界的发现，改变了自中世纪以来一贯认为鼠疫是“上帝带给人类的惩罚”的宗教认识，科学研究消解了鼠疫的神秘感，也改变了时人对瘟疫发生原因的认知。在当时香港和广东有限的医疗条件下，中西医虽然使出浑身解数，仍然不能迅速有效地控制疫情和病情，这反映出细菌学说形成初期尚未能彻底改变当时医疗技术的现实状况，这也就给传统驱瘟治疫的手段留下了可供施展的空间，所以才会呈现出如此这般的“日常”与“狂欢”。

三、小　结

虽说从鸦片战争到甲午中日战争期间，是国人“采西学”的重要阶段，甚至出现了举世瞩目的洋务运动，但是当我们透过洋务运动下的江南制造局翻译馆，以及来华医学传教士的同人刊物《博医会报》来观察时，仅以细菌学说、卫生学知识的引入为例，不难发现西学进入中国也并非日行千里。要之，知识传播的速度受诸多因素影响，例如知识原产地更新的速度、中介机构翻译的速度、出版

---

① 《论迎神赛会之原理》，《华字汇报》，光绪三十二年闰四月初四，“论说”。

机构出版的速度、书籍市场流通的速度、知识输入国实际需求，等等。事实证明，至少在19世纪80–90年代，有关细菌学说方面的知识仅出现在专业的医学杂志上，以《博医会报》为例，1891年《科赫的液体》一文是该杂志最早的一篇介绍细菌学说知识的文章。与此同时，近代其他主要译书机构所翻译的医学书籍，也是以卫生、生理类居多①。因此，我们可以认为，虽然早在19世纪中期，已经有大批出国人员通过各种游历途径而知晓细菌和细菌学说的存在，但真正意义上将细菌学说知识大量引入中国的时间却不早于19世纪90年代，这正是历史的复杂性所在。

1894年广东和香港发生鼠疫，非正常事件往往最能检验人们日常行为方式和观念。当时，在港西人均认为此年鼠疫是中世纪黑死病的“起死回生”。当自中世纪以来的港口检疫制度无法彻底控制疫情蔓延时，他们便把目光转移到了在港华人的身上，认为不讲卫生的在港华人及其居住区秽恶不堪的环境是导致这场瘟疫的罪魁祸首，这说明此时港英政府仍然对“瘴气论”下的“公共卫生”坚信不疑，强调清洁环境和烧毁疫区。面对强势的港英政府，在港华人部分选择留在香港，大部分则选择返回广东，这给防控疫情工作造成极大困难。港英政府、广东地方政府、在港华人、在港西人等多方势力围绕避疫、检疫与治疫展开了较量。各方争论的焦点实则在于病原本身为何，以及病原体的携带者是人还是鼠。然而，甲午前后细菌学说自身作为一种正在成长的知识，在西方社会尚属初露锋芒，要想让中国人彻底接受它，仍然任重而道远。

---

① 张仲民著：《出版与文化政治：晚清的“卫生”书籍研究》，上海：上海人民出版社，2021年版。

第三章
清末细菌学说的传播与东北鼠疫期间的防疫观念

到了20世纪，所谓的西方医学是一个复合体的概念，并且在某种程度上呈现出一种形态不定的医学传统。一方面，西方医学整合了欧洲人两百多年来的殖民主义在热带气候下取得的各种医学、环境和文化的经验和洞见；另一方面，整合了新出现的病菌理论和寄生虫学，将医学注意力从疾病环境转向寄生虫和细菌。实际上，自十九世纪晚期的西方医学科学家并不特别区分“病菌”（germ）与“寄生虫”（parasite），而是混杂使用，视二者皆存于活体之中，且能够在实验室里培养[1]。细菌学说逐渐与以体液学说、瘴气论为基础的西方既有医学传统并存，疾病的致病因子从多重或多元的解释逐渐变得更为特定，具体到某一种细菌。

到了1900年，经庚子一役，晚清政府危如累卵，亟须一场带有自救性质的全面革新运动，于是清末新政应运而生。由于长江以南

① （英）普拉提克·查克拉巴提（Pratik Chakrabarti）著，李尚仁译：《医疗与帝国：从全球史看现代医学的诞生》，北京：社会科学文献出版社，2019年版，第233、234、237页。

各省份与列强一道，实行“东南互保”政策，使得华南、西南以及东南各省份的教会医学院校得以存续，并将最新的医学知识传授给在校的中国学生，这其中便包括细菌学说。另一方面，新政期间，清政府鼓励国人出洋游学，大批官费、自费留学生前往日本、美国以及欧洲各国。20世纪初由知识分子和改良精英最早提出的中国学习日本医学的活动，为清廷当局认可并予以推行，政府积极派遣留学生赴日，并聘请日本教习来华任教，官办的医学堂、医院等机构因之也多效仿日本模式，这就在英美医学传教士在华所创办的教会医学院校、医院系统之外，另辟了一条新渠道。

一、清末社会各界的译介与在地化实践

（一）清末社会各界的译介

清末十年，即便是关于蛊的论述也并没有消失，甚至被编进儿童读物，具体文字内容与《说文解字》《诸病源候论》所载大同小异，且以图像形式呈现[①]。与此同时，关于“疫虫”致病的说法也有了更为明确的表述，《万国公报》曾载文谈道：“最近西方医学家之大功，在考得微虫之为物，乃人生百病之源也。故多有其族类，设法豢养而徐察得杀之之法，以之疗病，应手而愈。盖何种病属何种虫，固为一定，而虫之来源，或发于下等动物致染入人身耳，如

① 《字课分类图解：动物类：蛊》，《蒙学报》，1905年第13期，第5页。

鼠疫是也。”[①]该文有三点值得注意：其一，明确指出微虫为物，且为百病之源，此处微虫指向细菌；其二，微虫可以人工培养和观察，进而寻求疗疾之法，实指培养细菌和利用血清治病；其三，确定虫与病的一一对应关系。不难发现，此三点实际上与“科赫三原则”[②]如出一辙。《万国公报》进而继续刊文介绍此说，“此种微生物能养于血伦，即血汁，及列生，即甜油之中”，并分别介绍肺病、伤寒、霍乱、喉证、寒噤、疠疫六种疾病的致病原理，“以上六种之疾，自古以来皆有之，而知为此六种微物之害者，则最近之发明”[③]。

将微生物与霉菌并列的说法在清末亦已出现，亦有时人指出，“若微生物，若霉菌（即白霉），人以之而死者，亦非动物，即植物也”[④]，这说明时人对微生物的腐败作用有了粗浅认识，微生物和霉菌皆可致人丧命，且霉菌即白霉的观点接近今天的认识，但时人所理解的霉菌范围似乎更为宽泛。对于这样一个复杂问题，我们至少可以立足于“英华词典”和报章时论展开分析。

---

① （美）林乐知、范祎：《格致发明类徵：疫虫毒鼠》，《万国公报》，1904年第186期，第49页。

② “按照Koch的说法，认定一种特定微生物与某一疾病的病原学有关，需要三个判断标准。第一，这种寄生物必须在该疾病的每个病例中出现，并且是在可以说明该疾病临床发展和病理变化的条件下出现。第二，这种因子不应在其他任何疾病中作为偶然的、非致病的寄生物出现。最后，在这种寄生物从患病个体身上完全分离出来并以纯培养的方式重复生长以后，如果接种其他动物，能够引发相同的病。”引自（美）肯尼思·F.基普尔（Kenneth F.Kiplc）主编，张大庆主译：《剑桥世界人类疾病史》，上海：上海科技教育出版社，2007年版，第16页。

③ （美）林乐知、范祎：《智能丛话：病由于虫》，《万国公报》，1905年第201期，第53–54页。

④ 普澄：《卫生：卫生学概论》，《江苏（东京）》，1903年第3期，第80页。

表3.1 19世纪中叶至20世纪初双语字典中

“bacteria”“bacillus”“microbe”的汉语译名

bacteria		
年代	译名	出处
1908	bacteria，霉菌，微生物。	《颜惠庆英华大辞典》，第146页。
1908	bacteria，秖miao（音秒，秒与生合而成，即是分裂而滋生之微菌）。	《高氏医学辞汇》，第40页。
1913	bacillus 杆秖，miao；bacteria，秖，miao，细菌类。	季理斐《源于日语的哲学术语辞典》。第7页。
1916	Bacteria，秖，miao微生物，霉菌。	《赫美玲英汉字典》，第93页。
bacillus		
年代	译名	出处
1908	Bacillus， a rod-shaped bacteria found in certain diseases or diseased tissues，杆状霉菌。	《颜惠庆英华大辞典》，第144页。
1908	Bacillus，杆秖。	《高氏医学辞汇》，第40页。
1911	Bacillus，杆形裂殖菌，杆秖、细菌类。	《卫礼贤德英华文科学字典》，第36页。
1913	bacillus 杆秖，miao；bacteria，秖，miao，细菌类。	季理斐《源于日语的哲学术语辞典》。第7页。
1916	Bacillus，竹节虫、杆菌、杆秖。	《赫美玲英汉字典》，第91页。
microbe		
年代	译名	出处
1908	Microbe， a microscopic organism sometimes found associated with certain diseases，微生虫，微生物，霉菌，秖。	《颜惠庆英华大辞典》，第1438页。

续表

年代	译名	出处
1908	Microbe，微生物，分菌，稚	《高氏医学辞汇》，第40页。
1916	Microbe，微生物、微菌、稚，miao	《赫美玲英汉字典》，第870页。

除了“霉菌”“微菌”“微生物”“细菌”等概念留存下来外，稚字的消失也非常值得关注。究竟系何人首创？何时不用？为何消亡？

按照高似兰的解释，从字形上来说，稚字意在表示细菌繁殖之快，几乎毫秒之间分裂而生[1]。这显然是从生物学性状的角度来设计的，此译名在欧美传教士译著中具有一定影响，诸如文渊博（W.H.Venable）翻译的《稚学新编》（美华书馆，1908年），盖仪贞（N.D.Gage）与吴建庵翻译的《稚学初编》（广学会，1920年），莫家珍（A.Metcalf）翻译的《稚学》（广学书局，1920年），等等。又如1917年有时人将稚、霉菌、细菌等概念混用，“以浓液行显微镜之检查，见有无数圆形细菌状如小珠，际于练点稚（连锁状球菌）Streptococus与球点稚（葡萄状球菌）Staphylococus，以及其他普通霉菌之间”[2]。

另一方面，高似兰发明的汉字术语大多是参照中国古代字书，

① Philip.B. Cousland，*An English-Chinese Lexicon of Medical Terms*，Shanghai: Publication Committee Medical Missionary Association of China，1908，p.40.

② 朱增宗：《酿母菌病又名萌芽菌病：附图》，《中华医学杂志（上海）》，1917年第3卷第2期，第17页。

进而新造的字词，与传统中医术语没有太大关联[①]，过于生僻的䅲字同样也造成了利用传统文化中的“虫”“菌”等概念汇通理解“霉菌”“细菌”等概念的文化区隔。到了1937年《䅲学初编》亦采纳“细菌”一词，将书名和译名改为《细菌学初编》[②]，可见最后还是基于生物学形态描述的概念诸如微菌、细菌等留存至今，不得不说直观、简单的认知方式更容易流行开来，而含义相对艰深、字形较为复杂的“霉菌”“䅲”等名词逐渐消亡。

总之，在清末民初词汇竞争中[③]，欧美医学传教士发明的“䅲”字虽然一度为留日学生短暂接受，但最终还是败给了和制汉语“细菌”，这已不能简单用混杂性来概括，或许立足于文史论证，结合文化组学视角和大数据分析[④]，综合研判更为全面。

章太炎亦曾纠结于“菌”和“细菌”的名实问题，早年就读于杭州诂经精舍时认为，“古谊以菌为道途之名”[⑤]，1899年，他撰有《菌说》一文，阐发细菌学说，开篇即言：“凡人有疾，其甚者微生物撼之。而其为动、为植、为微虫、为微草，则窥以至精之显

---

① 张蒙：《医学拉丁文在近代中国：传教士的帝国话语与留日学生的在地反抗》，《史林》，2021年第4期。

② （美）玛丽·里德（Mary. E. Reid）著，盖仪珍（N.D.Gaqe）、吴建庵译：《细菌学初编》，上海：广协书局，1947年版。

③ 黄克武：《新名词之战：清末严复译语与和制汉语的竞赛》，《“中研院”近代史研究所集刊》，2008年第4期。及氏著：《惟适之安：严复与近代中国的文化转型》，北京：社会科学文献出版社，2012年版，第93-131页。

④ Michel, Jean-Baptiste, Yuan Kui Shen, Aviva Presser Aiden, Adrian Veres, Matthew K. Gray, The Google Books Team, Joseph P. Pickett, et al. “Quantitative Analysis of Culture Using Millions of Digitized Books.” Science 331, no. 6014 (2011): 176-182.

⑤ 上海人民出版社编，沈延国、汤志钧点校：《章太炎全集·膏兰室札记、诂经札记、七略别录佚文徵》，上海：上海人民出版社，2014年版，第130-131页。

微镜，犹难悉知”[①]，但这一观点并非其本人所创，而是受到英国医师礼敦根（Duncan J.Reid）的《人与微生物争战论》一文影响，“所谓微生物者，或为动物，或为植物，或为微虫，或为微草，难言确定，盖以显微镜窥之，甚难辨其为动为植”[②]。但在具体解释微生物“亦动亦植”的缘由方面，章太炎在礼敦根演说内容的基础上，结合中国传统典籍，作出了新的判断。他认为科赫将霍乱和肺痨病因分别归于“尾点微生物”（霍乱弧菌）和“土巴苦里尼”（Tubercle bacillus），恐非正解。他指出，肺痨往往始于“耽色极欲”，纵欲过度就会患霉（注：梅毒），亦有“蚑生芝生之物孽芽其间”，即庄子所谓“乐出虚，蒸成菌”，进而佐以医和之言，“女阳物而晦时，淫则生内热惑蛊之疾”，“于文，皿虫为蛊，谷之飞亦为蛊”，所以因沉迷女色而患上肺痨病，其症状与患梅毒近似。故而认为，“以微草言则谓之菌，以微虫言则谓之蛊，良以二者难辨，而动植又非有一定之界限也”[③]。需要指出的是，这种对“微生物”模棱两可的界定，似乎在整个清季十年中持续存在。

关于疫症与微生物、疫气之间的关系，1902–1903年的《启蒙画报》曾有两篇文章加以图文解释，第一篇谈到，“疫症之理皆微生物为之，其地低洼，其气潮湿，积有腐烂物件，一经烈日熏蒸，即发为霉毒气，此气之中含微生物最多，用显微镜看看，其形如

---

① 朱维铮、姜义华编注：《章太炎选集注释本》，上海：上海人民出版社，1981年版，第54页。

② 《人与微生物争战论》，《格致汇编》，1892年（第7卷，春），第30页。

③ 朱维铮、姜义华编注：《章太炎选集注释本》，上海：上海人民出版社，1981年版，第55页。

球，不能分为动物、植物”①。第二篇表面上是讽刺嚼古钱治疫的荒谬做法，实则是为了进一步说明细菌致病的道理，“前次在动物门说过，都是微生物的害，微生物本是霉类（霉，音眉，凡物败壞生霉，必有虫），传染极快，若知预先防备，起居饮食格外洁净，必不至染此症”②。

1904年《东方杂志》上一篇介绍防疫的文章谈到，“一曰传染之病，兵之类也。其所谓兵，霉菌之类也，传染病之一种微生物，夏秋之交，每岁必作”，进而论说传染病的传播方式，“何以是病能传染？病者之身有微生毒物，其化生甚速，顷刻能生无量数。其物自口鼻各窍流出，无病者触之，立即感受”③。此处将霉菌比作传染病之兵，仍是谈霉菌、微生毒物致病，所指为细菌致病说。但直至1908年出版的《英华大字典》（颜惠庆）才明确将bacteria 翻译成霉菌，bacillus对译杆状霉菌，bacteriology对译霉菌学，并将microbe翻译成微生物、微生虫、霉菌④。在1911年《中日医学校章程》所开列的课程目录中，便将霉菌学定为正科课程，与显微镜用法实验、卫生学等科目并列⑤。

此外，亦有时人曾从名称和形状两个方面，对微生物与微生虫的区别加以说明，“微生物之种类甚多，西名曰巴克德利亚（bacteria），亦称为埋克肉（microbe），华书亦称为霉菌。照西

---

① 《微生物》，《启蒙画报》，1902年第1册，“动物”。

② 《治疫奇闻》，《启蒙画报》，1903年第2期，第155页。

③ 《内务：防疫篇》（录六月初九日时报），《东方杂志》，1904年第7期，第74页。

④ “英华字典”，“中研院”近代史研究所近代史数位资料库，http://mhdb.mh.sinica.edu.tw，访问时间：2016年5月10日。

⑤ 《中日医学校章程》，《医学新报》，1911年第2期，第63–68页。

国格致家言，似不当属于虫类，当附入植物类。惟其中别有一种确可列入虫类者，则当称之为微生虫云。……论微生物之形，大概较沙粒更小一千倍，故非显微镜无从见之也。其称巴克德利亚，希腊称棍之名者，以其形似棍子也。或因其圆形称为埋克肉可开（micrococci），亦作线形，名为巴细利（bacilli），或更作搅丝形，称为（spirilla）史派哀利拉，皆随其形以定其名也”[1]。虽然此论已较为清晰，但是不能据此认为时人已经普遍将霉菌作为一切细菌的指称，更不能说霉菌对译bacteria已取得广泛认可。

1903年，留学日本的湖北籍学生创办《湖北学生界》，以“输入东西之学说，唤起国民之精神”为办刊宗旨，由留学同人“择门分任撰译兼行”[2]，内容包括论说、学说、政法、教育、军事、经济、实业（农学、工学、商学）、理科、医学、史学、地理、小说、词薮、杂俎、时评、外事、国闻、留学记录，等等，其中与医学知识相关的有三篇文章比较重要，分别是《植物学：细胞》《兴医学议》《国民卫生学》。

《植物学：细胞》一文，虽然以《植物学》冠名，实则该文主要介绍细胞的性质、构成、分类、分生等内容，从文章中出现的英文“cell”来看，应当是留日学生翻译之作，文中指出，“千六百六十五年，英人罗巴土甫苦氏偶以木片检于显微镜之下，见其状如蜂巢，成六角形，相续不绝，综其全体，皆以此集合而成，而植物学界中于是乎有细胞（cell）之名”，而且认为细胞包括

---

① 范祎：《理化：通学报理化学：论微生物与微生虫之别》，《通学报》，1908年第5卷第14期，第445–446页。

② 《湖北学生界开办章程》，《湖北学生界》，1903年第1期，第1页。

"细胞质、核、色素粒、淀粉粒、糊粉粒、蓚酸石炭、油、硫黄、细胞液、细胞膜"，等等。然而，以今日眼光观之，文中所说的细胞毕竟是植物学意义上的细胞学知识，并非医学意义上的细胞学知识，所以其与细菌学说知识亦有差别，但该文毕竟在当时历史背景下属于介绍显微镜下的微观世界的一部分，并且文中特别指出"篇中名词中国书中多未经见，以其理自西人发明，更之恐失原意，姑就日人所译者仍用之"，所以此文对于此后国人理解微观世界起到了一定的启蒙作用①。

据实藤惠秀研究，1901–1911年在日本医学23校留学学医的中国学生，仅有1905年3人、1907年4人、1908年9人、1909年6人、1910年11人、1911年19人，总计52人②。与当时比较热门的专业，例如政法、实业（农业、工业、商业）、教育、军事等相比，学医人数并不算多，但他们日后学成归国，却与其他留学欧美的中国学生一道成为晚清民初中国卫生事业的重要基石。

甲午战败之后，即有留学生呼吁"兴医学"，从强国保种角度出发，认为欧美列强之所欲称雄世界，在于"讲明医学"。进而指出"人之血气体力所以强健不霸者，其先也由于产孕之善，其继也由于育婴之良，其终也则在治身有道，保身有法，凡此诸端，匪医

① 由于此文属于连载性质，故分见于：《理科：植物学：细胞、细胞之初生……》，《湖北学生界》，1903年第1期，第63–65页。《理科：植物学（续第一期）》，《湖北学生界》，1903年第2期，第62–65页。《植物学（续前）》，《湖北学生界》，1903年第3期，第61–64页。《理科：植物学（续第三期）》，《汉声》（第5期改成汉声），1903年第6期，第79–82页。

② （日）实藤惠秀著，谭汝谦、林启彦译：《中国人留学日本史》，北京：三联书店，1983年版，第113页。

莫由”[①]。与之相比，中国在当时被称为“病国”，时人认为被病态化的原因有六：“1.由于民处道路不洁，传染疠疫而死；2.由于庸医药误而死；3.由于治法不明，束手听其自死；4.由于胎产不讲，坐孕育而死或胎落；5.由于先时危弱，未及年而死；6.由于灾乱，不知保护而死”[②]。民为邦本，本固邦宁，所以时人呼吁，“吾愿爱国之士奋然兴起，提倡斯学，求摄生之道，讲卫生之法，……以极同胞之急难，救种族之式微”，果真如此，则可以达到“御外侮、张国势”的效果[③]。毕竟单纯地呼吁讲求“卫生之法”仍显得过于空洞，于是有时人系统地介绍“国民卫生学”。《国民卫生学》一文起篇即大谈“民族帝国主义”和“天演论”，认为世界大势，浩浩荡荡，优胜劣败，适者生存，该文分为上下两篇，“其上编举凡吾国现今社会之有害于体脑资三力者皆攻克之、针砭之，俾同胞直讼而自励焉。下编则专论卫生之法，以为养成体力之补剂”[④]。

在此声势之下，留日医学生在日本创办了大量西医报刊介绍西方医学知识[⑤]，其中便有不少关于细菌学的文章。1907年创刊的《医药学报》在“编辑略例”中将西方医学知识分为医药二部，进而将细菌学置于医学部之下，与解剖学、组织学、局部解剖学、比较解剖学、胎生学、生理学、病理学、药物学、诊断学、内科学、精神病学、儿科学、外科学、军阵外科学、皮肤病及花柳病学、眼

① 《医学：兴医学通》,《湖北学生界》，1903年第2期，第62页。
② 《医学：兴医学通》,《湖北学生界》，1903年第2期，第71页。
③ 《医学：兴医学通》,《湖北学生界》，1903年第2期，第72页。
④ 《医学：国民卫生学》,《湖北学生界》，1903年第5期，第84–89页。
⑤ 参见潘荣华、杨芳：《清末民初留日医学生报刊传播西医活动述论》,《华侨华人历史研究》，2011年第3期。

科学、妇人科学、产科学、卫生学、法医学并列[①]。同期便有文章给细菌下定义，"细菌非数百倍乃至千余倍之显微镜不可见，所在皆有之。疾病之元因无不来自细菌者，二三病菌为害甚烈，故前人有人与微生物争战之论研究之，扑灭之，细菌学Bacteriologie之事也"[②]。同期还有文章介绍杀菌法，包括灼热法、热空气消毒法、温热消毒法等[③]。

再有，透过1907年的《卫生世界》可知，时人已经将国民健康、卫生、细菌学、传染病等新名词联系到一起加以表述[④]。如《谨告我国民注重卫生文》即有如此言说，"今日医界学理进步，知传染病皆有一种特别病菌（发病之微生物），微不可言，繁殖至速，由种种机会，或自呼吸入于喉肺（白喉痧肺炎），或自饮水食物而掺入消化器官（如伤寒霍乱吐泻），或由皮肤伤口而入血中，或由不明径路而入体内，该特别病菌非仅以自身之力而杀人也，更有产生毒质，肆其暴恶，彼毒猛之微生病菌，瞬息间可传染数人或数十百人。侵此扰彼，窜东袭西，而去来无影"[⑤]。又如《传染病之预防法》开篇所言，"细菌为物，微细不可言状，随时随处得以侵人以其细微也。故防之之难十百倍于水火、盗贼，以其来也无形迹"[⑥]。

---

① 《编辑略例》,《医药学报》(日本)，1907年第1期，第1–3页。
② 王仪:《医药学之价值》,《医药学报》(日本)，1907年第1期，第14–20页。
③ 沈王桢:《学说：卫生学：普通消毒法（一名杀菌法）（未完）》,《医药学报》(日本)，1907年第1期，第122–129页。
④ 《目录》,《卫生世界》(日本)，1907年第5期。
⑤ 厉家福:《谨告我国民注重卫生文（续第四期）》,《卫生世界》(日本)，1907年第5期，第7页。
⑥ 钱崇润:《传染病之预防法（续第三期）》,《卫生世界》(日本)，1907年第5期，第10–19页。

而这种思路显然离不开日本医学专家的影响，正如《出征军士之卫生》一文所言："夫毒物云者，目不能见之微生物也。日本人名之曰细菌，乃最下等之植物。其形微细非常，虽用数百倍之显微镜放大视之，犹较发毛细数倍。"[①]又如一篇日人所写名为《普通防疫法》的文章，已经将细菌列为传染病的主要致病源，"传染病之原因在于细菌"[②]。不难发现，细菌学说与其他学说稍有不同，应该说是"照东西细菌学家试验"[③]而不断发展，所以说细菌学说入华构成了一种自带全球史与跨国史性质的社会文化事件，而此后的历史文本也在不断证实这一点。

1908年一篇《洛倍尔脱誉霍先生传》颇引人注目，洛倍尔脱誉霍即Robert Koch（罗伯特·科赫）的音译，该文通过介绍其人其事，"开细菌之科，仁活英德之民，勇入非洲之地"，进而引申出细菌学说在19世纪发展概况，当然也道出了科赫在同时代细菌学领域起初不如巴斯德等人名声大，但取得的研究成果有过之而无不及[④]。同年《医药学报》第10期还开设了"细菌学"专栏，并用10、11、12期连载了千叶医专讲师齐藤讲郎口授的细菌培养法[⑤]，此文开篇

① 钱崇润、杨邦藩同译：《出征军士之卫生（未完）》，《卫生世界》（日本），1907年第5期，第52-59页。

② 日本川田德治郎述：《普通防疫法》，《医学世界》（上海），1908年第1期，第37-40页。

③ 钱崇润：《传染病之预防法（续第三期）》，《卫生世界》（日本），1907年第5期，第26页。

④ 王仪：《洛倍尔脱誉霍先生传》，《医药学报》（日本），1908年第10期，第1-9页。

⑤ 刘庆绶：《学说：细菌学：细菌培养法（未完）》，《医药学报》（日本），1908年第10期，第20-32页。《学说：细菌学：细菌培养法（承前）》，《医药学报》（日本），1908年第11期，第63-76页。《学说：细菌学：细菌培养法（承前）附图》，《医药学报》（日本），1908年第12期，第1-22页。

表达了时人对细菌学说发展现状的乐观态度，同时也表明细菌学说与其他学科的关联性，“细菌学自R.Koch氏以来日盛一日，仅二十年间已臻今日之隆盛，而未来者方兴未艾。其学域之广，森罗生理学、病理学、卫生学、治疗学、化学、动植物学、工学、农学，而于医学方面尤占绝有大势力。其应用最广，进步亦最速，前途希望尚无穷尽，东西学者殚竭心力于此者不知凡几。”[①]也有文章开始关注细菌学说与日常生活的关系，诸如日常用品上的细菌数量[②]，还有文章介绍临床上的细菌学研究成果[③]，甚至千叶医专的留日医学生还专门成立了细菌学研究会[④]。千叶医专留日医学生的种种努力似乎表明，日本在清末已成为国人引介细菌学说的重要知识产地。

《医学世界》自1908年在上海创立以来，便以“传播医学新智识”为宗旨，再次复刊时，更是以“研究医药、普及医学知识”[⑤]为目标，且该刊当时发行量甚为可观，因此可作为分析清末细菌学说传播问题的重要文本。

1909年汪惕予除了写有专业的细菌学文章之外[⑥]，亦尝试以短

① 刘庆绶：《学说：细菌学：细菌培养法》，《医药学报》（日本），1908年第10期，第20页。

② 《谈丛：酒杯附着细菌之数》，《医药学报》（日本），1909年第3卷第1期，第59–60页。

③ 张脩爵译：《原著：素因与毒力（临床的细菌学之研究）（未完）》，《医药学报》（日本），1909年第3卷第2、3期合刊本，第26–32页。张脩爵译：《原著：素因与毒力（临床的细菌学之研究）（承前）》，《医药学报》（日本），1909年第3卷第4、5期合刊本，第32–38页。

④ 《细菌学研究会广告》，《医药学报》（日本），1909年第3卷第4、5期合刊本，目录页。

⑤ 《本社启事二》，《医学世界》（上海），1912年第14期。

⑥ 汪惕予：《学说二：细菌学：病的细菌略说》，《医学世界》（上海），1909年第12期，第9–12页。

篇小说的方式介绍细菌学，假想“某年月日杆菌、球菌、原虫等大会于某地”，各种细菌争相发表演说，竞选细菌王国的国王，以科普的方式传播细菌学说[①]。除了细菌学说本身之外，也有关于显微镜学及显微镜用法的介绍文章[②]。甚至也有声称依照细菌学说原理研制而成的“新丹”，能起到“却病延年”的神奇效果[③]。

在《医学世界》的“医人问难”栏目中，往往是国内各地医师提出的专业医学问题，刊物记者予以针对性回答，这种问答形式也起到了细菌学说知识交流与循环的作用[④]，简列五则问答如下：

第一问：来富氏、梅企伦青液之制法及用途若何？（番禺欧阳钧）

回答：制法，（一）梅企伦青原液，30，0；（二）一万倍苛性加里水溶液，100，0。用途，渲染组织、血液、脓液等，除复杂外，普通染色亦用之。（记者答）

第二问：拉克谟斯乳糖寒天有何用途。（扬州范家骥）

回答：其第一用途，系鉴别大肠菌与肠室扶斯菌，且用以分离培养，盖大肠菌遇乳糖则成酸，故拉克谟斯变红。肠室扶斯不成酸，故拉克谟斯不变红。（记者答）

---

① 汪惕予：《细菌学：细菌大会》，《医学世界》（上海），1909年第11期，第1–4页。汪涤如：《医话丛存续编：细菌大会》，《中西医学报》（上海），1911年第12期，第36–38页。

② 汪自新：《显微镜学：显微镜用法说明（附图表）》，《医学世界》（上海），1912年第14期，第1–8页。《显微镜学：显微镜用法说明（续前）》，《医学世界》（上海），1912年第15期，第1–6页。

③ 庐隐：《自毒新说》，《中西医学报（上海）》，1911年第14期，第9–17页。

④ 《医人问难：细菌学五则》，《医学世界（上海）》，1913年第25期，第3–4页。

第三问：癞病菌与结节菌之区别。（记者问阅报诸君）

第四问：制干燥标本需何种器械。（记者问阅报诸君）

第五问：细菌之形态大别有几。（记者问阅报诸君）

对于刊物记者提出的问题，各地医师亦有回应，昆山万叔豪以一己之力回答了第三、四、五问：第三问，“癞病菌，杆菌，少弯曲。结核菌，杆菌，而弯曲，有分枝”；第四问，“其重要者为载物玻璃片、覆盖玻璃片、白金线、白金耳、镊子、蒸馏水、酒精灯、拔尔撒谟油、脱脂棉纱、吸墨纸、标本用色素等”；第五问，“大别为三，一球状菌，二杆状菌，三螺旋菌。”[①]

1910年丁福保在上海创刊的《中西医学报》亦是考察清末民初细菌学说译介状态的重要媒介。《肺病约言》是该刊登载的第一篇介绍细菌学说的文章，此文系转载自《青年》，重点表述了肺结核病与细菌之间的关系，“德国名医古弗氏于一八八二年考得肺病之源，确因肺中生有一种细菌，其形如杆菌，故曰杆状霉菌，与菌同为寄生植物而甚细小。”[②]此处时人将细小的霉菌称为细菌。

至于霉菌与微生物的关系，“霉菌者，中国译为微生物，日本人近研此学甚精”[③]。而“微生物”译名本身便包含了时人基于中西医融通化合的理解，“中医曰邪气，西医曰微生物，持说虽异，理亦相通”，“吾身固有之气曰正气，外界侵犯之气曰邪气。虮虱类之蠕动者曰微虫，苔藓类之斑剥者曰霉菌，霉菌、微虫皆微生物

---

① 《医人问难》，《医学世界（上海）》，1913年第28期，第2页。

② （美）花兰德：《肺病约言（录青年）》，《中西医学报（上海）》，1910年第1期，第23–26页。

③ 方燕年：《瀛洲观学记》，《中西医学报（上海）》，1910年第2期，第14–16页。

也，一称细菌，或作病毒”，“微生物为最下等之动植类，其细已甚故曰微，为有机质故曰生，即名思义，非显微镜不能得其真相”，“微生物者邪气之显著者也，邪气云者犹包涵一切微生物之代名词也”[①]。关于气与微生物之间的关系，时霖溥有更为明确的说明，“微生物何由而发生乎，无影无形，无踪无迹，最细微最渺小之蠕动物体，而中国医界上所混称谓六淫之气者然也。”[②]由此可见，在时人眼中，气与细菌的关系并非二元对立。

值得注意的是，丁福保还翻译有大量的东西洋医学著作，汇编有“丁氏医学丛书”，此丛书曾获南洋劝业会“超等奖”[③]。其中《免疫一夕谈》为徐云和丁福保合译，共分二十章，包括诱导论、先天性菌免疫、先天性菌免疫之原因、先天性毒免疫、后天性毒免疫、后天性免疫之原因、抗毒素之作用性质、抗毒素之发生原因、菌溶解素、抗血球溶解素、血球凝集素及抗血球凝集素、细胞毒及抗细胞毒、沉降素、免疫质之传播、人工免疫法之原理等内容，“东西洋细菌学家之说胥备于是”。免疫是细菌学说中重要理念，涉及传染病、细菌、血清、抗毒素等概念，也是解释为何男女老幼感染传染病个体差异性的重要理论，“吾国自古迄今怀疑莫决，迩来东西洋细菌学日益发达，凡细菌及于人类之厉害，无不条分缕析，纤毫靡遗，吾国不可不一读其书，而一辨其惑”[④]。

---

① 何锡琛：《中医曰邪气，西医曰微生物，持说虽异，理亦相通，姑述说见，作医门邮递》，《中西医学报》（上海），1910年第2期，第25–29页。

② 时霖溥：《微生物发生之盛衰》，《中西医学报》（上海），1910年第6期，第5页。

③ 《丁氏医书得超等奖赏（十月二十二新闻报）》，《中西医学报（上海）》，1910年第8期，第5页。

④ 《免疫一夕谈》，《中西医学报（上海）》，1910年第3期，广告页。

此一时期，细菌学说一般包括细菌学总论、细菌学各论、细菌培养法、免疫法、显微镜实验法等内容，人体与细菌之间的关系被形容为战争、争战，诸如《痨虫战争记》《人与微生物争战论》等。

除此之外，还有由江苏籍留日学生主办的《江苏》杂志，与《湖北学生界》相比，其对医学知识的译介亦属较多。例如在第1期和第2期连续刊载《说脑》一文，介绍脑科学知识，限于本书主题，暂先不论。《江苏》从第3期开始连续刊载《卫生学概论》，所涉及内容比《国民卫生学》更为详尽。中国人不讲卫生的丑恶形象自从晚清被来华传教士脸谱化之后，久而久之便成为中国人心中难言之痛，甚至成为一种强烈的心理暗示，正如该文所言，“中国者以不洁闻于世者也，观外人游历所记，莫不曰其街道则暗黑阴湿，一入其市，秽气冲鼻，行片刻不觉头岑岑而痛矣”。然而，从时人描述的江苏各地区情况来看，中国人不讲卫生却也是不争的事实，“历观无锡苏沪各处，其尤有乖于卫生之道者，城中居民朝夕所需之水，无不仰给于至狭至浅之城河，日久不雨，此城河所有者尽为泥水，蒸气熏天而饮用如故也。且上流涤秽器，下流汲食水，习以为常，毫不经意，故其所排泄，所委弃者无不复从其口而入焉。其街道则不特暗黑也，不特阴湿也，露厕盈于墙侧，尘垢积于道旁，病种疫虫在在所伏，每遇盛夏，瘟疫必兴，其死亡者多则千数，少则百计”，进而提出中国人应当注重个人卫生和公众卫生[①]。

那么，卫生究竟所指为何？前文已论述过傅云龙与长与专斋

---

① 《卫生学概论》，《江苏》（东京），1903年第3期，第78-79页。

围绕“卫生”含义而展开的讨论，基本认为卫生是指保卫生命的养生之道。到了清末，时人对“卫生”的概念界定已经从单一走向复合，认为“其定义有保守、进取之不同，其范围有数多专门之学术，其种类有个人、公众之别，其发达有自然、不得已之故，其效用则权力、财政、风俗、群治莫不攸关”[①]。值得关注的是，时人除了认识到卫生含义的多变性和复杂性之外，还对当时的卫生之法有了较为清晰的把握，“当时之所谓卫生者不过讲消毒之术，以免病种之传染，行清洁之法，以防微生物之侵蚀而已，其后一切去秽、防疫之道无不胎自此意，若是者谓为预防疾病、保全健康可也”，并进一步指出，“若微生物，若霉菌（即白霉），人以之而死者，亦非动物即植物也”，这说明时人对微生物的腐败作用有了粗浅认识，“霉菌”一词的出现也说明该词至少在此时已经被译介到中国，而“霉菌”即是当时留日学生对细菌的一番精心对译，到了民国时期仍被经常运用。

在1911年广学会翻译出版的《泰西奇效医术谭》中，专门用第六、七、八章分别介绍了“总论微生物界”“致病之微生物”“人身之敌微生物法”等内容。该书指出“今日卫生学之大旨，在于驱除传染毒病之微生物，而不令进入人身而已”，“所谓微生物者，属于植物类之一种也。盖为霉菌状，能行动如虫，论其细小，则人目无最精之显微镜不能窥测，论其众多，则随地皆有。论其机变，则神化不测，其造成之形式，难以尽述。”[②]此处“微生物”即细菌，

---

① 《卫生学概论》，《江苏》（东京），1903年第3期，第80页。

② （英）马克斐（R.C.Macfie）著，（英）高葆真（W.A.Cornaby）译：《泰西奇效医术谭》，上海：广学会，1911年版，第55页。

表明时人已开始将“卫生”与“微生物”“霉菌”联系起来，并用“微生物”“霉菌”指称细菌。

不难发现，以上几种刊物均在上海、东京出版，倘若以稍处口岸腹地的《绍兴医学报》为考察对象，1908年微菌与糖的贮存问题开始作为“医药新说”被介绍，“养料不足，生物自死，然有时养料太多，生物亦死。譬如一种发酵微菌必赖水与糖养活之，倘水内含糖太多，则糖自吸其水而微菌亦枯死，故糖果之所以不坏者，缘糖甚夥，吸去空中湿气，发酵微菌不克生出，糖果得以久保。”[①]1909年刊登了《巴斯德传》一文，“巴斯德，法国化学家，霉菌学之开山元祖”，“全世界知名，且有益于人道与科学者，则为微生物学，亦云霉菌学”[②]。1910年登载了《微生物论》，指出微生物“无奇不有”“无微不至”的特点，“微生物分动植两种，凡微体内含有叶绿者属植物，能自行移动者属动物，然间有不含叶绿其种仍为植物者，亦有自能行动，其种亦为植物者，种类繁多，更仆难数，无以名之，名之曰微生物，曰壁他利亚，后世之代名词。”[③]

以上时人解释虽在详略与准度上稍有差别，但均表明我们无法用今日科学体系下的细菌学说知识去直接理解晚清民初的细菌学说，而是要回到历史场景去重新思考该问题，从这个意义上讲，时人未能将细菌和真菌植物区分开来，也就情有可原。总之，晚清时人关于微生虫、气、微生物、霉菌之间的对译，以及对于词义的理解，是处于名实相符与名实不符的混杂状态。

---

① 《医药心说：糖质能养微菌并能灭除微菌之理》，《绍兴医药学报》，1908年第7期，页码不详。

② 郦凤钧选录：《巴斯德传》，《绍兴医药学报》，1909年第14期，第17页。

③ 王醒白：《微生物论》，《绍兴医药学报》，1910年第30期，第1–3页。

（二）教会医学院校传授与巴斯德研究院在中国

清末新政的推行，使得社会上对西医、西药及西医书籍的需求量大大增加，于是清末医学传教士开始把目光从办诊所和医院转向了办医学院上，截止到1909年，已经开办的有“苏州医学校”（Soochow Medical School，即苏州博习医院）、“华南医学院”（South China Medical College，即博济医学堂）、“圣约翰大学医学院”（School of Medicine，St.John's University）、“北京协和医学院”（The Union Medical College，Peking）、“济南协和医学院”（The Union Medical College in Tsinan）、“武昌布恩医学校”（The Boone Medical School，Wuchang）、“四川成都华西协和大学”（Union Medical School，Chengtu，Szechwan）、“广州夏葛医学院”（Hackett Medical College for Women，Canton）、“汉口协和医学院”（Union Medical College，Hankow）、“北京女子协和医学院”（The Union Medical College for Women，Peking）、“香港医学院”(Hongkong College of Medicine)、“南京协和护士学校”（Nanking Union Nurse's School）、“安庆护士训练学校”（Nurses' Training School，Anking）、“北京协和护理学校”（Union School for Nurses，Peking）等。1909年9月，《博医会报》（总第23卷第5期）对以上医学院校进行了较为详细的逐一介绍，以此为依据，或可窥探此时教会医学院校细菌学及其相关知识的教育情况。

1909年时任上海圣约翰大学校长的卜舫济（Rev.F.L.H.Pott，D.D.）认为，“改变中华帝国缺医少药的惟一办法是建立能够将年轻人训练成外科医生和内科医生的医学院校，这些人将会把关于疾病病因和治疗方法的科学知识传遍整个中国"[1]，并针对当时教会医学院校现状提出四点建议：第一，建立的医学校应该是最高水平的，从而增进中国人对西医的信赖。第二，医学教育工作不应该仅仅被视为一种手段，而应该是一种终极关怀，从而展现上帝的慈爱。第三，医学校应高度重视医疗行业的职业道德的培养，不唯利是图。第四，当前医学校应尽可能地采用英语教学，便于学习最新医学知识[2]。杰弗利斯（W.H.Jefferys，A.M.，M.D.）也认为应该集中力量建立一些地区性医学教育中心，而不是在全国建立大量低水平的医学校，但关于教学用语问题，他认为有两大分歧：一是中国学生是否应该被用英语或者德语进行教学，二是用汉语教学似乎更能吸引和便于教授中国学生，但问题的关键点和难点在于无论哪种语言都很难跟得上医学技术的发展速度[3]。当时主要有两个学术团体长期致力于西医书籍的中西互译工作，即"the Nomenclature Committee of seven members"和"the Publication Committee"，且均隶属于"the Medical Missionary Association of China"，截止到1909年，这两大机构已经用最新术语翻译了15种教科书，例如*Gray's Anatomy*、*Hare's Therapeutics*、*Peurose's Gynecology*、*Osler's Medicine*以及其他著作[4]。这些教科书构成了清末医学知识的重要组

---

① Rev.F.L.H.Pott，D.D.，"Medical Education in China"，*China Medical Missionary Journal*，September，1909，Vol. 23，No.5，p.290.

② Rev.F.L.H.Pott，D.D.，"Medical Education in China"，*China Medical Missionary Journal*，September，1909，Vol. 23，No.5，p.290–292.

③ W.H.Jefferys，A.M.，M.D.，A Review of "Medical Education in China"，*China Medical Missionary Journal*，September，1909，Vol. 23，No.5，p.294–295.

④ W.H.Jefferys，A.M.，M.D.，A Review of "Medical Education in China"，*China Medical Missionary Journal*，September，1909，Vol. 23，No.5，p.296.

成部分。

1883年，美以美会传教士蓝华德（Dr.W.R.Lambuth）和柏乐文（Dr.W.H.Park）创办"苏州医学校"（Soochow Medical School），该校前身是"the Soochow Hospital Medical School"，后将"the Woman's Hospital School"合并，组建"Soochow Medical College"，而该校男校部分被并入苏州大学医学部。两校名义上互相独立，实际上仅有一门之隔，除了专业实习在各自所属医院外，大多数时候是共用教室和讲堂授课，故往往并称"博习医院"①。该校创办之初即是中英双语教学，具体到药物名称会使用拉丁语教学，并且允许学生用中英两种语言参加考试，并推荐学生到北京、上海甚至国外医学校继续深造。在这种开放的培养模式下，涌现了诸如杨维翰（Yang Vee Yuer）这样的医学人才，并留校担任苏州大学细菌学说和显微镜学教授②。由此可见，细菌学和显微镜学已经成为此时苏州博习医院的教授科目之一。

"博济医校"是广州地区西方医学教育的代表，建于1903年，该校课程设置如下：

---

① W.H.Park，M.D.，"Soochow Medical School"，*China Medical Education in China*，September，1909，Vol. 23，No.5，p.300.

② W.H.Park，M.D.，"Soochow Medical School"，*China Medical Education in China*，September，1909，Vol. 23，No.5，p.301.

表3.2　1909年博济医学堂课程表

	星期一	星期二	星期三	星期四	星期五	星期六
上午10：00—11：00	体学	体学	体学、药学	体学	体学	小考
上午11：00—12：00	内科	体功学	卫生学	体功学	内科	
12：00—下午1：00	临诊	生理学	眼科	生理学	临诊	
下午1：00—2：00					产科	
下午2：00—3：00	医理概略	外科	外科	外科	产科	神经病科
下午3：00—4：00	西药略释	理论与实践	理论与实践	理论与实践	理论与实践	
下午4：00—5：00	化学		妇科		化学	

资料来源：John M.Swan，M.D.，“Canton，South China Medical College”，China Medical Missionary Journal，September，1909，Vol. 23，No.5，p.303.

从其课程安排看，虽然没有为细菌学和显微镜学单独开课，但已涵盖内科、外科、妇科、眼科、病理、解剖学、临床诊断等各方面[①]。与之相比，“北京协和医学院”（the Union Medical College）则在学制第三年明确规定要学习细菌学和病理学[②]。“广州夏葛医学院”（Hackett Medical College for Women，Canton）则规定学生首先在第二学年要学习细菌学的理论知识，然后在医院实习期间，在指导老师的帮助下，要学会使用显微镜，培养细菌，辨别不同细菌的种

---

① John M.Swan，M.D.，“South China Medical College”，*China Medical Missionary Journal*，September，1909，Vol. 23，No.5，p.303-307.

② Charles W，Young，B.S.，M.D.，“The Medical College，Peking”，*China Medical Missionary Journal*，September，1909，Vol. 23，No.5，p.315.

类，等等[1]。图3.1和图3.2分别是这两所医学院师生课堂上使用显微镜的情形。

Class in Histology.

图3.1 组织学课堂上使用显微镜情形

Class in Microscopy.

图3.2 显微镜学课堂授课情形

① Mary H.Fulton， M.D.，“Hackett Medical College For Women，Canton”，*China Medical Missionary Journal*，September，1909，Vol. 23，No.5，p.328.

此外，“北京女子协和医学院”（The Union Medical College for Women，Peking）也规定学生在第三学年必须学习细菌学[①]。创办于1908年的“南京协和护士学校”（Nanking Union Nurses' School）规定学生在三年学习时间里，要从理论和实践两个方面学习细菌学、卫生学、家庭与护理经济学等方面的知识，与综合性医学院相比，该护士学校学生学习细菌学知识的年限更长[②]。并不是所有护士学校都重视细菌学知识的学习，例如创办于1907年的“安庆护士训练学校”（Nurses' Training School，Anking）主要开设汉语、初级英语、初级算术、解剖学、生理学、药物学和护理实习等课程，并未开设细菌学课程[③]。

与内地情况相比，香港的医学院校则非常重视对细菌学和病理学的学习，关于病理学和细菌学的讲座会在香港的公共太平间和细菌学研究所定期举办，“香港医学院”（Hongkong College of Medicine）更是规定学生必须要参加不少于100次病理学和细菌学的讲座，否则不颁发学位证。这与香港受英国殖民者统治较早有极大关系，早在1887年即开办有“爱丽丝纪念医院”（Alice Memorial Hospital），并于同年8月30日成立“香港医学院”[④]。

然而，我们不能忽略此时医学传教士试图用当时新创的医学理

---

① “The Union Medical College for Women，Peking”，*China Medical Missionary Journal*，September，1909，Vol. 23，No.5，p.335.

② “Nanking Union Nurses' School”，*China Medical Missionary Journal*，September，1909，Vol. 23，No.5，p.342.

③ “Nurses' Training School，Anking”，*China Medical Missionary Journal*，September，1909，Vol. 23，No.5，p.344.

④ “Hongkong College of Medicine”，*China Medical Missionary Journal*，September，1909，Vol. 23，No.5，p.336–339.

论和方法，规训国人接受西医，进而达到传教目的，甚至在当时有教会人士呼吁整合全国教会资源，扩大“医学传教”的规模。1911年1月，南京的R.T.Seields，M.D.发出呼吁，“医学教育在协和（联合）”，认为通过办医学教育可以达到医学传教的目的，而且应该集中人力、财力、物力兴办医学高等教育，譬如北京协和医学院，以及即将在汉口、福建等地区开办的医学院校，这都将为在华的医学传教事业夯实基础，而集中现有的力量开办一所“教会联合医科大学”，将为在华医学传教事业竖立标杆①。

关于兴办新式学堂的重要性，诚如梁启超所论，“采西人之法，行中国之意，其总纲有三：一曰教，二曰政，三曰艺”②。近代学堂设立是由高等、中等、低等由高到低，逐步推广而来。1901–1903年先后开办有山东大学、浙江求是大学堂、苏州省城大学堂、河南大学、天津北洋大学、山西大学、江西大学堂、陕西关中大学堂等。1903年清政府下令，除保留京师、北洋、山西三所大学外，各省大学一律降格为高等学堂，每个省城一所，分文、理工、医三大科类③。而1903年颁布的《奏定任用教员章程》明确规定可以聘用外国教习，加之日本与中国一衣带水，文化相近，故所聘教习多为日本人，1905年以后几乎遍布全国。据实藤惠秀统计，1909年中国聘用日本教习总数为461人④。他们教授的科目包括声、

① R.T.Seields，M.D.，“Nanking.Union in Medical Education”，*China Medical Missionary Journal*，Janurary，1911，Vol. 25，No.1，p.17–23.

② 梁启超：《变法通议》，见于《饮冰室合集》（第1册），北京：中华书局，1989年版，第19页。

③ 王笛：《清末新政与近代学堂的兴起》，《近代史研究》，1987年第3期。

④ （日）实藤惠秀著，谭汝谦、林启彦译：《中国人留学日本史》，北京：三联书店，1983年版，第73–74页。

光、化、电、工、农、商、医、史、地等，这对近代学堂的兴办和西学的传播产生了深远的影响。

如果说教会医学院校和国人自办的新式学堂是细菌学知识传授的重要场域的话，那么自19世纪末开始出现的巴斯德研究院在全球的在地化实践，可视为观察细菌学说在华进入实验医学阶段的重要文化现象。

1888年11月14日，巴黎巴斯德研究院成立①。此后在安南设立了四个巴斯德研究所，即西贡巴斯德研究所（1891年）、维田（Vientiane）巴斯德研究所(1895年)、河内巴斯德研究所（1926年）、茶麟（Toarane）巴斯德研究所（1936年）②。安南一度成为东亚地区细菌学研究中心之一，另一个中心是日本。

1898年8月17日，上海公共租界工部局卫生处卫生官斯坦利（Arthur Stanley）向董事会提议设立巴斯德研究院③。8月24日董事会批准了斯坦利前往东京考察狂犬病疫苗制作方法的提议④。9月28日董事会批准由横滨的汇丰银行兑给他500元用于采购巴氏灭菌法所需的操作仪器⑤。12月28日董事会接受了他提出的担负巴斯德研究院职务津贴的要求，决定自1898年11月1日起，每月增加津贴50

---

① 《巴黎巴斯德研究院五十周年纪念》,《震旦医刊》，1938年第24期，第105页。

② 赵玄武:《南洋科学圈特写：安南巴斯德研究所（附照片）(待续)》,《每月科学画报》，1943年第3卷第2期，第24页。

③ 上海市档案馆编:《工部局董事会会议录（第十三册)》，上海：上海古籍出版社，2001年版，第593页。

④ 上海市档案馆编:《工部局董事会会议录（第十三册)》，上海：上海古籍出版社，2001年版，第594页。

⑤ 上海市档案馆编:《工部局董事会会议录（第十三册)》，上海：上海古籍出版社，2001年版，第598页。

两白银[1]。虽然这比他预想的每年1500两白银要少很多，但他大体上表示接受，1899年2月斯坦利向董事会提出辞去卫生稽查员的职务[2]。到了1899年3月，巴斯德研究院的设施准备就绪，正式建立起来。当年有12名病人首次使用巴斯德法进行治疗。

1900年2月，法租界公董局决定当年向该院捐赠500两白银作为经费，从1901年开始每年增加至1000两[3]，条件是接受法租界病人来该院治疗。1902年巴斯德研究院进行上海狂犬病毒的接种试验，发现此病毒比欧洲及其他地方的潜伏期更短，毒性更强。1907年工部局卫生处亦在华人中散发"防止狂犬病"的中文通告，宣传治疗常识，提醒被狗咬伤者应去巴斯德研究院治疗。关于防治狂犬病，该院在成立初期作用比较有限，主要原因在于此时公共租界当局更热衷于扑杀租界内及附近所有未戴口络的狗[4]。

20世纪10年代，工部局卫生处所属巴斯德研究院及其他医院均参与了防治狂犬病工作。1915年就有70名病人在巴斯德研究院接受治疗。从1899年到1915年，在巴斯德研究院治疗的病人总计502人，其中7名病人因治疗失败而死，死亡率仅为1.4%，已属较为成功。从1925年起，该院开始使用戴维·森普尔发明的改良版巴斯德治疗法，治疗效果进一步提高。1933年，在工部局协调下，工部局

---

① 上海市档案馆编:《工部局董事会会议录（第十三册）》，上海：上海古籍出版社，2001年版，第610页。

② 上海市档案馆编:《工部局董事会会议录（第十四册）》，上海：上海古籍出版社，2001年版，第474页。

③ 上海市档案馆编:《工部局董事会会议录（第十四册）》，上海：上海古籍出版社，2001年版，第528页。

④ 上海市档案馆编:《工部局董事会会议录（第十五册）》，上海：上海古籍出版社，2001年版，第575、599、629页。

所办的医院与公济、宏恩、仁济及福民等医院合作开展防治狂犬病，这些医院负责伤口初步清洗与消毒，以及狂犬病疫苗的第一次接种，巴斯德研究院负责狂犬病疫苗的后续注射，并将有狂犬病嫌疑的狗送到该院检查，并将此种安排登报刊载，广而告之。1936年工部局卫生处制定了治疗狂犬病的标准方案，此举有效提升了治疗效率[①]。实际上从20世纪20年代开始法租界已着手狂犬病治疗，随着1938年公董局的巴斯德研究院正式成立，工部局的巴斯德研究院就诊人数日益下降。

1922年上海第二特区（即法租界）广慈医院内设立抗瘼诊疗所，又名巴斯德诊疗所，但成立以后“困难叠生”。未及三年即改组为医学化验室，“迁入平民病舍之中，工作范围亦经缩小”。与此同时，上海第二特区居民日益增多，卫生机构亦逐渐发展，“附设于卫生局之化验室不敷应用”。此后开始筹划建立一座大规模卫生试验所，1934年开始兴建，1936年完工，同年7月成立。此所成立以后取得了一定的成效，但也存在不足之处，“关于卫生及医学方面，凡切于实用之技术，无不具备。工作二年差强人意。然试验所直隶卫生局，其工作范围不能越出实用；其预算既有规定不容于实用工作之外再求进展”。鉴于研究工作的重要性，第二特区与巴黎巴斯德研究院商议，决定改组试验所[②]。

1938年1月1日上海巴斯德研究院分院正式成立，是巴黎巴斯德研究院14处分院中“最后成立者”，成立虽晚，但在医学与防疫

---

① 宋忠民：《上海公共租界的狂犬病防治》，《档案与史学》，2001年第5期，第69页。

② 刘永纯：《上海巴斯德研究院之组织与事工（附表）》，《震旦大学医学院第廿二届毕业纪念刊》，1941年纪念刊，第251–252页。

工作上贡献不小，当年即供应疫苗“二百万西西之多，以应今年广种之需”[①]。该院秉承巴黎巴斯德研究院宗旨致力于实用、研究、教育三个方面工作，置院长、主任、职工若干人，设研究部、微生物血清检验部、疫苗部、化学部、总务部，主要从事病理研究，细菌、寄生物、血清检验，普通菌苗制造，卡介苗（B.C.G）、防瘐苗研制，实业、食物、饮料、医学、毒物检验等业务[②]。成立之初院长是雷乐尔，刘永纯担任疫苗部主任，并于1943年升任副院长，此后热衷于在中国研制和推广卡介苗。

实际上，除了租界创办的细菌检验室外，1920年代国内不少医学院校、医院等机构已经成立了细菌化学检验室[③]。比较著名的还有北京协和医学院细菌检验室、中央防疫处细菌化验室等，这些个体性机构差异性相对较大，限于本书篇幅，俟后另文专论。

二、宣统鼠疫期间细菌学说与东北地区的防疫观念

宣统鼠疫是指1910年10月25日首先发生于满洲里，逐渐蔓延至东北全境及直隶、山东等地区，止于1911年4月18日，持续半年之久，给中国北方造成巨大人员、财产等损失的肺鼠疫。对于东北鼠疫确切死亡人数学界尚未达成一致，焦润明已有过详细考证，认为此次鼠疫死亡人数达6万多人，东北地区死亡人数达51155名。关于

---

① 《巴黎巴斯德研究院五十周年纪念》，《震旦医刊》，1938年第24期，第105页。
② 刘永纯：《上海巴斯德研究院之组织与事工（附表）》，《震旦大学医学院第廿二届毕业纪念刊》，1941年纪念刊，第252–253页。
③ 《医药杂识：纪北京疗养病院：附本院开幕宣言：细菌化学检验室（照片）》，《医药学》，1924年第1卷第2期，第91页。

此次疫情本身的研究已属颇丰，近年来集中在对铁路防控与交通隔断的探讨[①]，东北鼠疫期间，当局采取的是一套综合隔离措施，包括交通隔断、建立隔离所与防疫站、港口检疫、内河航运检疫等。

与1894年广东、香港鼠疫不同，1910–1911年的东北鼠疫属于罕见的肺鼠疫，不仅对摇摇欲坠的晚清政府而言是雪上加霜，而且也对当时世界细菌学界及传染病学界提出了严峻挑战。在鼠疫期间，《盛京时报》不仅进行大篇幅报道，而且还刊布大量关于鼠疫、细菌学说的文章，从此类文章主题和内容的变化中，或可窥探出时人对鼠疫及东北鼠疫的认知实态。对于该方面，费克光仅写道，“官员努力的教导民众有关疾病的性质”[②]。焦润明此后亦有所论及，他将其归并为“在野各方的应对措施”[③]，然而，仍有进一步细化和深化的空间。

（一）鼠疫、报刊与细菌学知识传播

由于肺鼠疫带来的灾难性影响，以及在当时医疗手段尚不能治愈肺鼠疫的情况下，关于鼠疫的历史、发生机理、预防措施的介绍就显得非常迫切。此年《盛京时报》在“专件”“论说”等栏目中刊载了大量相关文章。《防疫谈》是最早的一篇呼吁民众注意公

---

① 杜丽红：《清末东北鼠疫防控与交通遮断》，《历史研究》，2014年第2期。
② （澳）费克光（Carney T.Fisher）：《中国历史上的鼠疫》，载刘翠溶，（英）伊懋可（Mark Elvin）主编：《积渐所至：中国环境史论文集》，台北：台北“中研院”经济所，2000年，第727页。
③ 焦润明：《1910–1911年的东北大鼠疫及朝野应对措施》，《近代史研究》，2006年第3期。

私卫生及防疫的文章，该文首先谈到中国人因感染鼠疫而死最多，然而防疫人员却以外国人居多，中国官员则对防疫事宜知之甚少，认为造成这种现状的根源在于“吾国人民，居处饮食，尤以不洁称”，而且“遇有疫疠，则以祈禳为防止剂”，呼吁我国官员、人民应当学习西人之防疫办法，力尽人事，设法防止鼠疫蔓延[①]。此种文章虽有振臂一呼之感，但却失之笼统，故具体介绍鼠疫背景知识和防疫办法的文章显得更为实用。

两日之后，刊登了一篇由日本人经贸兴三郎所写的文章，该文先将黑死病（鼠疫）的历史回溯了一下，特别提到1894年香港鼠疫期间，北里及耶尔森对百斯笃杆菌的发现，而后主要是介绍一些家庭和个人卫生常识，“首宜严密隔离病者，拒绝交际，轻易不得通讯，如是窃或能免直接及间接传染之虞。其次则不可不注重公私卫生法，而庭除内外及宅傍隙地、卧榻下、爨间等处务必扫除、清洁，卑湿之地宜洒以石灰乳（石灰一分，水十分之混合物），洞开室内窗牖，畅通空气及日光，衣服、卧具必日一曝，鼠族、蚤、虱、臭虫等必尽力设法捕杀之，手足皮肤有皱裂或小创时必完全治疗之，预防感冒，慎起居，节饮食，勤沐浴，不时更换衣服，勿过劳身体，剧场、茶肆等人多聚集之区不宜出入，勿食不消化食物，膳品必煮透而后食，诸如此类皆有预防之效者也”[②]。文末呼吁防疫之必要性，学习印度、英国、日本灭鼠方法，最后感慨国人不知

① 《防疫谈》，《盛京时报》，1910年11月18日，第2版。
② 《百斯笃疫预防说略》，《盛京时报》，1910年11月20日。

精进医学[①]。

在众多文章中，丁福保所发表的一系列文章较有代表性，他先后发表了《论百斯笃》《敬告各省地方自治议员》《鼠疫一夕谈》《鼠疫病因疗法论》等文章。由于丁福保为学医出身，故他的文章往往专业性较强，加之受其在日本留学的影响，其文章内容较多转译自日文。其文虽各有侧重，但所论述的鼠疫类型主要是腺鼠疫。在《论百斯笃》中，丁氏亦举1894年香港鼠疫为例，提及青山胤通和北里柴三郎发现腺鼠疫杆菌，接着阐述鼠疫菌的传播媒介和方式，进而引出要慎重衣食住用行，强调消毒避疫[②]。从行文内容上与经贸兴三郎所写文章相比较，可谓大同小异，由此更加证明，其论点与论据多转译自日本无疑。

知识的引介若不能考虑中国现实环境则无异于隔空喊话，丁氏考虑到这点，特地从地方自治角度入手，提出公私卫生是地方自治事宜的重要内容，主张从水检查、土壤检查、空气检查、饮食物检查、排泄物检查，传染病预防、检疫、救急治疗、检视、鉴定、葬法，精神病者诊断，霉菌之检查，建筑物、警察官及消防官体格检查等方面入手，"欲施行以上之事务必须有各种医学智识，即病理解剖学、物理学、临床医学、医化学、药物学、毒物学、卫生学、细菌检查所、解剖室、标品陈列室而后可"[③]。即便卫生法规条文被

---

① 《防疫之必要》，《盛京时报》，1911年1月8日。《鼠与瘟疫之关系》，《盛京时报》，1911年1月15日。《论吾国人不知覃精医学之可慨》，《盛京时报》，1911年1月12日。

② 丁福保：《论百斯笃》，《盛京时报》，1910年11月24日。丁福保：《论百斯笃（续）》，《盛京时报》，1910年11月25日。

③ 《敬告各省地方自治议员》，《盛京时报》，1911年1月19日，第3版。

制定，如果缺少一个强力监督机构，恐仍属窒碍难行，故丁氏认为，“吾国各内地不欲自治则已，苟自治则必行卫生警察，苟行卫生警察，则必风行雷厉，勿视法律为空文，卫生警察之优劣，视国民程度之高下为标准”[①]。

丁氏的文章不仅针对民众、官员所作，也有与医学工作者讨论的文章，即《鼠疫一夕谈》《鼠疫病因疗法论》等系列文章，二文内容相近，大体上从流行史、病理、发病症状、解剖病理学、细菌学说、隔离与消毒、治疗方法等方面论述，将鼠疫分为四类：“腺百斯笃”“皮肤百斯笃”“血液百斯笃”“肺百斯笃”，然而肺百斯笃与腺百斯笃并非截然二分，丁氏认为，“续发性肺百斯笃大都起于腺百斯笃之经过中，因血行而病灶转位，然后发生。此病不如原发性肺炎之以恶寒战慄而始，且颇发气管枝炎，如此则在恢复期之数周内，其咯痰中亦含有百斯笃菌”[②]。丁氏在《鼠疫病因疗法论》中给鼠疫下了一个定义，“百斯笃之病，因为鼠族所传染而发，故名鼠疫，又谓之黑死病，因死后尸身现黑色，周身必发腺肿，旧译腺字作核子，核者取腺肿之形，似果中有核也，此病之潜伏期以三日至五日为普通，罕有至一周以上者，其发病之原因由于百斯笃菌毒。所谓菌毒者即鼠子身上之虱，含有百斯笃菌嘬人而传染于人也”，丁氏还认识到，“百斯笃血清之用于人类，虽能稍得效果，而亦未可为完全之治疗之法”[③]。继而又介绍了著名的鼠虱实验，并与当时

---

① 《敬告各省地方自治议员（续）》，《盛京时报》，1911年1月20日，第3版。

② 《鼠疫一夕谈（续）》，《盛京时报》，1911年1月25日，第2版。《鼠疫一夕谈（续）》，《盛京时报》，1911年1月26日，第2版。《鼠疫一夕谈·预防及扑灭》，1911年1月28日，第2版。

③ 丁福保仲祜：《鼠疫病因疗法论》，《盛京时报》，1911年2月9日，第6版。

大多数细菌学说家一样，相信没有特效治疗方法，唯有剿灭鼠族方能遏止鼠疫蔓延[1]。

此外，鉴于鼠疫横行东北，日俄主导防疫的情形，丁氏呼吁仿效日本，广设医学会，刊布医学书刊，并发起成立“中西医学研究会”，会址设立于上海派克路昌寿里，其章程得到民政部、都院、抚院批准立案。中西医学研究会以“研究中西医药学，交换知识，振兴医学”为宗旨，会员分正式会员和名誉会员两类，主要从事医学知识传布工作，包括编辑医学书籍，编译《中西医学报》(月出一册)，组建图书、仪器、药物陈列所，等等[2]。

除丁氏文章外，还有较多国外学者的论说，以及一些对日本家庭卫生丛书的摘录。奉天施医院司督阁[3]，鉴于瘟疫由北蔓延而南，为保民命起见，向民众介绍预防及躲避之法[4]。奉天日本赤十字社病院院长合信平所写、傅培荫翻译的《小心黑死病》，也是从鼠疫为何以及预防鼠疫这两个问题出发，语言浅显易懂，“黑死病有黑死病的虫子，故此生病虫子就是最利害的传染。这虫子若用太阳晒，或是干燥几天就死了。若用温热消毒药治，一分钟可以死，至多一点钟也就死了。然而这虫子遇见寒冷，他气力很大，寒暑表零

---

① 丁福保仲祜:《鼠疫病因疗法论(续)》,《盛京时报》, 1911年2月10日，第3版。

② 《民政部、督院、抚院批准立案中西医学研究会简章》,《盛京时报》, 1911年2月14日，第3版。

③ 司督阁，即杜格尔德·克里斯蒂(Dugald Christie)医生，英国皇家内科医师学会会员，英国皇家外科医师学会会员(爱丁堡)，盛京医院院长，伪满洲国医学顾问。

④ 《论鼠疫(盛京施医院司督阁之来稿)》,《盛京时报》, 1911年1月21日，第3版。

度以下三十一度的时候可以活五个半月，这是实在考验过的”[①]。

在众多国外学者中，因北里柴三郎在细菌学说和传染病学方面的重要地位，其言论往往极受推崇。1911年初，北里奉日本政府之命，前往东北考察鼠疫情形，当其行至大连港后，《盛京时报》随即刊载了《北里博士之防疫谈》一文，他认为，“查今日对付鼠疫办法，则与肺结核症及腹窒扶斯病无异，是盖近时文明学理之所示也，故若旅居大连之欧人诸君亦须安堵，以从日人之防疫法，余若满洲各地之防疫者亦应取法大连，以办理一切，则必不至贻误矣”[②]。所谓的“取法大连”，实则即取法日本，日本固然在鼠疫防治方面较有经验，但也不至于都是“无上至法”，其言谈之间有着不可忽略的殖民主义色彩。然而北里毕竟是世界知名细菌学专家，他后来发表的言论确实能起到提纲挈领的作用。

北里抵达奉天以后，得到了东三省总督锡良的热情款待，他认为苦力是最易感染鼠疫的群体，一方面应当趁天气尚冷，鼠族潜伏洞壁，赶紧将其灭尽，以免出现人鼠间传染的鼠疫；另一方面应当“重视人身扑灭之法，当对于患疫者与患疫病者同居之人加以非常之注意。遇有染疫迅报警察，速送病院，同居之人速送隔离所，加以绵密之检查，如有发现仍由隔离所速送病院，以绝其传染之路”[③]。此外，他以自己多年从事研究和防治鼠疫的经验，鼓励中国政府，“若能官民一心，协力从事此疫，无有不扑灭之理”[④]。虽

① 合田平、傅培荫：《小心黑死病（日本来稿）》，《盛京时报》，1911年1月22日，第3版。
② 《北里博士之防疫谈》，《盛京时报》，1911年2月21日，第2版。
③ 《北里博士演说词》，《盛京时报》，1911年2月24日，第3版。
④ 《北里博士演说词（续）》，《盛京时报》，1911年2月25日，第3版。

说要尽人事之能，但毕竟此次肺鼠疫与普通鼠疫不同，毒性极强，“百人中无一生者，现时之治疗法只有仿种痘之法，为之注射预防血清，以免传染。若待百斯笃病已发现，虽有灵药终归无效，以现今医学界尚未研究及治此等剧烈症状之相当药品也”[①]。故亦有言论指出，此次鼠疫关系中国医学之进步，可以此为起点，“多设医学，考试必严，奏定专章，奖其优异，以内难两经为根底，以泰西各医书为参考。凡所谓人体化学，一切有关于医之新法，删其复杂，撮其精华，不拘成见，务求实效，而限于年岁境遇，不能久住学堂者，则立医药传习所”[②]，但以上观点实际上仍然没有跳脱出“和魂洋才”的思维模式。

连载的日本家庭卫生丛书，采取问答的方式，解答了民众较为关心的六个问题，“第一问，鼠疫者何病耶？第二问，此百斯笃菌何由入人体乎？第三问，治愈者有几人哉？第四问，或以为未必可怕，然欤，否欤？第五问，何故须驱逐鼠类，注意死鼠哉？第六问，各个人应注意者何事乎？”[③]。此外，还有汪翔、陆继周、海清、彭光祐、谢荫昌等人译著的文章，均冠以“满洲鼠疫谈”“百斯笃预防法”等主题先后发表[④]，因与前面介绍过的文章内容大同

---

① 《博士第二次答》,《盛京时报》，1911年2月25日，第3版。

② 《鼠疫关系医学之进步》,《盛京时报》，1911年2月26日，第2版。

③ 《鼠疫之话》,《盛京时报》，1911年2月18日，第3版。《鼠疫之话（续）》,《盛京时报》，1911年2月19日，第3版。

④ 《满洲鼠疫谈》,《盛京时报》，1911年3月12日，第3版。《满洲鼠疫谈（续）》,《盛京时报》，1911年3月14日，第3版。《满洲鼠疫谈（再续）》,《盛京时报》，1911年3月15日，第3版。《百斯笃预防法》,《盛京时报》，1911年3月24日，第3版。《百斯笃预防法（续）》，1911年3月25日，第3版。《百斯笃预防法（再续）》,《盛京时报》，1911年3月26日，第3版。《百斯笃预防法（续三）》,《盛京时报》，1911年3月28日，第3版。《百斯笃预防法（续四）》,《盛京时报》，1911年3月29日，第3版。

小异，故此处不再赘述。

虽然以上文章尽可能贴近日常生活，将与预防鼠疫有关的知识向官民进行灌输，但相比较而言，诗歌、漫画等体裁更为直观。例如汪翔所作的《百斯笃唱歌》，颇为朗朗上口，通俗有趣。

> 城头岛，哑哑唬，新雏寒又饥。东邻媪，重涕欷，感慨有余悲。借问何所悲，夫死子复随。昨宵吾夫患疫死，今朝吾儿又死之。嗟乎！我闻此疫远在二千年，云南印度称中坚。东西通，欧亚连，十三世纪末，全欧遂蔓延。道馑遥相望，城市余荒烟。白人奔北骇如电，至今谈虎犹色变。天祸中国毒吾民，满洲今又见。
>
> 东西医，多如鲫，掩面救不得，大吏焦劳政府骇。防卫无遗力，行旅有戒心。山川阻且隔，洪水之患有时已。猛兽逼人容避徙，咄兹百斯笃，荼毒吾民安所底！百年朝暮同流水，初不慎，后将悔。惟视防疫如临敌，庶几此患其有豸。毋惊市有虎，须防室有鼠。誓扫腥风靖毒舞，天清地谧民安堵。不教余孽尚潜留，污吾干净土。[①]

虽然省略了曲谱，但写作用韵较为讲究，故给人印象深刻，易于记忆。该歌曲副歌部分主要是讲述百斯笃的源流，高潮部分讲述了百斯笃造成的人力、财产损失，犹如洪水猛兽，收尾处告诫人民要防室内的老鼠，表达了希望早日能够扫除瘟疫，从而民生安乐无

① 《满洲鼠疫谈（再续）》，《盛京时报》，1911年3月15日，第3版。

忧。想必此歌曲在鼠疫流行期间，应当是传唱较广的一首“抗疫进行曲”。

还有一篇韵文《防疫歌》，也较为生动有趣，限于篇幅仅列若干句如下，“天定胜人人胜天，天人一气相通联。食息当有节，服用尤须洁。广庭时步行，空气宜鲜新。满腔春意盎然足，和风甘雨弥胸衿。造物与人何怨毒，祸福皆由人自作。人言水火刀兵酷，我谓不如百斯笃”[1]。

更有人将老鼠作为讨伐的对象，写成《讨鼠檄》一文：

> 盖闻造物无心成化而自生，凡物有害于人则当杀。是以周官所载持枉矢，以骗妖鸟，扬鞠灰而去害虫，皆所以保卫民生，前除疫疠，法良意美，洵可师也。今尔鼠子辈，昼惟潜穴，夜则逃梁，或居庙社而威假城狐，益盗仓廪而贪如檐雀，于人何益？徒知窃取资粮，谓尔无能，偏亦善工搬运，与猫共乳，妄夸瑞应，于唐时偕鸟同居。偶采异闻于边徼，尤可畏者，狎亲毒物晦昧，惟鬼蜮为邻，潜蓄除谋，残忍与虺蛇同性，乃至酿成恶疾，贻祸群生，数尔愆尤，难逃峻法。等驱除于伯益，夫焚效断劾于张汤，严加以磔，痛歼丑类，完吾干净之区，永免灾氛，共享清平之福，檄到急急如律令。[2]

该檄主要列举老鼠窃取粮食、与毒物为邻、传播恶疾等罪状，祈求伯益、张汤显灵，消灭此等鼠族，消灾以享清平之福。

---

① 《满洲鼠疫谈（续三）》，《盛京时报》，1911年3月16日，第3版。
② 《百斯笃预防法（续四）》，《盛京时报》，1911年3月29日，第3版。

另有一首转录自《大公报》的《鼠疫行》，古风古韵十足，有利于向那些自幼接受传统教育的知识分子普及预防鼠疫的智识，原文过长，仅引部分，“此疫来无端，朝发夕即毙。儿曹噤不啼，女婴杆止谇。和缓皆束手，中外尽屏气。天意非所知，且与论人事。欧西自治严，生命能自卫。术沐夜具汤，洒扫晨拥帚。起居必以时，涤汤少瑕秽。窗明室爽垲，深得养生趣。畏疫甚于贼，预防立专制。沾染到儿女，未死已置槽……”[1]。

图3.3　百斯笃之来袭

此外，还有一些反映宣统鼠疫题材的漫画，虽然难免有夸张之嫌，但也能折射出时人对鼠疫的认识和态度。

如图3.3，给人呈现的情景颇为惨烈，画中已经有二人倒毙，老鼠在他们身旁上蹿下跳，一男一女用力扑身边的“虫子”，另有一名女子跪在地上挣扎。画面中外形像“长着一双翅膀的蝌蚪”的虫子喻指鼠疫杆菌，老鼠与虫子同时出现，表明老鼠是鼠疫杆菌的主要携带者，画中染疫之人与疫毙之人表情均极其痛苦，反映出当时鼠疫危害很大，鼠疫杆菌毒力非常强，对时人而言是一场噩梦。

---

① 《百斯笃预防法（续四）》，《盛京时报》，1911年3月29日，第3版。

图3.4　压迫

图3.5　友谊

在图3.4中，一位头戴毡帽，身穿军大衣，腰间系着一把军刀的俄国士兵，面目狰狞，双手用力往下按压一个身材羸弱的日本人。画面中受压迫的日本人表情痛苦无比，竭尽全力地用双手和双脚抵抗着来自上方的压力。查阅史料便知，此年鼠疫最早发现于满洲里、傅家甸等地方，而这些地方属于俄国东清铁路公司势力范围。疫情发生以后，俄国人为了防控疫情，保护俄人生命安全，派遣军队，“用兵力禁止中国人之入租界地内”[①]，又将所有在北满洲发生疫情之地的中国苦工[②]，“由该铁路免费搭运，俟抵俄站宽城子后，一律遣散”。被驱赶的苦工中必然混杂着染疫患者，故此举非但不

---

① 《东清铁路公司之防疫举动》，1910年11月30日，第5版。

② 此处关于“苦工”概念的界定，笔者暂引杜丽红的观点，概指清末出关赴东北各地及俄国境内，依靠出卖劳动力挣取工资为生的人，属流动人口。官方电文称之为“苦工”或“小工”，报纸上多称之为“苦力”。转引自杜丽红：《清末东北鼠疫防控与交通遮断》，《历史研究》，2014年第2期，第74页。

能遏制疫情，反而加快了鼠疫向整个东北地区的扩散，这种以邻为壑的做法，激起了日本驻长春领事松原的警觉，他随即质问俄国驻长领事，俄国领事则否认有遣散苦力之举[①]。终于鼠疫在整个东北蔓延，并且一度扩散到直隶、山东两省。

在图3.5中，一位身穿礼服的外国女子，一位身着顶戴花翎的清国官员，还有一位头戴瓜皮帽，身穿长袍的绅士。三人站在一起，象征着中外协同防疫。盖因在鼠疫尚未完全扑灭之时，东三省总督锡良曾“奏请设立防疫研究会，并知照各国医员来奉研究传疫之原由”[②]，即著名的“奉天万国鼠疫防疫研究会”。

图3.6　捕鼠

① 《俄员防疫南下之举动》，《盛京时报》，1910年12月1日，第5版。
② 《施肇基来东之原因》，《盛京时报》，1911年3月17日，第5版。

说明：（一）捕鼠捕鼠防疫之紧急命令也；（二）奸商曰鼠价顷已涨至二角，我且搜集而饲养；（三）收买处吏员意欲中饱，为言鼠价已落不值二角矣；（四）奸商无□，乃手挈若干鼠只另觅受主，向他处出售。

漫画图3.6反映的是宣统鼠疫期间较为常见的捕鼠、卖鼠现象。营口警务总局最早发布告示，呼吁民众捕鼠，“尔等如有捉获鼠只，送至防疫院，大者每只给洋五分，小者每只给洋二分，由院掣给收据，即来本局领价”[①]。后来奉天警务局在拟定的巡警各分区办理防疫规则中，第十六条明确规定，“鼠为传疫媒介，现既悬赏购鼠。各区宜置备收鼠器二具，一容活鼠（铁丝织成），一容毙鼠（木铁筒皆可，须有盖，覆内贮防药剂），运送防疫病院核办”[②]，“如有捉得老鼠一只者，给洋五钱，现闻各警局已收买甚夥矣”[③]。而漫画中讽刺的是不顾防疫大局的奸商和贪官污吏。政府为防疫起见，颁布收购老鼠的命令，奸商则趁机搜集饲养老鼠，企图抬高收购价格。而收购老鼠的官吏意图中饱私囊，刻意压低收购价格，奸商则唯利是图，于是另谋买家。这幅漫画能够刊登在《盛京时报》上，说明当时这种现象应该是较为普遍的，这也是造成此次防疫用款甚巨的原因之一。同时期，除了主张人为捕鼠外，还有人借1908年到日本讲学的科赫之口，提出利用“自然界的生物交互之关系”，养猫灭鼠[④]。

如果说在1894年的香港鼠疫中，仅仅通过报刊报道，人们还

---

① 《预防鼠疫之告示》，《盛京时报》，1910年11月26日，第5版。
② 《奉天警务局拟订通饬巡警各分区办理防疫规则》，《盛京时报》，1911年1月11日，第5版。
③ 《示谕收买老鼠》，《盛京时报》，1911年1月20日，第5版。
④ 王伟译述：《誉霍氏之百斯笃病预防的意见》，《医药学报》，1911年第3卷第8期，第63–66页。

难以理解腺鼠疫杆菌导致鼠疫的话，那么在宣统年间的肺鼠疫防治过程中，政府、社会、医学界人士等多重力量开始介入，《盛京时报》不仅对疫情进行了大篇幅报道，刊布了大量关于鼠疫、细菌学说的文章，还出现了一些反映宣统鼠疫题材的漫画，虽难免夸张之嫌，但在一定程度上能折射出时人对鼠疫，乃至对细菌学说的认知程度。正如伍连德[①]事后的评论所言，“1911年满洲鼠疫给清政府的官员和人民一个严重教训，也有助于提高西医防治疫病方法的威信，此后，所有关于军事管制和建立传染病隔离医院的做法颇受重视”[②]。

（二）帝国场域：奉天万国鼠疫研究会议中的细菌学试验

当鼠疫尚未结束之时，清政府就准备召开一次国际鼠疫会议，“研究一切，以资将来之防卫，兼促医界之进步”[③]。1911年4月3日–28日，“万国鼠疫研究会”在奉天（今沈阳）召开，来自美、奥匈、法、德、英、日、墨、荷、俄、中等国家的45名代表和7名秘书人员参加了此次盛会。清政府委派施肇基为特使出席会议，并任命在哈尔滨主持防疫工作的伍连德医生为会议主席。会议期间，共举行了24次会议（1次代表特别会议和23次学术讨论会议），针对此次肺鼠疫需要讨论的问题进行了全面细致的研究，气氛热烈，并最后就若干问题形成决议，以会议的名义形成了给中国政府的临时报告。

---

① 伍连德（1879年3月10日–1960年1月21日），字星联，祖籍广东台山，出生于马来西亚槟榔屿，中国医学家、检疫与防疫事业的先驱，文学学士，文科硕士，剑桥大学医学博士，东北鼠疫期间在哈尔滨主持防疫工作，为中国的现代医学建设与医学教育、公共卫生和传染病学作出了开创性的贡献。

② Wu Lien-teh. “The National Medical Association of China”, *The China Medical Journal*, Vol.XXIX. No.6, November, 1915, p.406.

③ 《万国鼠疫研究会纪事》，《盛京时报》，1911年4月4日，第5版。

在1911年4月3日的开幕式上，清政府特使施肇基用英文发表了欢迎词，特地转达了清政府举办会议的意图，列举了12个与鼠疫相关的问题。其中第3个问题即直接涉及细菌学说和病理学："其产生疫气之虫所含毒力是否较核疫虫之毒力为大？以显微镜观之，虫之形类相同，以疫虫学理验之，亦无少异，而何以在满洲则成肺瘟、血瘟，在印度等处则成核瘟，而鲜成肺瘟者？"[①] 若将该句翻译成现代白话文，即"与导致腺鼠疫的细菌相比，引起肺鼠疫的细菌有更大的毒性吗？换句话说，就我们所知，为什么同样一种细菌，具有同样的显微表示，同样的细菌检查结果，在这里会引起肺炎和败血型鼠疫，而在印度和其他地区则只导致腹股沟腺炎型鼠疫，肺炎型的病例只是偶尔出现呢"[②]。当天下午各国代表在议定鼠疫研究会议事章程时，很明显是体现了清政府的诉求，"议决研究办法分为三部：第一部为研究病菌、病理及解剖等项，系研究鼠疫之主要部分；第二部为研究医治法；第三部为研究时疫历史"[③]，将鼠疫的病菌、病理及解剖等项目作为研究的首要内容。而这一点在当时报刊的报道和后来出版的报告中得到证实。

学术会议结束后，受大会委托，由斯特朗、马蒂尼、皮特里、斯坦利等医生组成的编辑委员会继续工作，并于1911年10月完成了国际鼠疫会议报告的编辑出版任务。整个报告分三大部分：第一部分提供这次鼠疫的证据。这部分文字最多，分量最重，包括18次会

① 《万国鼠疫研究会开会施丞堂演词（昨续）》，《盛京时报》，1911年4月6日，第2版。

② 国际会议编辑委员会编，张士尊译：《奉天国际鼠疫会议报告》，北京：中央编译出版社，2010年版，第7页。

③ 《续纪万国鼠疫研究会规定进行办法》，《盛京时报》，1911年4月5日，第5版。

议的报告和讨论记录，是这本报告的主体部分。第二部分共有6次会议记录。除了闭幕式外，均为临时报告的讨论记录。第三部分是对此次鼠疫的总结。由于清政府特别强调保留会议记录的细节，故编辑工作做得非常详细。会议原定分为五个部分进行讨论，即流行病学、临床数据、细菌学和病理学、抗击鼠疫过程中所采取的措施、鼠疫对贸易的影响等，但在实际会议进程中，由于种种原因，报告、讨论、编辑等各环节都没有按照这个顺序进行，五个方面的内容相互交错。笔者翻阅《奉天国际鼠疫会议报告》[①]后发现，细菌学和病理学实际上占据了一半以上的篇幅，透过此报告，或可检视当时细菌学的进步与发展。

从4月6日第三次会议之后，关于细菌学和病理学的讨论就一直没有停止过。会议议程安排表如下：

表3.3　奉天国际鼠疫大会会议议程表

会议日期	会议名称	会议议程（仅摘录与细菌、病理有关的议程）
4月6日上午	第三次会议	C.细菌学和病理学 1.在这次鼠疫流行期间分离出来的鼠疫菌株的变化特点。 a.培养试验。 b.凝集试验。 c.毒素。 d.毒性。 e.对动物的致病性。 f.鼠疫菌在无生命物体上的活力。 g.鼠疫暴露在不同环境中的抵抗能力。

① 本书是张士尊根据1911年10月马尼拉英文版译出，由中央编译出版社2010年1月出版。

续表1

会议日期	会议名称	会议议程（仅摘录与细菌、病理有关的议程）
4月7日下午	第五次会议	C.细菌学和病理学 1.在这次鼠疫流行期间分离出来的鼠疫菌株的变化特点。 a.培养试验。 b.凝集试验。 c.毒素。 d.毒性。 e.对动物的致病性。
4月10日上午	第六次会议	C.细菌学和病理学 f.鼠疫菌在无生命物体上的活力。 g.鼠疫菌暴露在不同环境中的抵抗能力。 2.鼠疫患者的传染。 a.排泄物的传染。 b.空气的传染。 c.跳蚤和其他寄生虫的传染。 d.尸体的传染。
4月11日上午	第七次会议	C.细菌学和病理学 3.肺鼠疫的细菌学诊断。 a.痰液检查。 b.血液检查。 c.肺穿刺。 d.脾穿刺。 4.免疫力。 a.预防接种。 b.血清治疗。
4月12日	第八次会议	C.细菌学和病理学 4.免疫力。 a.预防接种。 b.血清治疗。 5.有关肺鼠疫传染方式的病理解剖学。

续表2

会议日期	会议名称	会议议程（仅摘录与细菌、病理有关的议程）
4月13日	第九次会议	第一部分： C.细菌学和病理学 5.有关肺鼠疫传染方式的病理解剖学。
4月14日	第十次会议	第一部分： B.临床数据 1.治疗：免疫血清、疫苗、化学药物疗法。
4月18日	第十二次会议	D.抗击鼠疫所采取的措施 1.使用疫苗和免疫血清进行预防接种 d.使用从不同来源获得的疫苗和血清所产生的局部和全身反应。
4月19日	第十四次会议	D.抗击鼠疫所采取的措施 1.使用疫苗和血清进行预防接种。 a.关于抗肺鼠疫疫苗所起的保护作用的证据。 b.关于随着疫苗接种而马上出现传染的过敏性证据，即阴性期。 c.从“老鼠”菌株、“人类腺鼠疫”菌株和“肺鼠疫”菌株中培养出疫苗的免疫性比较。 d.使用从不同来源获得的疫苗和血清所产生的局部和全身的反应。 e.作为一种预防措施，抗鼠疫血清单独接种，或与疫苗一起接种的作用。 2.在疫区城镇和农村控制鼠疫传播所采取的措施。 G.消毒措施 （2）各种消毒剂（石灰水、石碳酸、氯化汞、硫黄熏蒸和福尔马林）的效果；各种消毒方法的比较，为应付鼠疫流行期间恶劣的气候环境使消毒工作所遇到的困难所需要的特殊方法。

续表3

会议日期	会议名称	会议议程（仅摘录与细菌、病理有关的议程）
4月21日	第十七次会议	一、关于抗击肺鼠疫预防接种问题的决议。 二、对疫苗接种后出现的阴性期问题的讨论。
4月26日下午	第二十一次会议	二、讨论和采纳关于D部分第2个问题“g”项决议，即“消毒措施”。

资料来源：本表根据国际会议编辑委员会编，张士尊译：《奉天国际鼠疫会议报告》，北京：中央编译出版社，2010年，第46、81、93、115、141、171、213、277、335、390、438页。

笔者将所有会议议程进行量化分析后发现，其中直接和间接关涉细菌学和病理学的会议达11次，占所有会议内容的45.8%，而鼠疫菌的培养、凝集、毒素、毒力、致病性、痰液与血液检查、血清治疗与疫苗接种成为关注的重点。

在第三次会议上，由俄国的扎博罗特尼[①]发表题为《在这次鼠疫流行期间分离出来的病菌株的特点》[②]一文，他发现从腺鼠疫病例中分离出来的菌株肉汤培养基是浑浊的，但哈尔滨肺鼠疫菌株肉汤培养基却相当清澈，杆菌落到培养基底下。当把肺鼠疫菌株用于几内亚猪中，发现很快出现了败血症，而不是典型的腹股沟腺炎，故而得出结论认为此次肺鼠疫具有从肺炎开始，以败血症结束的重要特征。

---

① 扎博罗特尼（Zabolotny）：圣彼得堡医学研究所细菌学说教授，圣彼得堡帝国试验医学研究所梅毒试验室主任，中国鼠疫俄国调查委员会主任。

② 国际会议编辑委员会编，张士尊译：《奉天国际鼠疫会议报告》，北京：中央编译出版社，2010年版，第48-52页。

接着，柴山[①]医生发表《关于肺鼠疫杆菌的细菌学说研究》[②]一文，实则是一篇实验报告，该实验以哈尔滨、长春、奉天、大连等地的肺鼠疫菌株，以及从狗、驴提取物中所培养出的菌株为主，认为没有必要对菌株做形态学和培养学特性方面的分析，而应该着重对毒性、抗性、血清预防与治疗进行试验。试验结果显示：第一，肺鼠疫的毒性与毒效之间没有联系，有毒性和没毒性鼠疫培养物的毒效之间没有区别；1.0%的升汞溶液、1.0%的碳酸溶液、1.0%的来苏尔溶液都能在10分钟以内杀死肺鼠疫菌株，而蒸馏水则不能；第二，在60℃以下的水温环境下，不能杀灭肺鼠疫菌株，反之，60℃以上的热水则能；第三，阳光能杀死痰液中的肺鼠疫菌，但具体时长要根据具体情况而定；第四，注射免疫血清并不是百分百的治愈率，不太稳定；第五，肺鼠疫感染者在用力咳嗽的情况下，能够喷射鼠疫菌到1.09728米的距离，由于肺鼠疫可以通过飞沫传播，故其对周围健康者而言极度危险。以上观点成为此次会议讨论的热点，盖里奥蒂[③]医生评价其文，“最有意义和最具有启发性”[④]。

随后，德国的马蒂尼[⑤]医生宣读了《凝集试验》[⑥]一文，他认为只有使用一种专有的、高标准的鼠疫血清进行凝集试验，才能逐个

① 柴山（Shibayama）：教授，东京帝国传染病研究所住院部主任。需要特别指出，此处柴山与北里柴三郎并非同一人，文中简称“北里”“柴三”者皆指北里柴三郎。

② 国际会议编辑委员会编，张士尊译：《奉天国际鼠疫会议报告》，北京：中央编译出版社，2010年版，第52–59页。

③ 吉诺·盖里奥蒂（Gino Galeotti）：意大利那不勒斯皇家大学试验病理学教授。

④ 国际会议编辑委员会编，张士尊译：《奉天国际鼠疫会议报告》，北京：中央编译出版社，2010年版，第59页。

⑤ 埃里茨·马蒂尼（Erich Martini），德帝国海军军医（隶属于内务部）。

⑥ 国际会议编辑委员会编，张士尊译：《奉天国际鼠疫会议报告》，北京：中央编译出版社，2010年版，第60页。

对鼠疫菌做出正确的诊断。会议最后围绕鼠疫菌的毒素和毒性问题展开了讨论，盖里奥蒂医生在《毒素的产生》[①]一文中指出，从化学的观点来看，鼠疫毒素是一种蛋白质，但不同于在一般动物体内发现的蛋白质，这种蛋白质具有蛋白质物质的所有反应，如果用一种强酸把其分离，它们会恢复到咖啡碱和蛋白胨，不再具有毒性。来自美国的斯特朗[②]医生则在《毒性》[③]一文中，在肯定扎博罗特尼和柴山教授观点的基础上，认为致病菌毒性非常大，但他也指出肺鼠疫菌传染过程之剧烈，造成的死亡率之高，可能与其侵入的渠道和最初传染的人体部位有关。

在第四次会议上，已有许多代表要求在开始讨论流行病学部分之前，应该继续细菌学方面的研究[④]，因此第五次会议实则是一场关于细菌学和病理学的专题讨论。此次会议就之前三次会议上争论较多部分，如培养试验、凝集试验、毒素、毒性和致病性等问题进一步研讨。关于肺鼠疫菌的肉汤培养基中的黏液多少问题，柴山教授认为，黏液量的多少与培养液碱性程度有关系，碱性越大，产生的黏液越少[⑤]。关于毒素问题，斯特朗医生赞同盖里奥蒂医生的观点，认为鼠疫毒素是一种内毒素，而不属可溶性毒素，其隐藏在细

① 国际会议编辑委员会编，张士尊译：《奉天国际鼠疫会议报告》，北京：中央编译出版社，2010年版，第60–62页。
② R.P. 斯特朗（Strong），哲学学士，医学博士，美国医生，马尼拉科学署生物试验室主任，热带疾病学教授。
③ 国际会议编辑委员会编，张士尊译：《奉天国际鼠疫会议报告》，北京：中央编译出版社，2010年版，第64–67页。
④ 国际会议编辑委员会编，张士尊译：《奉天国际鼠疫会议报告》，北京：中央编译出版社，2010年版，第80页。
⑤ 国际会议编辑委员会编，张士尊译：《奉天国际鼠疫会议报告》，北京：中央编译出版社，2010年版，第83页。

菌体内，在肉汤中靠质壁分离和胞质逸出进行释放[①]。会议最后，阿斯普兰[②]医生认为，弄清鼠疫菌毒性的变化和潜伏期延长的临床数据之间的关系，将非常有意义。而围绕潜伏期的天数问题，法勒医生[③]、希尔医生[④]、斯特朗医生、阿斯普兰医生、伍连德医生、扎博罗特尼教授、柴山教授等代表进行了激烈争论，他们未能就潜伏期天数问题达成一致。

如果说前几次会议是针对肺鼠疫菌本身而言，那么第六次会议以后就主要是对鼠疫菌的传染源、发病机理以及传播途径问题进行探究。会议开始后，布罗奎特医生[⑤]以《为了确诊而保存感染鼠疫者器官的方法》[⑥]为题，向各位代表分享了在热带地区如何保存和运输感染鼠疫者器官的方法，其中对甘油溶液的巧妙使用是关键所在。接着，斯特朗医生宣读了题为《呼吸传染》[⑦]的报告，通过做"盘子试验"，进而得出以下两点结论：第一，在初期的肺鼠疫患者的正常呼吸和困难呼吸期间，通常不排出鼠疫菌。第二，在这些

---

① 国际会议编辑委员会编，张士尊译：《奉天国际鼠疫会议报告》，北京：中央编译出版社，2010年版，第85页。

② W.H. 格雷厄姆·阿斯普兰（Graham Aspland）医生：医学博士，英国皇家外科医师学会会员，北京协和医学院和北京大学教授，北京英国圣公会医院医疗主管。

③ 雷金纳德·法勒（Reginald Farrar）医生：医学博士，哲学博士，伦敦地方委员会巡视员。

④ R.A.P. 希尔（Hill）医生：剑桥大学医学学士，伦敦大学公共卫生学博士，北京协和医学院讲师。

⑤ C. 布罗奎特（Broquet）医生：法国陆军外科医生（陆军上尉），前印度支那巴斯德研究所主任助理。

⑥ 国际会议编辑委员会编，张士尊译：《奉天国际鼠疫会议报告》，北京：中央编译出版社，2010年版，第96–101页。

⑦ 国际会议编辑委员会编，张士尊译：《奉天国际鼠疫会议报告》，北京：中央编译出版社，2010年版，第101–105页。

患者咳嗽期间，即使没有肉眼可见的痰液排出，大量的鼠疫菌也可以广泛地散布在患者周围的空气里。最后，扎博罗特尼简要发表了《尸体传染》[①]的研究报告，他从尸体中分离出了活鼠疫菌，事实表明鼠疫菌能够在土壤中生存，老鼠、土拨鼠和掘地小栗鼠能够被鼠疫菌传染，又能够传染人，最终导致鼠疫的暴发。在最后的讨论环节中，各位代表各执一词，围绕鼠疫器官保存、呼吸传染、跳蚤传染、死尸传染展开了激烈的讨论。最终，大家普遍赞同患者应该戴上头罩，另外也赞同由于缺乏试验证明和临床数据，故不能确定跳蚤和其他寄生虫是否在鼠疫传染过程中扮演重要的角色。

第七次会议主要讨论有关细菌学试验的第三部分和第四部分论文，共提交了6篇论文。前两篇主要围绕肺鼠疫细菌诊断中的体液检查问题展开，扎博罗特尼赞同柴山提出的痰液检查法，但在感染早期使用该方法很难做出正确诊断，扎博罗特尼认为该方法存在明显缺陷，他认为最令人满意的方法是将痰液和血液检查法结合起来[②]。此次会议的重点内容是关于疫苗预防接种和血清疗法的讨论，而疫苗接种问题，其实就是接种效果问题，斯特朗、盖里奥蒂、方擎分别公布了自己用死培养菌接种患者的结果，其中以方擎的最为详细，如下表[③]：

---

① 国际会议编辑委员会编，张士尊译：《奉天国际鼠疫会议报告》，北京：中央编译出版社，2010年版，第105页。

② 国际会议编辑委员会编，张士尊译：《奉天国际鼠疫会议报告》，北京：中央编译出版社，2010年版，第116–117页。

③ 1名医生在接种18天后死亡，1名学生在接种8天后死亡，1名士兵在接种10天后死亡，1名苦力在接种32天后死亡。

表3.4　傅家甸死培养菌预防接种效果统计表

职业	接种次数			总数
	3次	2次	1次	
医生	10	7	1	18
学生	5	16	8	29
官员	1	4	2	7
商人			12	12
警察			30	30
士兵			308	308
雇员		3	21	24
苦力			11	11
总计	16	30	393	439
接种后死亡	0	0	4	注

注：1名医生在接种18天后死亡；1名学生在接种8天后死亡；1名士兵在接种10天后死亡；1名苦力在接种32天后死亡。

资料来源：国际会议编辑委员会编，张士尊译：《奉天国际鼠疫会议报告》，北京：中央编译出版社，2010年，第122页。

这次接种人员的总数为439人，每人接种1到3次不等，主要使用了哈夫金疫苗、耶尔森疫苗两种疫苗，从接种结果来看，死亡率还是比较低的。随后，扎博罗特尼、哈夫金、马蒂尼等人围绕血清疗法展开了讨论，扎博罗特尼认为如果要使鼠疫血清疗法有效，必须在潜伏期对患者和接触者进行注射，而且必须进行大剂量的静脉和皮下注射。在实际感染鼠疫之后，注射鼠疫血清有时会起到延长生命的作用。哈夫金用他在哈尔滨的经验告诉人们，注射血清可以作为一种预防手段，在某种程度上能够阻止鼠疫的传染，但时间很短，不超过24天，而且注射量不能少于150毫升。马蒂尼根据在动物身上的试验结果，也得出了类似的结论。柴山从现实情况出发，按照此种方法，要求每天提供1万个剂量的血清，但是东北当局无力负担。总体而言，血清疗法对于防遏鼠疫的作用得到了大多数医生的一致赞同。

第八次会议是接续第七次会议，主要讨论预防接种与血清治疗问题。首先，盖里奥蒂报告了在印度孟买进行血清治疗的情况，他认为血清对于腺鼠疫有治疗作用，而且使用得越早越好，但对于肺鼠疫患者而言没有治疗作用。进而布罗奎特提出关键问题，即目前所有使用的疫苗都是为了预防腺鼠疫，是否有必要为治疗肺鼠疫而改进[①]。显然，就抗击此次肺鼠疫而言，疫苗没有发挥明确的作用，接种疫苗的人常常得不到应有的保护。最后会议主席伍连德做出决议，为了结束这部分的讨论，成立一个委员会，委员由每个代表团提名本团的一名代表组成。委员有蒂格（美国）、沃雷尔（奥匈帝国）、布罗奎特（法国）、马蒂尼（德国）、法勒（英国）、盖里奥蒂（意大利）、柴山（日本）、赫休尔斯（瑞士）、扎博罗特尼（俄国）、伍连德（中国），等等。此后的会议主要是关于病理解剖学中的肺鼠疫问题，限于能力，暂不讨论。

最后需要说明的是，此次国际会议在奉天召开与列强在华竞逐有莫大关系。表面上是透过此次鼠疫研究细菌学的科学之举，实际上是日、俄等国在华尤其是东北地区争夺话语权的重要表现。时人观感亦如此，“奉天各国鼠疫会议出于垂涎满洲之日本之运动，始知诸医学博士此次对于奉天之鼠疫会议热心讨论，其方针皆将以藉口

① 国际会议编辑委员会编，张士尊译：《奉天国际鼠疫会议报告》，北京：中央编译出版社，2010年版，第145页。

干涉满洲内地”[①]。直指北里、河西等来华日籍专家协助抗疫，参与此次国际会议，并非纯粹的人道主义和科学主义，而是带有强烈的民族主义和帝国主义色彩。

三、小　结

清末十年，细菌学说在中国的传播呈现出社会各界人士争相译介的社会文化现象。此一时期，细菌学说译名尚未统一，“霉菌”“微菌”“微生物”“细菌”“微生虫”“䅿”等概念争相竞逐。“䅿”字的发明可视为医学传教士与中文世界的主动调适之举，而国人对“䅿”字亦有短暂容受，但最终不敌和制汉语“细菌”。“䅿”的创制与消失，恰恰证明了古代虫、气、疫、菌、毒等内联互生概念具有顽强的生命力，在西潮东学的多重浸润下，并未丧失其底色，反而融会贯通，表现为对“细菌”概念的逐渐接受。

1910–1911年的东北鼠疫仿佛预示着清王朝即将寿终正寝，夺走了大批民众的性命，并引起国际关注。在清政府的邀请下，各国纷纷派遣优秀的医学专家前往东北，或参与防治，或调查病源，这其中即有曾经在1894年香港鼠疫防治过程中发现鼠疫杆菌的北里柴三郎，从这个意义上来说，东北便成为国际医学专家的实验场。通过各种试验，人们最终发现引发东北鼠疫的病原体是一种与腺鼠疫杆菌迥然不同的肺鼠疫杆菌，这种细菌可以通过空气、动物、人等途径传播。

如果说1894年腺鼠疫杆菌的发现是人类首次吹响了科学的号角

① 何焕奎：《论说：论各国对于奉天鼠疫会议之隐情及其政策》，《医药学报》，1911年第3卷第8期，第7–11页。

向瘟疫宣战的话，那么宣统鼠疫期间经过各国医学专家的共同努力，肺鼠疫杆菌的发现则是细菌学说在东北这个特殊场域，得到各国专家认可的重要成就，这对于细菌学说本身而言，是其走向全球化的重要一步，从这个意义上来说，东北鼠疫的防治与肺鼠疫杆菌的发现均是具有世界意义的事件。瘟疫除了带给普通民众死亡的恐惧感之外，还带动了最新医学知识的传播和推广，东北鼠疫期间，精英知识分子通过政府公告、卫生书籍、新闻报刊等媒介，以演说、社论、竹枝词、檄文、古诗、漫画等形式，将细菌学说、卫生学知识混杂在一起传递给普罗大众，此亦构成晚清民初下层社会启蒙运动的重要一页。

第四章
民初细菌学说的多样化与晋绥鼠疫期间的防疫面相

辛亥革命后，西医得到中华民国政府的正式承认，这对细菌学说的进一步引介和发展有重要影响，如在“剪辫令”中除了从华夏冠裳的角度言说外，还特别提到辫子容易滋生细菌，“矧兹缕缕，易萃霉菌，足滋疾疠之媒，殊为伤生之具”[①]。袁世凯病死之后，中国陷入军阀割据混战的局面，这对公共卫生事业产生了巨大冲击。思想上，各种思潮迭起，社会主义、民族主义、自由主义思潮日趋高涨，成为这一时期最为显著的特征。历史上大动乱时代，往往是新旧思想激烈交锋的时代，也是思想、文化、科学、技术交流融创的时期。较之清末，民初西学大量进入中国，细菌学说译介种类日益多元化，细菌学名词亦渐趋统一，细菌学说的学科边界逐渐浮现，并同时也构成物理、化学、生物、农学、医学等学科的基础知识来源之一。

① 《令示：大总统令内务部晓示人民一律剪辫文（1912年3月5日）》，《临时政府公报》，1912年第29期，第5页。

一、民初细菌学说的多样化

（一）医药学界对细菌学说的译介

1911年，吴宝森在《说赤痢》一文中，将病因归于三点，“杆状菌”“亚梅拔”“器械之刺戟”，此处“杆状菌”指“志和氏、柯露方氏、富雷起希耐路氏所发见者”[①]。同期刊登的《传染病预防法》一文便已用细菌学知识给传染病下定义：“自显微镜发明以来，医学之进步，一日千里，有驷马不及之势焉。何以故？昔所不能目视之无数细菌（微生物）今皆判定于吾人之目前，故此无数之细菌入于吾人之体内，或则呈一定之病变，或则否焉。前者所谓病源菌，后者所谓非病原菌。病原菌入吾人之体内，发育而呈一定之病变后，更混于大小便、汗液、咯痰等分泌物中排出于体外。他人若接触混有此种细菌之物，即感染而发同一之病变，传染病之名基于是也。”[②]

1912年9月，一位署名陈邦才的作者在《医学世界》上发表专文，讨论霉菌、细菌、微生物三者关系，此时他尚未能将细菌和真菌区分开来，现择录如下：

> 植物界中有细菌焉，散布空气中，寄生于有机体。是物也，至微细至渺小，非肉眼所可见，必藉显微镜之力始得观察

① 吴宝森：《内科学：说赤痢》，《医学新报》，1911年第1期，第32–34页。
② 姚伯廉：《传染病学：传染病预防法》，《医学新报》，1911年第1期，第34–37页。

之也。考细菌一名霉菌，旧译作微生物，寄生于人体及动物，而吸取其养料，为最下等之植物，通体无茎无叶绿素，不能起植物之同化作用，从叶片之气孔吸收空气中之炭酸瓦斯，叶绿粒受日光之助，能分解炭酸而留存炭素，与其根吸收之水分融合而成淀粉，以滋养全体，故细菌一切营养物皆仰给于复杂之有机炭素化合物。其种类有三：一曰丝状菌，形如长丝，多有节缕分歧，谓之霉丝，丝之尖端发育延长成霉种而繁殖，死物菌多，寄生菌少，一般病的作用微弱，其霉种与空气共入而感染，多寄生于病变死亡组织，亦有侵入生活组织内，唤起变性炎症，如皮肤、肠管、口腔、咽头诸部，如有溃疡，该菌即各于其部生白、褐、黑诸色之沉著物。二曰萌芽菌，一名酵母菌，又名发酵菌，为圆形或椭圆形之细胞，其机能使含糖液发酵而生酒精，与发酵分裂菌同，其能为病原菌者，多寄生消化障害者之胃中，或糖尿病者之膀胱中，以上两种细菌其毒害仅及于局所。三曰分裂菌，一名排苦的里亚，由单一细胞而成，有球圆、卵圆、杆棒、螺旋之状。[①]

文末虽有“邦贤不揣谫陋”一语，但不能据此认为陈邦才是陈邦贤，实际上陈邦才是陈邦贤之弟，此一时期二人共同研究细菌学，在《细菌学一夕谈》中陈邦贤有如此交代，“此作系与邦才弟研究细菌学而辑成此篇”[②]。由此可知，《论细菌对于人身疾病之关

① 陈邦才：《来稿：论细菌对于人身疾病之关系》，《医学世界》，1912年第14期，第53–54页。

② 陈邦贤：《学说：细菌学一夕谈》，《中西医学报》，1913年第3卷第10期，第10页。

系》一文虽署名为陈邦才，实则亦有陈邦贤之贡献，故有“邦贤不揣谫陋”之言说。

就文章内容而言，有以下几点值得注意：其一，开篇言明植物界中有细菌，此时尚无植物、动物、微生物三者的明确区分，但言外之意是有了动物与植物的分别，但陈氏却将细菌归于植物界。其二，指明微生物相对于霉菌一词，是细菌的旧译，但两词均出现在清末，可视为当时出现的众多新名词之一，且两者并用的情况较多，所以也就不难理解为何在1903年会出现“若微生物，若霉菌”的含混论述。其三，陈氏把细菌分为三类，即丝状菌、萌芽菌（酵母菌）、分裂菌（排苦的里亚），对于丝状菌和萌芽菌的命名可谓形象生动，反映出作者以“植物学知识”去理解细菌学知识的思路，最后以分裂菌之名将“排苦的里亚”设为细菌三大类之一，进而言及有球圆、卵圆、杆棒、螺旋四种形状，“排苦的里亚”应是bacteria的音译无疑。

然而时隔一年，陈邦贤与陈邦才二人即作《细菌学一夕谈》，此文已不再使用“排苦的里亚”，通篇使用“细菌”“霉菌”“菌”“病原菌”等概念论述，重点讨论细菌的种类、病原菌的传染路径、病原菌的种类、先天免病质与后天免病质、痘苗血清、传染病的潜伏期等内容[①]，较之前作已属相对新颖的内容，表明进入民国以后细菌学知识更新的速度明显加快。

如果说陈邦才、陈邦贤二人是从总体上概论细菌学说的话，那么陈垣则是从“医史”的角度梳理了科赫的成长经历和细菌学成

---

① 陈邦贤：《学说：细菌学一夕谈》，《中西医学报》，1913年第3卷第10期，第1–6页。

就。1912年陈垣在《中西医学报》上发表了《古弗先生》一文，旨在纪念1910年5月27日逝世的科赫，主述科赫的生平在细菌学说上的贡献[①]。需要指出的是，此文原是日本细菌学家志贺博士于1910年发表在《日本医事新闻》第758号上的科赫传记，由陈垣译出，“以飨医界，并志哀感”。在陈垣看来，19世纪以来医学思想发生了剧变，由“心观”的医学转变为“物观”的医学，“从前民族不解人类受生之理，病原之起灭，惟以不可思议之意象括之（如我国之阴阳五行病理说，罗马之星辰运行疾病统制说，印度之一万七千肺管十种病风说等），是时之知识纯主于心观，变此心观的医学为物观的医学者”，“斯时医界有三杰，德之费尔勋，法之巴斯刁，英之里太也。费尔勋氏发见细胞病理，开病理学一生面，巴斯刁氏发见发酵及腐败之原理，开微生物学的知见。里太氏因巴氏之发见，创防腐的手术，开外科学一新纪元。当先生就徵区医时，三氏已赫赫有名于当世”[②]。此文表明，西方细菌学说当时发展谱系为费尔勋、巴斯德、里太、科赫，科赫是细菌学说的重要继创者。

紧随其后是陈垣的另一篇文章，他还专门译出了科赫著述目录以及重要业绩，实际上是科赫的人物大事记[③]，兹列表如下：

表4.1　科赫人物大事记（1876-1907年）

年份	大事记
1876年	论脾脱疽病。

① 陈垣：《传记：古弗先生》，《中西医学报》，1912年第3卷第5期，第1–6页。
② 陈垣：《传记：古弗先生》，《中西医学报》，1912年第3卷第5期，第1–2页。
③ 陈垣：《传记：古弗先生》，《中西医学报》，1912年第3卷第5期，第6–10页。

续表1

年份	大事记
1878年	创伤传染病病原之研究。
1881年	热气消毒之研究。高热蒸气之消毒力试验，再归热血液之猿接种试验。
1882年	论消毒法。论结核（于生理学会演说），反驳巴斯刁氏脾脱疽预防接种之演说。
1883–1884年	研究旅行报告。
1884年	加尔各答之报告（3月4日）。结核病原论。脾脱疽菌及其关于脾脱疽食饵感染试验的研究。
1885年	虎列拉问题会议之讲演。
1886年	关于船舶底部消毒之实验。
1883–1887年	埃及及印度派遣虎列拉探究队调查报告。
1888年	战役传染病预防法。
1890年	细菌学的研究。关于结核治疗剂报。
1891年	人之放线状菌病三例。结核治疗剂研究续报。土培尔克林研究续报。
1893年	1892至1893年间德国流行虎列拉病。反驳旭得六斯氏虎列拉菌显微镜检出之演说。论虎列拉细菌学的诊断法之现今程度。水滤过法与虎列拉病。
1896年	关于人体丹毒接种之观察。论新土培尔克林制剂。葛印巴列之行之牛疫预防试验报告。热带地域之医学的试验。德领东阿非利加探险报告。牛疫腺百斯笃、丑丑及迟尔拉病、得克赊斯热、热带麻拉利亚及黑水热等之探险报告。德领东阿非利加之研究成绩报告。一德领东阿非利加之麻拉利亚。二黑水热。美美尔州内之癞病。

续表2

年份	大事记
1899年	麻拉利亚寄生虫之发达。在意大利之麻拉利亚研究。学术的探险报告。麻拉利亚之作业第一回报告。论黑水热。
1900年	德政府派遣之麻拉利亚研究队报告。麻拉利亚研究队第二回报告。麻拉利亚研究队第三回报告。麻拉利亚研究队第四回报告。麻拉利亚研究队第五回报告。麻拉利亚研究队第六回报告。麻拉利亚研究队报告总括。
1901年	结核菌之凝集反应及其价值。基于各传染病成功的预防法。实验之结核预防法。对于丑丑病之畜牛免疫试验。
1902年	热带莓痘与肯尼亚、印蒲利加答。论牛结核之人体感染。人牛结核论。巴里百斯笃血清之效价检定。
1903年	窒扶斯扑灭策。于南洛豆西亚之畜牛疾病。
1904年	同第一报告。马疫第二报告。南洛豆西亚之畜牛疾病第二报告。阿非利加沿岸热第三报告。论脱里拔诺沙麻病。关于马疫预防接种之研究。
1905年	阿非利加沿岸热第四报告。脱里拔诺沙麻病之研究。对于结核之畜牛免疫。东阿非利加探险旅行成绩预报。
1906年	于东阿非利加睡眠病探究之经过。批洛泼斯麻之发育史。结核预防扑灭现状。论阿非利加再归热。
1907年	睡眠病探险队研究报告。睡眠病探险队研究终末报告。

资料来源：陈垣：《古弗先生之业绩》，《中西医学报》（上海），1912年第3卷第5期，第6–10页。

1912年，有时人开始讨论肉类食物中的细菌问题，“肉类中含有一种毒质，名之曰菌”，此处谈到的菌并非细菌，而是肉眼可见的微生物，“肉类皆有微生机，不必霉菌学佳而后能察知也……搁置时日则其织质中滋生致腐之菌”，该文主张的防免之法有二，或者“畜类宰杀后即食之”，或者“戒食肉类”①。也有人介绍痰液、尿液、粪便中的结核杆菌检查方法②。还有人较为系统地介绍了细菌学的治疗法与预防法，实际内容为免疫法、防腐法、血清治疗法等，“是以细菌学之于医家，为极要之学科也”③。同时期细菌免疫法还被用于治疗淋病，“对于细菌性疾患，其称主动免疫疗法即行淮科钦疗法是也，在昔古弗氏始创资佩尔苦林疗法是为起原，其次浅川博士创淮科钦疗法以治丹毒……免疫学治疗法即淮科钦疗法，其应用于淋毒性疾患者，以1906年美医巴脱那伦氏等为嚆矢”④。

1913年中西医学研究会梳理了推荐医学门径书目，从书目中亦可知道时人关心哪些问题，包括解剖学、生理学、卫生学、药物学、病理学、诊断学、内科学、外科学、处方学、皮肤病学及花柳病学、细菌学、儿科学等门类，其中细菌学只推荐了《免疫一夕谈》一书⑤。这一点恰好反映出没有专门细菌学著作，只好用免疫学来表达的尴尬境地。同年陈邦贤发表了《细菌学一夕谈》，恰好

---

① 毅君：《肉菌之防免法》，《中西医学报》，1912年第14卷第11期，第266–269页。

② 《学说：咯痰中结核菌检查法》，《中西医学报》，1912年第24期，第1–7页。《学说：尿及粪便中结核菌检查法》，《中西医学报》，1912年第24期，第7–8页。

③ 李博文：《丛谈：细菌学的治疗法及预防法》，《中西医学报》，1912年第3卷第3期，第25–26页。

④ 陈锡桓：《学说：淋菌淮科钦疗法》，《中西医学报》，1912年第3卷第5期，第1–8页。

⑤ 晋陵下工：《敬告本会会员研究医学者》，《中西医学报》，1913年第3卷第8期，第1–8页。

弥补了这一不足之处[1]。

1913年在《论十九周医学之进步》一文中[2]，将霉菌学列为十九世纪医学最重要进步之一，由于是译自法文，法国人明显将巴斯德视为更重要的细菌学家，这一点与此前译自德文或者日文的文章风格不同，德日医学群体往往更推崇科赫。

在1913年翻译出版的《病原细菌学》绪言中，丁福保开篇对细菌加以定义，"细菌者，下等之微细植物也。欧美医士之来吾国者，合形声会意之法，特造一字以译之。细菌之对于人类，分利害二种。应用细菌之发酵作用以制造嗜好品及食品者曰工业细菌学，此有利者也。侵入呼吸器、消化器、生殖器等，或散布于血液，为各种传染病之原因者曰病原细菌学，此有害者也。病原细菌学用狭义解释之，其细菌学为分裂细菌学，传染病之病原多数属于此类。此外如丝状菌、分枝菌及芽生菌等为其病原者亦复不少，故细菌学科目为下等菌学，然传染病之病原，其范围已及于原生动物界，故就现时之学术而论，细菌学中大抵列入原生动物编者。"[3]

此书共分五编，第一编为细菌生物学，内分四章，一细菌形态学，二细菌生理学，三细菌病性学，四免疫学，此编皆关于学说者；第二编为细菌检查法，内分八章，一细菌检查法一般，二检查细菌之用具用品及试验药，三灭菌法，四悬滴检查法，五染色检查

① 陈邦贤：《学说：细菌学一夕谈》，《中西医学报》，1913年第3卷第10期，第1–10页。

② （法）威廉欧斯栾：《论十九周医学之进步（录大同报）》，《中西医学报》，1913年第4卷第1期，第1–8页。

③ 丁福保：《论说：病原细菌学绪言》，《中西医学报》，1913年第4卷第4期，第1–6页。

法，六培养试验法，七动物试验法，八免疫法及血清反应检查法，此编皆关于实习者；第三编为病原细菌各论，内分四种，一消化器系病原菌，二呼吸器系病原菌，三皮肤系病原菌，四生殖器系病原菌；第四编为细菌以外之病原微生体，内分四章，一分歧菌属，二芽生菌属，三丝状菌属，四原生动物；第五编为病原不明之传染病，凡欧美细菌大家之学说靡不兼收并采，巨细无遗，材料既富，而选择尤为精当，内附铜图一百余幅，五彩图画十六幅，尤称特色。每部二册，定价三元[①]。

同年稍晚发表的《灭菌法》一文指出，“细菌亦如高等植物，然常残留种子以保存其种族，母体非死灭时，母体每分为二而为子体。在佳良之营养素中细菌决不死灭。然若陷于营养不良则不免死灭。在自然的死灭时，每残留芽孢而破坏其母体。若欲以人力灭菌，则非藉光线、热力或化学的药剂不可。因细菌抵抗力之强弱，而杀菌有难易。”[②]

1911年刊载的《中日医学校章程》明确规定该校正科学习课程中有霉菌学、显微镜用法实验、卫生学等科目[③]。如果说清末教会医学校、中日医学校等设置细菌学课程仍属个别现象的话，那么到了北洋政府时期已开始在部颁学制上加以体现。据1913年颁布的《教育部大学规程》可知，在大学理科植物学门中设有细菌学实验课程，在大学医科药学门下设置细菌学、细菌学实习等课程，在大学农科之下的农学门、农艺化学门、兽医学门均设有细菌学、细菌

---

① 《病原细菌学》，《中西医学报》，1927年第9卷第3期，广告栏。
② 陈昌道：《学说：灭菌法》，《中西医学报》，1913年第4卷第5期，第1–7页。
③ 《专载：中日医学校章程》，《医学新报》，1911年第2期，第63–68页。

学实验等课程[①]。稍晚公布的《实业学校规程》亦规定了农业学校水产学科应开设细菌学课程[②]。1915年颁布的《浙江公立医药专门学校学则》亦有印证，微生物学理论与微生物学实习均属必修科目[③]。

1915年《中西医学报》刊登了《腐肉中毒》一文，与以往不同，此文通篇依据细菌学说解释腐肉致病的原理，“腐肉中毒者，分甲乙二种，甲由于食物腐败之罐头食物而起，乙由于霉菌毒素发生于腐肉中而起”[④]。同时期也开始大量刊登关于肺痨、喉痧、霍乱、痢疾等传染病的细菌学免疫预防方法，也有时人开始介绍细菌学免疫学说，已经较为成熟的划分为先天性免疫与后天免疫，阐述免疫原理，“侵入于人体及动物体内之细菌被白血球捕获消化而死减，先天性免疫动物之白血球自然备此攻击力，后天性免疫动物之白血球，至传染耐过之后始具有此性”[⑤]。尚有一现象同样值得注意，此时丁福保所写部分文章已经不再使用肺痨一词，而是通篇使用结核、结核病、结核菌等词汇，凸显了结核杆菌的细菌学意义，为了方便读者明了，还特别在标题下说明“结核即痨病”[⑥]。差不多到了1926年，肺结核表述明显增多，但仍有痨瘵、肺痨病、肺痨

① 《法令：教育部公布大学规程令》，《教育杂志》，1913年第5卷第1期，第1–19页。

② 《法令：教育部公布实业学校规程令》，《教育杂志》，1913年第5卷第7期，第59–68页。

③ 《浙江公立医药专门学校学则》，《浙江公报》，1915年8月13日第1251册，第4页。

④ 《学说：家庭诊断学（续完）：腐肉中毒》，《中西医学报》，1915年第5卷第11期，第54页。

⑤ 郭云霄：《论说：免疫说》，《中西医学报》，1915年第6卷第1期，第1–5页。

⑥ 丁福保：《论说：结核扑灭法 结核即痨病》，《中西医学报》，1915年第6卷第3期，第1–10页。

病学等旧称[①]。总体上来说，清末民初医界基本处于肺痨、肺痨病、肺结核、结核病等病名混用的状态，但结核杆菌致病原理已经初步形成共识。

在1915年《细菌之常识》一文中，作者分别从形态、大小、组成、运动、繁殖法、胞子、分布、营养料、细菌与势力之关系等方面进行阐述，而此文写作初衷却是，“细菌于疾病之关系于普通教育之理科教材，以及国文教科书等往往语焉不详。今试将细菌之关系于常识者，胪举于下”[②]。

1916年《绍兴医药学报》刊登了一篇“通俗咽喉科学”的文章，在讲到烂喉痧时，一方面用细菌学说解释病因，“此症之原因，由于烂喉痧微菌（东名实扶的里亚杆菌）传染而发”，另一方面却只开列了中药方作为治疗方案，颇有“中西医结合”的特点[③]。

1917年《中华医学杂志》刊登了4篇文章，均以慢性疾病、传染病为研究对象，介绍了细菌学说的新进展。如酵母菌病，又名萌芽菌病，是一种皮肤病，致病菌为肌肤克利泼脱各举司（Cryp tococus dermatitis），又名肌肤勃拉司脱米西司（Blastomyces dermatitis）[④]。又如香港脚病，“经详细检查后皆含有一种菌（译者按：自此以下各单菌字，均专指Pilz非Bakterien之统称），此菌均在

① 丁惠康：《肺结核最新疗法之成功》，《中西医学报》，1927年第9卷第1期，第1–14页。蔡禹门：《小儿结核（痨瘵）之早期诊断》，《中西医学报》，1927年第9卷第1期，第1–7页。

② （日）加藤惠造著，华汝明译：《译丛：细菌之常识》，《江苏公立医学专门学校校友会杂志》，1915年第1期，第47–52页。

③ 张若霞：《通俗咽喉科学（续）》，《绍兴医药学报》，1916年第6卷第4期，第11–16页。

④ 朱增宗：《酿母菌病又名萌芽菌病：附图》，《中华医学杂志（上海）》，1917年第3卷第2期，第16页。

表皮之中，半为生枝之菌线（Mycelfaden mit Verzweigung），半为圆形及卵形，或多角形之菌芽胞（Conidien）凑成之链锁，间或无数菌芽胞堆积一处，然不多见”[①]，pilz的原意是蕈，一种生长在森林里或草地上的菌类植物。又如窒扶斯样绿脓杆菌病，经时人查验病人血、粪、尿中含有此类杆菌[②]。再如脾脱疽病，此时已可以用抗毒血清疗法进行治疗，“随以二十cc马的脾脱疽抗毒血清（由江北俄境化验室所买）行皮下之注射，遂令安息”[③]，此抗毒血清药品是从俄境购得，透露出国内此时尚不具备自制生物制品的能力，此种情形直至1919年中央防疫处成立后才有所改观。

1918年《中华医药学会会报》上刊载了三篇细菌学论著，第一篇是关于北京饮用水细菌学检查的报告，“水之清洁与否与当地之疾病蔓延、人民死亡数关系甚大，推其原因以水中所含之细菌为主，寄生虫及有机性、无机性毒物次之”[④]。第二篇是关于肺鼠疫菌的菌种检查报告，将1918年绥远地区发现的肺鼠疫菌与日本腺鼠疫菌进行对比试验，从形态、染色、培养、毒性、抵抗力、分离、凝集反应、免疫接种等方面进行观察[⑤]。第三篇是关于鼠疫类似菌的文章，将1918年绥远地区发现的鼠疫类似菌与鼠疫菌进行比较，从形

① Dr.Dold演讲，陈骧译述：《香港脚病Hongkongfuss菌之发明》，《中华医学杂志（上海）》，1917年第3卷第3期，第14–16页。

② Dr.Dold演讲，陈骧译述：《窒扶斯样绿脓杆菌病之新发明》，《中华医学杂志（上海）》，1917年第3卷第3期，第16–17页。

③ 林家瑞：《脾脱疽患者用抗毒血清疗法得完满结果之一例》，《中华医学杂志（上海）》，1917年第3卷第3期，第17–18页。

④ 伍宗裕：《北京饮料水之细菌学的检查（第一回报告）：附表》，《中华民国医药学会会报》，1918年第2期，第22–29页。

⑤ 严智钟、俞树棻、横山铁太郎：《本年流行肺配斯脱菌之各菌种检查：附表》，《中华民国医药学会会报》，1918年第2期，第29–35页。

态染色、生物学性状、动物试验三方面着手[①]，显然此项试验缺少凝集反应、免疫接种等环节，应该是尚未彻底完成。值得注意的是后两篇的作者均是严智钟、俞树棻、横山铁太郎三人，他们从专业的角度对日常容易混淆的菌种进行了对比、鉴别研究，有助于细菌学说的内在发展和大众传播。

1920年黄国材已经开始用近代诊断学、细菌学等知识，采用问答的方式解释舌苔症状。首先他认为“古来诊断学确实可凭者，厥惟察舌一法，但辨色观形多以五行为引证，而不免空虚之说，故言之则似有理而行之则多不验”，其次设问“大人舌起白屑如鹅口样何故”，给出的答案是“因病有内热，使口腔津液失杀菌之力，而细菌乘机发育，故生此种苔色”；再次设问“舌苔何以有浊腻白色”，给出的答案是“因病菌发生毒素，妨碍吸养放炭之机能，致炭多养少而分泌之口涎必腐败，化学原子亦易于化合，故生此浊苔”；复次问“何故苔如积粉”，答案是“因传染病系一种细菌为害，盖细菌之毒素传至口腔与口涎化合，故遂生此苔”；最后问“虚性病何以亦有黄苔”，答案是“因消化器之机能衰萎，而口腔之细菌亦得逞其作用故也”，至于其他问答虽然不是用细菌学解释，但也大量使用了化学、物理学、生理学等知识[②]。

黄氏在另一篇谈疟疾疗法的文章中，对比中西医诊治方案，认为验血查菌最为关键，“疟疾之原因，在西医谓系麻拉利亚菌，由蚊为媒介而侵入人体之血，行破坏血球而后发生是病，世有患寒热

① 严智钟、俞树棻、横山铁太郎：《配斯脱类似菌之一例：附表》，《中华民国医药学会会报》，1918年第2期，第35–38页。

② 黄国材：《舌苔问答新解释》，《绍兴医药学报》，1920年第10卷第5期，第32–33页。

病而有疟疾之疑者，检查血内果有该菌存在，即用金鸡纳霜或常山治之自可照痊”[1]。此后，黄氏又对比了痢疾病中西诊治疗法的优劣，仍以细菌学解释病因，“系一种毒菌由蝇为媒介，落于瓜果食物上，人因肠胃衰弱误吞入该菌，即在直肠内发育放毒，致肠发炎肿溃，分泌黏液、脓血，腹痛里急后重等”，中医所谓“病关肝肺”，“此等宣说皆无凭之理，想不足深信，由吾人之经验所及，凡直肠下部有病灶均有里急后重之感，可知里急后重是直肠之神经有特别性质，因病灶压迫而现出真性，非关肝肺”[2]，他基本上先是“扬西贬中”的医学态度，后又有所调和，主张用实验方法来改进中药[3]，不过从细菌学说角度来说，却又起到了客观的传播作用。

1921年姚志成在《上海慈善医院月刊》上发表了《各症之原因及自治法》，文章主要讲述了流行性感冒、天花、水痘、赤痢、疫痢、疟疾等常见病，基本采用细菌学说解释发病原因，除了接种疫苗、血清之外，特别提醒日常生活中要注意消毒、清洁、卫生等方面[4]。

1923年丁福保在《中国医药月刊》上发表了《霍乱》一文，对霍乱的译名、病因、疗法进行了介绍，“系千八百八十三年古弗氏所发见之点状菌之侵入（即传染）体内所致，凡饮食不洁、饮水不

---

① 黄国材：《证治精辨：疟疾中西诊治论》，《绍兴医药学报》，1920年第10卷第8期，第46–47页。

② 黄国材：《证治精辨：痢病中西诊治优劣论》，《绍兴医药学报》，1920年第10卷第10期，第60–61页。

③ 黄国材：《评论：医学宜从实验说》，《绍兴医药学报》，1921年第11卷第5期，第31–32页。

④ 姚志成：《各症之原因及自治法》，《医药月刊》，1921年第1期，第13–29页。

良、寒冒等之足以诱起肠加答儿者，皆其媒介”[1]。此处所言“点状菌”，实际上即霍乱弧菌，因菌体短小呈逗点状，所以时人有如此称谓。同期杨绅发表《霍乱摘要论》一文，对霍乱病因进一步解释，“霍乱菌弯曲成弧形，因称Vibrio Cholerae（霍乱弧菌），又以其形如小杆，故亦称 Choleraacillus （霍乱杆菌），更以其形如欧文之撇点（，）故又称Kornmabacillus （撇点状杆菌）。若用鞭毛染色法，则于一端可见鞭毛，全形如芽豆或蝌蚪状”[2]。

同年《中国医药月刊》刊登了《血清菌素》一文，较早地基于细菌学说介绍了混合白浊万克醒、混合肺炎万克醒等，万克醒乃vaccine的音译，即疫苗之意。“血清菌素乃血清学界最新发明之品，或名新万克醒”，“老式之万可醒，或名为菌素”，“血清菌素（新万克醒）胜于老式万克醒”[3]。此时用“菌素”“血清菌素”“菌素血清”[4]等概念来表示生物制品，表明暂无统一译名用来指称生物制品，折射出从细菌学到生物制品学过渡的混杂性。

1923年王乃浏从细菌学理论出发，介绍了三十七种常用普通消毒药品，包括安息香酸（Acidum benzoicum）、硼酸(Acidum boricum)、石炭酸（Acidum carbolicum）、水杨酸（Acidum salicylicum）、纯酒精（Alcoholabs）、明矾（Alumen）、气化吕（Aluminium chloricum）、安替福尔明（Antiformin）、阿立斯妥耳

① 丁福保：《霍乱》，《中国医药月刊（上海）》，1923年第2期，第48-53页。
② 杨绅：《霍乱摘要论》，《中国医药月刊（上海）》，1923年第2期，第54-61页。《霍乱摘要论（续）》，《中国医药月刊（上海）》，1923年第3期，第56-60页。
③ 薛鲁登：《血清菌素》，《中国医药月刊（上海）》，1923年第3期，第36-37页。
④ 师格利著，庾伟意译：《茂孚血清菌素》，《中国医药月刊（上海）》，1923年第4期，第27-28页。徐宝华：《柰塞氏混和的菌素血清》，《广济医刊》，1924年第1卷第5期，第109-114页。

（Aristol）、奥炭（Autan）、硼砂（Bardx）、二氧化石灰（Calcaria Chjorata）、西罗所耳（Chinosol）、克辽林（Creolin）、粗制克雷琐耳（Cresolum crudum）、粗制硫酸铁（Ferrum sulfuricum）、醋酸吕液（Liquor aluminii acetici）、蚂酸醛（Formaldahyd）、昇汞（Hydrarg. bjchloratum）、青酸氧化汞（Hydrargyrum oxycyanatum）、过养化轻（Hydrogenium Peroxydatum）、碘化本精油（Jodbenzin）、碘酒（Jodtinktur）、石灰乳（Kaekmilch）、氧化钾（Kalium chloricum）、过锰酸钾（Kalium Permanganicum）、利琐封（Lysoform）、利琐耳（Lysol）、马勒不乃印（Mallebrein）、盐酸（Acid， Hydrochloricum）、萨泼罗耳（Saprol）、软石碱（Sapoviridis）、苏打（Soda）、苏泼那明（Sublamin）、替摩耳（Thymol）、水（Agua）、硫酸锌（Zincum sulfuricum）。上述药品大部分用于口腔、黏膜、伤口、眼部、阴道、手指等组织器官的清洗，以及手术器械、工具、餐具、家具、房屋、衣物、阴沟、管渠、厕所、粪便、痰液等日用物品的消毒。[①]

1924年《同德医药学》转载了《学灯》上一篇介绍光线与细菌的文章，主要讲了光的杀菌力、杀菌的原因、光在卫生上的价值等内容[②]。另转载有金宝善的一篇关于痘苗细菌的文章，“痘苗系取痘疤全部而制，非纯为痘毒，故多含细菌，种痘之际往往窜入人体组织内，逞其毒害”，对北京市面上销售最广的四种痘苗进行了细菌

① 王乃浏：《各种消毒药之简要用法》，《同德医药学》，1923年第6卷第1期，第52-58页。

② 赵俊德：《光线与细菌（转载学灯）》，《同德医药学（上海）》，1924年第8卷第2期，第45-51页。

检查[1]。同年《绍兴医药月报》上又发表了一篇讨论人体内寄生虫文章，与此前不同，全文为白话文体，重点介绍了蛔虫、十二指肠虫、绦虫等，最后提出了清洁饮食、煮沸消毒的预防办法[2]。如果说清末细菌学知识仍然处于引介状态，那么到了民初已经开始逐渐走向日常。

1925年《医药学》刊载了一篇介绍德国萨克生血清厂的文章，记述了该厂的沿革、产品、规模等情况，“该厂扩大之工作范围都为细菌学、免疫学及血清学之基础研究所，该厂所出各种人用浆苗甚多”，“其装置皆新奇而精美，此等大规模之血清厂实为全世界科学实业之模范”[3]。同年该刊发表了刘永纯翻译的《肺痨（肺结核）的新学说》，通篇从细菌学说立论，文中划分的旧说与新说，指的并不是中医与西医不同看法，而是旧西医与新西医的不同研究结果，“‘旧学说’病起于成人，患始于肺尖，由生而熟，而成洞，故分肺结核为三期。‘新学说’病起于婴孩，患始于淋巴，既攻肺底，终于肺尖，可达全肺，病分三程，每程可呈生熟成洞三现象”[4]。

---

① 金宝善：《痘苗细菌之种类及其毒性（附表）》，《同德医药学》，1924年第8卷第2期，第33–41页。金宝善：《痘苗细菌之种类及其毒性（附表）》，《中华民国医药学会会报》，1924年第5期，第10–20页。

② 李养和：《杂录：人体内的寄生虫》，《绍兴医药月报》，1924年第1卷第3期，第6页。

③ 《萨克生血清厂（优等民族健康之机关）》，《医药学》（上海），1925年第2卷第1期，第76–78页。

④ 刘永纯：《医药杂识：肺痨（肺结核）的新学说》，《医药学》（上海），1925年第2卷第11期，第62–64页。

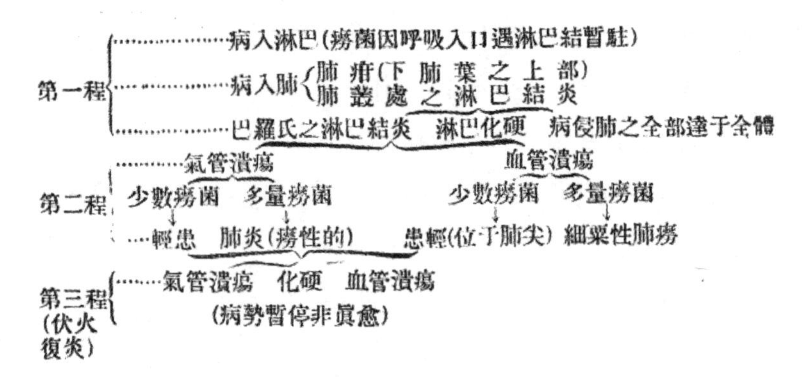

图4.1　肺痨三程图

1925年，发表在《绍兴医药月报》上的《赤痢》一文，运用细菌学说解读了赤痢，“为一种急性传染病，流行于秋夏之际，其病源有二种，由阿美摆原虫而起者，越阿美摆赤痢，由细菌而起者，曰细菌性赤痢”[①]。同年廖子禾翻译了《述淋菌败血症》一文，对这种当时比较罕见的严重性病进行了介绍，尤其围绕淋菌的医治问题展开讨论，“要确实诊查淋菌败血症，非用细菌学的血液检查不可”[②]。

金宝善则围绕1922年京津地区的霍乱研究，先是在《中华民国医药学会会报》第4期发表《霍乱样症一例》一文，后于1925年在《中华民国医药学会会报》第6期，继续发表了论文《一种特异的

① 仰云：《学说：赤痢》，《绍兴医药月报》，1925年第2卷第11期，第1–2页。

② Dorner.D.L著，廖子禾译：《医药：述淋菌败血症》，《崇德医药月刊》，1925年第1卷第9期，第28–30页。

杆菌》[①]，此文后又被《医药学》转载[②]，文中将这种新发现的杆菌命名为侯菌，“本菌种系由霍乱样症病者之大便中检得，病者姓侯，故冠以侯字”[③]，具体包括形态、生物学性状、含水炭素分解试验、凝集反应试验、凝集素吸收试验、补体结合试验、试验管内杀菌、抵抗力试验、盐基培养、动物感染试验、毒素产生试验、感染防御试验、同属凝集反应试验等内容，最终论证该菌属于一种大肠杆菌，但“本菌于大肠菌属中似可别立门类”，经动物试验又可证明，“本菌或为一种病原菌类”[④]。以上两篇论文前后相接，相对完整、详细地呈现了一种病原菌的发现与论证过程。

1926年，贾连元发表了新的破伤风菌培养法，文章首先梳理了传统的嫌气性菌（即厌气性菌）培养法，如空气侵入杜绝法（高层培养法、液体培养法、平板培养法），空气除去法（真空内培养法、器械的除去法），氢气除空气法，酸素吸收法。然后指出其所用新法优点有三，“一方法极为简便；二菌之团块易于检查，且易于采取；三不需特别装置，且无不发育之虞，虽临床医者亦得而用之”[⑤]。

1926年，除了丁福保编写的《医学指南》《医学指南续编》《医学指南三编》《医学指南三编合编》丛书之外，还有《医学门径》

① 金宝善：《一种特异的杆菌：附表》，《中华民国医药学会会报》，1925年第6期，第7–21页。
② 金宝善：《医药学》，1925年第2卷第9期，第51–70页
③ 金宝善：《一种特异的杆菌：附表》，《中华民国医药学会会报》，1925年第6期，第7页。
④ 金宝善：《一种特异的杆菌：附表》，《中华民国医药学会会报》，1925年第6期，第21页。
⑤ 贾连元：《破伤风菌新培养法》，《中华医学杂志（上海）》，1926年第12卷第6期，第595–596页。

丛书开始出版，陈邦贤、万钟等人为之作序《医学门径语》及《医学门径语续编》，前者陈述了何为医学门径，“即不藉德文、英文、法文、日文，不入医校医院而以国文自修世界最新颖之医学，补我国旧医学之不足……研究医学门径之初步，首在识医学各科之大略，与夫病名、药名之解释”①。后者大体上对清末民初出版的可读可用的医书按照医学各分支学科进行了评介②，具体到细菌学部分，将细菌学与传染病学合并表述，“研究此科之门径，宜先阅《免疫学一夕谈》及《预防传染病之大研究》，次阅参考书《病原细菌学》《新撰急性传染病讲义》《发疹全书》”③。所谓“医学之捷径”与“医学之门径”的自我言说，反而道出此一时期医学入门之难，渠道之窄。有鉴于此，医学书局随后刊登广告，面向社会赠送《医学门径语》5000册④，增强西医、新医之意较为明显。

1927年，王亦民的文章在表达人体疾病与细菌的关系时，态度更为明确，“吾人之有疾病，必有细菌为之媒介”，通过饮食、用具、空气等“细菌侵入人体之机会”⑤。医学博士朱仰高则对以往的玻片染色法予以更新，强调色素的调配，介绍了平铺血液染色法、浓滴染色法、微菌平铺玻片染色法⑥。俞风宾介绍了日本的伤寒菌穿过皮肤的试验，结论是伤寒菌穿过皮肤即可传染，有意思的

---

① 陈邦贤：《医学门径语》，《中西医学报》，1926年第8卷第11期，第1–6页。
② 万钟：《医学门径语续编》，《中西医学报》，1926年第8卷第11期，第1–47页。
③ 同上，第27–29页。
④ 《医学书局赠送医学门径语五千册》，《中西医学报》，1927年第9卷第5期，广告栏。
⑤ 王亦民：《小论坛：细菌侵入人体之机会》，《中西医学报》，1927年第9卷第2期，第6–7页。
⑥ 朱仰高：《对于玻片标本平铺血液、浓滴及微菌之一个新染色法》，《中西医学报》，1927年第9卷第4期，第1–4页。

是他在文末还讨论了北京中央防疫处生产的伤寒疫苗[①]，这也表明基于细菌学说的生物制品已经开始走入日常生活。而这种关于血清疗法治疗传染病的文章亦不算少，同年丁惠康便介绍了婴儿肺炎的血清疗法，但他意识到了当时血清疗法还不够成熟，"今虽于血清治疗学上稍有进步，然而吾人更当努力研求，以期达于成功之域"[②]，杨尚恒介绍了德国关于白喉症血清治疗法的近况，认为白喉血清是治疗此病的良方，至于效验与否，则与患者就医的早晚、注射的身体部位、病人体质的差异性等因素有关，实际上也反映了当时血清疗法的不完善[③]。

（二）其他学界对细菌学说的译介

上述医学类文章在介绍细菌学说时显得较为专业和内行，往往限于同行内部交流。其他学科领域如农科、工科等亦有不少人士发表关于细菌学说的文章，且更贴近生产和生活。

1911年一位署名"觉华"的作者在《小说月报》上发表了《放光细菌之奇灯》一文，该文称"墺国捕列之摩理啸博士曾将适当之培养媒介物纳于其容积有一乃至二列托尔（Litre）之玻璃瓶内，以培养此种细菌。其结果得一种所谓'细菌的灯'者，其光力颇强。虽距一至二米突之处，尚能读取验温器之度数，或时表之时刻。于

---

① 俞凤宾：《医学碎金录：伤寒菌穿过皮肤之试验》，《中西医学报》，1927年第9卷第5期，第6页。

② 丁惠康：《论婴孩肺炎之血清疗法》，《中西医学报》，1927年第9卷第11期，第1–4页。

③ （德）Dr.Erueekner著，杨尚恒译：《白喉症血清疗法之现状》，《中西医学报》，1927年第9卷第11期，第17–28页。

黑夜中距离六十步以外，其光辉犹可目睹，又仅由细菌自身之发光，足敷拍照有余”。并介绍道此种细菌具有多种用途，“此种灯最适用于火药制造工场，盖可免爆发之危险，将其固沉入水内，又可为鱼族之诱集。若更用适当之法以培养保存此细菌，其发光力可继续至二星期或三星期”[1]。由此可见，细菌灯可用于严禁烟火的火药制造业，又可用于充当捕鱼诱饵。除此之外，细菌还与农业生产关系密切。

1912年一位署名“天翼”的作者在《进步》上发表了《犬身发现却老之细菌》一文：“法国梅枝尼科甫教授近在巴黎之理科大学报告，谓犬之小肠内发现一种细菌，可抵制人身内使人衰老之病菌，夫人身之病菌亦由所食兽体中来。梅氏与其同事胡孟医博士详加考验，知此种使人衰老之病菌，生于蔬食兽体内者居多，而生于肉食兽体内者较少，故凡茹素戒荤之人，于养生不尽适宜，不如荤素兼御，最合卫生。而此种犬体非惟不生病菌，且能使小肠内所生之细菌抵制人身内之病菌。果如是则却老之方无逾于此，而将来人类寿数可卜延长。特梅氏正在试验，不知已确有把握否。”[2]

该作者随后又发表了《培养除蝇之细菌》一文，该文称，“捕杀蝇类之法虽多，终不及假手细菌杀之之法尤为省事也。英国医博士赫西及柯伯孟二君，近日发见一种细菌大有杀蝇之功。此种细菌难于目睹，若种于胶形苔藓内，逾数小时即可产殖至京垓数，簇聚成团。然视之仍不啻针尖大小，如以针尖挑取少许，置之蝇身。纵

① 觉华：《译丛：放光细菌之奇灯》，《小说月报（上海1910）》，1911年第2卷第12期，第2页。

② 天翼：《零碎百科全书（即观养斋丛译）：犬身发现却老之细菌》，《进步》，1912年第3卷第1期，第179–180页。

图4.2 《蝇拍》

图4.3 《美孚避疫水》

图4.4 《灭菌药皂》

令逸去，则蝇即患传染病互相传染，死者以千百计。数时后可无□类且此种细菌于猫犬等家畜及人身毫无妨害，尤为难得，惜今岁发明已晚，未及试用，英政府所聘用专家已将此细菌畜于玻管中，留为明年之用。识者谓此菌一出，蝇将绝迹，而疟痢、肠热等症亦不患无治法矣”[①]。由此可知，有些细菌可以起到延年益寿、杀灭苍蝇的作用。

1914年一位署名为“和士”的作者认为，“细菌为狭义的，专指别他利亚而言，霉菌则兼指他种丝状菌，盖广义也”[②]。此处“别他利亚”系bactoria的音译。但至少到了1915年时，关于细菌的种类、大小、分布、构造和繁殖认识已经较为统一。一般而言将细菌分为球状菌、杆状菌及螺旋状菌三种，细菌极其微小，用显微镜才能看到。同时认为细菌无处不在，有些存在空气中，有些寄生于生体或者活体内，另外关于细菌的构造，时人尚不能清晰地认识到是由细胞膜、细胞质和细胞核构成，只能通过粗浅地观察，认为有细菌膜的存在，“细菌既自单细胞构成，故其全体之构造当与动植物之一个细胞无异，即自被膜及内容物而成者，被膜为包围细菌之外膜，有保护细菌本体之作用，其质极薄，颇难检视”。但是关于细菌的繁殖认识已较为成熟，“细菌之繁殖法颇简单，即由自体之分裂而行繁殖者，故又有分裂菌之称”。细菌的繁殖主要受到温度、水分、窒素、酸素、光线、营养液的浓度、营养液的化学反应等因素影响，所谓的营养液即指培养基，因此，“细菌繁殖之状态由细菌之

① 天翼：《零碎百科全书（即观养斋丛译）：培殖除蝇之细菌》，《进步》，1912年第3卷第2期，第112页。

② 和士：《博物屑：细菌与霉菌之区别》，《博物学杂志》，1914年第1期，第98页。

性质而异，其在液体营养物时，或于液之表面作成皮膜（此常为好气性细菌所成），或族生于液中而为团块，或沉定于液底而为残渣（此为嫌气性细菌所成），当其繁殖于固形物上之际，各聚落而形状，则有种种之差异也”[①]。

人类使用堆肥由来已久，堆肥使用之原料大多为人粪尿、厩肥、蒿秆、青草、枯草、尘芥及一切废弃物。时人认为，“由堆积而腐败，由腐败而使用，此固人尽知之。但不知其所以腐败之原因，其所以致腐败者，盖在极微细之生物而已。斯物惟何？是曰细菌（Bacteria）”。进而谈到，“堆肥中之细菌共分二种，一为好气性细菌，一为不好气性细菌，二者皆逞作用，分解碳水化合物而成沼气（Methane）（CH_4）、炭酸（CO_2）等。然分解之程度好气性细菌为盛，堆肥之温度即由好气性细菌之作用而生者也”。同时还认识到，“堆肥堆积中窒素之减少，夏盛于冬，且通风之处损失尤多，堆积三四个月，约损失四分之一，故影响于肥料价值者甚大，此损失乃由于器械的作用，即窒素与霉菌胞子飞散故也。此外又有游离窒素之大损失，游离窒素之损失亦由一种细菌之作用，故此种细菌之存在与否关系甚大，或堆肥外面生成之硝酸流入内部，因还原而起损失者亦有之。故防止堆肥中之窒素损失，为农家所不可不知”[②]。但也需要指出文中所列CO_2并非炭酸，而是二氧化碳，可见时人亦有不少讹误之处。

1915年两位来自江苏省立第二农业学校蚕科三年级学生，发表

---

① 淑婉：《家政：家庭卫生之新智识（一名细菌之研究）》，《妇女杂志（上海）》，1915年第1卷第7期，第21–30页。

② 孤愤：《堆肥中之细菌作用》，《江苏省立第二农业学校校友会汇刊》，1914年第1期，第61–63页。

了两篇文章，分别介绍了细菌的性状与细菌的纯粹培养法及培养基制造，比较有代表性。《细菌》一文分别从形状、变态、大小、构造、繁殖、发育、养分、运动、分布、作用等方面进行论述，认为细菌可以分两种，一种指植物学分科上的，一种指医学分科上的，“细菌为微生物之一种，在植物学上之位置，属于隐花植物门菌藻类，其形微渺，非人目所能察见，其数繁夥，非人指所能胜屈。生存于吾人呼吸之空气中，及浮游于吾人日常之饮用水中，不知凡几，特人未加细察，故不知者甚多耳。且细菌能侵入人体或其他之动物及植物体，而为诸种传染病之媒介，及种种有机物质腐败之原因”[①]。

第二篇文章则主要阐释了细菌纯粹培养法及培养基的制造。细菌纯粹培养法即“欲研究各种细菌之特性，必自种种混存之细菌中取出某一种之细菌，以使之单独繁殖，而达此目的时所施之方法，即细菌之纯粹培养法也”。而培养细菌当先制适宜的培养基“方可顺其发育”，培养基种类非常多，该文主要介绍了固体和液体两类，固体类包括胶质培养基、石花菜培养基、三好氏酱油培养基、血清培养基等，液体类仅介绍了牛乳培养基。有了培养基还需要一定的培养方法，培养方法主要有三种，即穿刺培养法、划线培养法（斜面培养法）、小滴培养法（液体培养法）等[②]。

此后又有两篇介绍细菌纯粹培养法的文章，均刊登在《博物学杂志》上。第一篇文章并无多少新意，简单地介绍了扁平培养法、

---

① 吴志远：《学艺：细菌》，《学生》，1915年第2卷第12期，第57–63页。
② 彭望轼：《学艺：细菌纯粹培养法及培养基之制造》，《学生》，1915年第2卷第12期，第63–72页。

穿刺培养法、斜面培养法、小滴培养法以及嫌气性菌类培养法[1]。第二篇文章主要介绍了八种培养基，即肉汁培养基、胶质培养基、琼脂培养基、派白登水培养基、马铃薯培养基、血清培养基、牛乳培养基、鸡卵培养基等[2]，较之彭氏一文更为全面。

与此同时，细菌学说也开始作为家庭卫生常识加以介绍。如1915年《妇女杂志》上一篇文章，从细菌的种类、大小、分布、生活、构造、繁殖、腐败作用、病原作用、预防方法等九个方面逐一进行了论述，其中心思想认为，“地球之上有细菌焉，细非肉眼所见，多如恒河沙数，凡空气中地中水中无处不有。或寄生于动物而为疾病之绍介，或麇集于物质而为腐败之原因，其于吾人之生活上无论直接间接皆有密切关系。如吾人之霍乱、肺病等莫不由此诸种细菌之作用而起，故注重家庭卫生者，必先洞悉夫细菌之一般性状，而后始可以言预防也”[3]。事实上，与家庭卫生最相关的是该文对细菌的腐败作用、病原作用以及预防方法的介绍。

首先该文对细菌的腐败作用下了一个定义，“腐败作用者，为自身不起变化之细菌，将有机化合物分解而发恶臭之作用也，就中以蛋白质之分解为最重要”，接着具体解释道，“肉类腐败之时往往见蛆之存在，故小动物之作用似亦为腐败之原因，然其实腐败之原勋者为细菌。细菌繁殖之后，霉及小动物始行繁殖，故结果虽见有

---

① 张镜欧：《细菌纯粹培养法（附图）》，《博物学杂志》，1916年第1卷第3期，第46–50页。

② 张良常：《细菌培养基之制法》，《博物学杂志》，1916年第1卷第3期，第51–55页。

③ 淑婉：《家政：家庭卫生之新智识（一名细菌之研究）》，《妇女杂志（上海）》，1915年第1卷第7期，第21–30页。

小动物等存在，而始行腐败者实细菌之作用也”。细菌的病原作用是指，“细菌寄生于动植物体内，而使其起疾病之作用也”，进而明确提出细菌致病说，“凡动物之疾病多以细菌为发生之原因，而此等细菌之动作，由其寄生于动物体之状态而异，或仅繁殖于动物不健康之时，或直接入于健康体中而行繁殖。其寄生于动物之际，有发育于动物体之一局部生产毒素，以使动物中毒者。例如实布垤里亚菌仅在喉部发育繁殖，其所生产之毒素广吸收于血液中，遂使动物中毒，而起发热病等现象是也”。基于此，其后所列七种预防疾病的措施也基本是从细菌学说角度阐释的[①]。

1916年《科学》杂志刊登一篇杂谈，主要讲德国细菌学说大家牟力史(Molisch)发现了铁细菌（iron bacteria），“乃细菌之一种，因其能分化炭酸铁［$Fe_2(CO_3)_3$］为轻氧化铁［$Fe(OH)_3$］与二氧化碳（CO_2），故有是名。全体状如细长之铁维，外有皮，皮内积聚轻氧化铁极多，致全体变黄色”，“城市往往因铁细菌繁生，将自来水管完全闭塞不通，故为城市卫生上一大障碍，又此种细菌如寄生于造纸厂，则将使白纸色变黄”。最后谈及三种补救之法：“（1）置碱性质（alkali）于水中以灭杀之；（2）以沙漏将水滤清；（3）水管之内部，漆以松脂”[②]。

到了1917年开始有人介绍细菌学说在农业上的新发明。一位署名韩旅尘的作者，转译了一篇原刊在《日本农业杂志》上的文章，主要讲如何利用根瘤细菌的作用产生氮元素。此法是由伦敦农业专

---

① 淑婉：《家政：家庭卫生之新智识（一名细菌之研究）》，《妇女杂志（上海）》，1915年第1卷第7期，第21-30页。

② 心：《杂俎：铁细菌》，《科学》，1916年第2卷第3期，第343-344页。

门学校教授波士度氏发明的，具体接种方法有二，“一以种子浸于细菌培养液中，湿透后则有无数细菌包围种子，待种子发芽时，则多数细菌浸入幼根繁殖后，便呈吸取淡质之作用；一作物已经成长，则以水稀释培养液注于根际，使细菌与根接触，则能直接呈其作用”。而且最后说道：“如施用于燕麦、莱菔、芜菁蓝、落花生等，皆成绩卓著者也。”①虽然实际效果我们无从考证，但是至少说明了细菌学说之于农业生产是非常重要的一门知识。

1918年《同济》上发表了一篇介绍纸币与传染病的文章：“夫纸之为物，柔而易濡，细菌讬之，生存之易，较在金银奚啻倍蓰，故书籍楮纸，以此之故，受细菌之检查者众矣，曾于其上发见无数细菌，且亦有致病之菌，大要皆附着手泽沾污之处。”②同年第2期《同济》上发表了一篇口腔卫生的文章：“而今欧洲医学家所发见者，则口齿中信有虫，特其虫至微，惟显微镜始可见耳，阿苗巴Amoeba之类是矣。”③又如同期《同济》上发表的关于鼻衄的文章，“昔曾有人臆断，以为鼻涕之发生与气候并无关系，而由于特种病原体之传染而来，如加答尔球菌de M.catarrh、肺炎菌 der Pneumococcus、流行性感冒杆菌 der Influenza bacillus、线縺状球菌 der Streptococcus viridans、败血性縺状球菌 der Streptococcus haemolyticus、鼻腔杆状菌 der B.rhinitis、四连球菌 der M.tetragenus

① 韩旅尘：《农业利用细菌之新发见（译日本农业杂志）》，《广东农林月报》，1917年第1卷第7期，第80–81页。

② 陈骧：《内篇：甲、医科杂识：纸币与传染病》，《同济》，1918年第1期，第29–31页。陈一龙：《内篇：甲、医科杂识：纸币与传染病（续）》，《同济》，1918年第2期，第37–40页。

③ 费孝（Fischer）著，沈承瑜译：《内篇：甲、医科杂识：口中寄生虫（阿苗巴）与牙蛀（附表）》，《同济》，1918年第2期，第1–18页。

等，皆为鼻涕之病原体，然历经试验各鼻涕病患者之鼻涕中，未有以上所述各细菌之一种为通常发见的，故不能断定其为鼻涕病之细菌学之病原体也”[①]。还有人研究了松花蛋中的霉菌问题，“其发见之霉菌，都为非发病的，或非真性发病的……夫吾人所食松花蛋既多且屡，而松花蛋所含鸣疽杆菌、脾脱疽菌及破伤风杆菌等，害又甚烈，而食后竟毫不发病，岂不大奇，然使研究此等霉菌之生活学及病理学者闻之，必恍然大悟，一笑而视为寻常事也”[②]。

与此同时，中国古代“因虫致病”学说已沦为时人批判的对象：“昔人多称九虫或称三虫。三九者，古人纪多之泛词，所谓言语之虚数也。后人附会以名，谓九虫者，一曰伏虫，二曰蚘虫，三曰白虫，四曰肉虫，五曰肺虫，六曰胃虫，七曰弱虫，八曰赤虫，九曰蛲虫。其曰三虫者，谓长虫、赤虫、蛲虫也。更有谓六虫传尸，乃有六代，代各三式，都作虫兽人鬼之形，更谓居身食肉，久即生毛，传之三人，自飞如鸟之类，则更诞妄难言矣。稽诸古籍，惟蛲虫、蚘虫最为先见，蚘虫即俗所谓蛔虫……盖以倡寄生虫学及病理家之经验论之，人身寄生虫多有细微，非肉目所能辨，……试问中古医人将何从而尽睹寄生虫之形态哉？”[③] 虽然此时“因虫致病”学说不再成为理解细菌学说的重要本土依据，但却继续成为接引近代寄生虫学的重要思想文化资源。

---

① 陶尔德（Dold）著，沈尧階译：《内篇：甲、医科杂识：鼻鼽（研究鼻涕之原因）》，《同济》，1918年第2期，第19–22页。

② 陶尔德（Dold）著，沈奎伯译：《内篇：甲、医科杂识：松花蛋之霉菌学的检查（附表）》，《同济》，1918年第2期，第41–48页。

③ 费孝（Fischer）著，焦湘宗译：《内篇：甲、医科杂识：上海居民之肠寄生虫》，《同济》，1918年第2期，第23–24页。

若以《东方杂志》为例分析，从1904年创刊到1919年共有11篇专门论述细菌学说的文章①，且集中在1916–1919年。从主题和内容来判断，这些文章主要是介绍农学上的病虫害、细菌培养法和细菌致病说等。

1918年青年学生领袖恽代英在《青年进步》上发表了《细菌致病说》一文，同年被《东方杂志》转载，文章很长，分“细菌致病说之由来”“病菌与病魔”“灭菌法”“扑灭身外之病菌”“种痘疗病术”“血清与反毒素”“卫生为拒菌之根本”等七个部分阐述。除了讲种痘之法外，他还特别提醒人们注意，“如痘苗清液，其中不含他种病菌，则所种之痘其患甚轻，然手术不慎或痘苗乃取自污浊之人体，而非取于幼犊之身者，则可因而传染梅毒、脊柱炎，若有其他更恶之病菌与痘苗相混，其结果更不良焉”。在讲到血清疗法时，讲述了一个用马匹做的血清疗法实验，用喉痧症病菌为病株，经过试验发现马能够产生抗体，杀灭病菌，于是逐渐加大注射剂量，马产生的抗体越来越多，遂对喉痧病菌产生免疫，“于是取出其血中之血清，注射于人之脉管中，以疗治喉痧，遂奏奇效”。种痘法是较为传统的治疗方法，而血清疗法则是在“一战”期间渐趋成熟的疗

① 简列之：a.《预防害虫病菌警言》，《东方杂志》第13卷第5号，1916年5月10日；b.《霉菌学大家梅几尼各甫传》，《东方杂志》第13卷第10号，1916年10月10日；c.《襄母菌病又名萌芽菌病》，《东方杂志》第14卷第1号，1917年1月15日；d.《病理学大家麦基尼夸甫之生平》，《东方杂志》第14卷第3号，1917年3月15日；e.《病菌之二大发明》，《东方杂志》第14卷第10号，1917年10月15日；f.《鼠咬症病原菌之新发明》，《东方杂志》第14卷第11号，1917年11月15日；g.《微菌与人生之利害》，《东方杂志》第15卷第5号，1918年5月15日；h.《细菌致病说》，《东方杂志》第15卷第8号，1918年9月15日；i.《说细菌》，《东方杂志》第16卷第7号，1919年7月15日；j.《微菌》，《东方杂志》第16卷第8号，1919年8月15日；k.《中国病菌之闻见录》，《东方杂志》第16卷第8号，1919年8月15日；等等。

法，两种疗法相比较而言，“血清疗法之较种痘疗法为优者，以血清中无生活之菌类故也。血清学中包含有人体血液之化学，此乃化学中最复杂最玄秘最晦昧之一部分”。也有反对者称，“依此学言之，凡注射一种动物之血，于他一种动物血液中常发生极奇特之效果，然反对者则谓以人之血清注射他人，其有效诚不诬，以动物之血清注射于人，人之血液骤加变动，而分解所注射动物之血清，则劳而无益。”

恽代英本人则认为，“自血清发明，将来或藉此法可致人于长生不老之域，为科学界名誉之中心，或因医界之进步，而血清二字逐渐成为历史上名词皆未可知。医界之见解月异而岁不同，此时代风行之学说不久而匿踪销声，另由一完全不同之意见代起，此乃常见之事，而在今日则如喉痧，如肠热舍，此初无治疗法，造福人类不可诬也”[1]。

继恽代英之后，一位署名为“养草庐主”的作者翻译发表了一篇介绍细菌的文章，从内容上看，该文亦从细菌的形态、变态、大小、类别、存在、构造、颜色、运动、繁殖、芽胞、养分等12个小节进行阐释，虽无新意，但较之前的介绍性文章更为全面和系统[2]。此外，亦有时人按照西方各种致病学说出现的先后顺序，将其分为8种，即“稀播古刺提斯时代之想像说、流行组成说、特异病毒说、触接传染性说、地下水说、生活物说（即细菌生活病毒

① 恽代英：《细菌致病说》，《青年进步》，1918年第12期，第63–71页。恽代英：《内外时报：细菌致病说（录〈青年进步〉）》，《东方杂志》，1918年第15卷第9期，第174–179页。

② 养草庐主译：《内外时报：说细菌》，《东方杂志》，1919年第16卷第7期，第162–166页。

说）、原生虫说、超显微生体说”[1]。较之以往，此时知识分子对于细菌致病说认识已较为系统。

更典型的是，1914年留美农科生杨永言在《留美学生季报》上发表的《百与百学》，开篇即言“百（英名Bacteria），生物之至微者也”，接着交代了当时细菌学翻译的现状，“人类文明之进化数千年矣，惟百之为物，固吾国人梦想所不及，稽之典册，无当焉。近人译东籍，始见微生物、霉菌等词。百固微生物也，而微生物不尽为百，盖尚有微动物焉（Protozoa，尚未有得当新字译之，曾拟造厶字以为识别）。微菌之译，原于英文Fission，Fungi之意，在西文亦不甚通行，无论菌字不足括Fungi（昐义亦解前号）矣。爰取今名，旧字而加以新义，窃以为莫便于此”[2]。

杨氏认为日译词微生物与霉菌既不足以涵括种类繁多的微生物和微动物，也未遵照英文细菌学名词原意，于是“曰百，单独微胞之微生物，介于动植物之间，而通常则列之于植物，以其生殖为如植物也。百虽为植物，而并无叶绿质，故无自制食物之能力，必须恃已制成之有机物以为生，一如动物及昐类（Fungi），然形体上最近‘青绿’（植物中之最近原始植物者，兼有青绿二色汁质）之（Oscillatorin），单独微胞，连串如链者。生理上，则百最近昐类也。百之形体大别有三，有竿形者，有球形者，有环形者。如有微须Flagellum（此字当已有特别字以译之，客中无所考，姑用之，非科学语也）则能行动。无微须则否。其生殖之法，普遍以剖

① 叶锦彝：《学说：传染病原因之沿革》，《光华卫生报》，1919年第5期，第25–29页。

② 杨永言：《百与百学（附中英名辞对译表）》，《留美学生季报》，1914年第1卷第2期，第9页。

分为常（即一微胞中分为二），但有不利于生活之时，百多有能结内孢者，俟便利时再萌长叶。百固皆至小之微胞，寻常目光所不及见，然于显微镜视之，百之大小，亦颇有差别”[①]。进而他还将（bacteriology）译为百学，分为“百学略史”“农务百学”“工艺百学”“医科百学”，另附有“百之各式形体图”“中英名辞对译表”等图表[②]，相较于同时期其他细菌学译介论著，杨氏视野开阔，论证更为系统、全面。

表4.2 《中英名辞对译表》

原名	译名	译注
Bacteria	百	
Protozoa	微动物	厶拟造字，于虫字中取出以明其为动物，而更较虫豸为简，另无他意，音可读如动。
Fungi	紛	
Blue green即Cyanophy-ceae	青绿	有叶绿质，植物中之最简单者，虽似多微胞植物，而其实各微胞皆能独立生存者。
Fission	剖分	
Endo-spore	内孢	
u	ル	米达尺万分之一，英语读如苗乎切，亦曰Micri-on. ル读如微，即取微字而简之。

① 杨永言:《百与百学（附中英名辞对译表）》,《留美学生季报》，1914年第1卷第2期，第10页。

② 杨永言:《百与百学（附中英名辞对译表）》,《留美学生季报》，1914年第1卷第2期，第13–27页。

续表

原名	译名	译注
Oil immersion leus	油显镜	
Pure culture	纯种	
Sterilize及Sterilization	灭生	后当造一特别字，兹姑用之。
Colony	团集	
Root tubercle	根瘤	
Immunity	御病力	译免病力亦可。
Infection	染（医学语）	
Contagious	传（医学语）	
Toxin	毒	
Anti-toxin	解剖物	
Vaccine	苗	
Vaccination	种苗	
Antiserum	解毒血液	

资料来源：杨永言：《百与百学（附中英名辞对译表）》，《留美学生季报》，1914年第1卷第2期，第26-27页。

按照杨氏的说法，“百”是旧字新义，“从白从一，白以明植物而无叶绿质者，一以明单独细胞而自能生活者。其音如旧，取其与西文Bacteria首音相似，其义则以旧义，概无量数之细胞相连接或团集也”①。使用“百”字虽然免去了造新字可能带来的麻烦，但毕竟长期以来“百”字多表数量，并无更多含义，而且“百”是bacteria译音简化而来，未免过简，语义亦过于曲折晦涩，未能直观显现细菌世界之微妙。与博医会所创“稑”字相比，虽然更为

① 杨永言：《农学及其实施于中国之观测》，《留美学生季报》，1914年第1卷春期，第69页。

简便，但却不够达意。况且《留美学生季报》的前身《留美学生年报》，直到1913年仍在使用“工业霉菌学”这样的日本译词[①]。1915年春杨氏英年早逝[②]，无法对“百学”继续加以申论，《百与百学》虽先后在1916年的《科学》[③]和1917年的《时报》[④]上刊载，一则推广百学，二则纪念杨氏，“宜转载之以广流传，且志本社之不忘”[⑤]，但最终用“百”字对译bacteria并没有流传下来。

值得一提的是，《科学》在转载了《百与百学》一文的同时，还同期刊登了钟心煊的《裂殖菌通论》，此文虽有向《百与百学》“致敬”之意，但钟氏认为“百从白从一”有违科学，毕竟还有红色裂殖菌（rhodobacteria）“全显桃红色”，“故‘百’之一名词，取义无当，应为科学家所摒弃”。而所谓的“细菌”“微菌”“微生菌”“霉菌”等日译名词，“惟细菌二字，吾人虽不必沿用，然为吾人所应熟识，因其于日本医学及他普通学中，甚通行也。彼国植物分类学家，则仍用精确之学名裂殖菌”[⑥]。言外之意，细菌一词虽已广为流传，但钟氏认为流行通用不代表学理精确，最终他坚持回到相对严格意义上的意译，以裂殖菌对译bacteria，

---

① 徐名材：《麻省理工学校化学院述略（附表）》，《留美学生年报》，1913年第2期，第13页。

② 张准：《吊杨永言：[诗词]》，《留美学生季报》，1916年第3卷第2期，第157–158页。

③ 杨永言：《附录：百与百学》，《科学》，1916年第2卷第11期，第1270–1282页。

④ 杨永言：《百与百学》，《时报》，1917年10月7日，第14版；杨永言：《百与百学（续）》，《时报》，1917年10月8日，第14版；杨永言：《百与百学（续）》，《时报》，1917年10月9日，第14版；杨永言：《百与百学（续）》，《时报》，1917年10月12日，第14版；杨永言：《百与百学（续）》，《时报》，1917年10月13日，第14版。

⑤ 杨永言：《附录：百与百学》，《科学》，1916年第2卷第11期，第1270页。

⑥ 钟心煊：《裂殖菌通论（附图）》，《科学》，1916年第2卷第11期，第1226页。

“裂殖菌在欧文中，有学名与普通名二种，学名曰Schizomycetes，吾译作裂殖菌，乃世界万国所公用。普通名则随各国文字而异：如在英则为bacteria，在德则为bakterien，在法则为bactereis，此三字皆出源于希腊字意谓竿者；盖裂殖初次发见时，适为竿形之一种。迨后植物学家研究益精，吾人关于裂殖菌之知识日益增加，始知裂殖菌除竿形者外，尚有球形、螺旋形等种种。故bacteria一字，殊不足以概裂殖菌之全部。此植物分类学家之所以必弃此不用，而另造一精确之学名schizomycetes以补其缺者也。按Schizo意谓分裂，mycetes意谓菌，合之则成裂殖菌。盖指此植物最重要之繁殖法名裂殖者而言也”①。

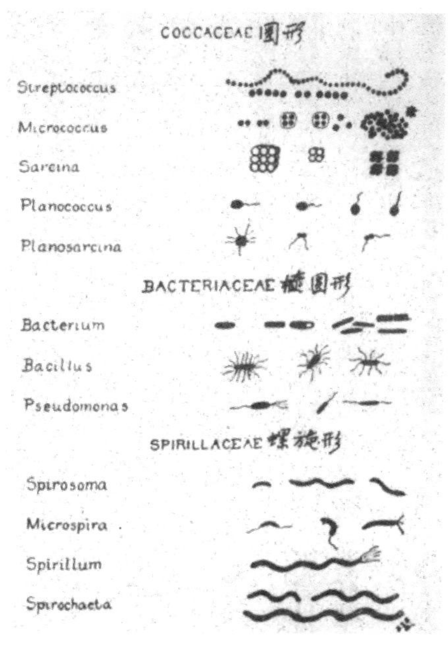

图4.5 《部分裂殖菌图例》

此后不久，同具留美背景的戴芳澜亦采用“裂殖菌”对译bacteria，只不过他对裂殖菌的定义没有钟心煊那么严格，更接近当时通行的细菌概念，“裂殖菌者，乃一种单细胞，生殖以分裂，

① 钟心煊：《裂殖菌通论（附图）》，《科学》，1916年第2卷第11期，第1225页。

并不含有染色物质之菌。裂殖菌空气土壤间随处皆是，即禽兽之体内，如口肺腹等部，亦裂殖菌之殖民地焉。裂殖菌种类颇繁。生疫疠之菌，约占百分之十，常人不察。每闻人论裂殖菌竟有谈虎色变之慨，究其实，有利于人之裂殖菌不可胜数。举其大者言之，如作牛油、制醋、酿酒等，胥于裂殖菌是赖"①。他还直接用图解的方式呈现裂殖菌形态②，此举有效避免了因译词问题可能引发的误解或争议。

事实上，裂殖菌概念沿用至今，常见于专业领域，而非日常生活，并且对译的名词是schizomycete、lower bacteria、fission fungus，而非广义上的bacteria。从这个意义上来说，细菌学说的发展与译词的因创并不同步，而作为日常用语的细菌概念与作为专业术语的细菌概念实际上可以并行不悖。由于受近代科学进步主义思潮影响，时人往往努力找寻更为合适的后出概念去取代日益落后的前出者，这在一定程度上造成了近代细菌学说在华传播情形的复杂与多元。

1919年《绍兴医药学报》上发表了一篇提倡用白话文书写医学知识的文章，颇引人注目，"吾国自去年来一般学界发起了一个文字革命，拿一切之乎者也、风云月露的文章统统改成白话体……吾们医界应该就浅近的卫生道理，起病的一切原因，受病的一般现状，传染的缘故，治愈的结果，先从最繁杂、最多数的症候一条一条说得原原委委、明明白白，多做几篇白话文章登在报纸上，而句句实在。却不要支离诞蔓，用了许多代名词，引证了许多五行生克，司

① 戴芳澜：《裂殖菌（Bacteria）通论（附图）》，《交通部上海工业专门学校学生杂志》，1917年第2卷第1期，第1–2页。

② 戴芳澜：《裂殖菌（Bacteria）通论（附图）》，《交通部上海工业专门学校学生杂志》，1917年第2卷第1期，第3页。

天运气，使不懂的人看得头晕目眩，废书却走才好”[1]。

新文化运动时期时人不仅介绍细菌学说知识体系本身，还介绍细菌学说与工业生产、日常生活有关的方方面面，抛弃“唯科学主义”的偏见，新文化运动时期时人对细菌学说知识的各种引介，其价值自不待言，甚至也影响到了时人的表达习惯，诸如陈独秀在《敬告青年》一文中开篇所言，“奋斗者何？奋其智能，力排陈腐朽败者以去，视之若仇敌，若洪水猛兽，而不可与为邻，而不为其菌毒所传染也”[2]。时隔有年，蔡元培在阐释“华法教育会”发起缘由时，列举法国教育已“洗君政之遗毒”和“扫教会之霉菌”[3]。更有时人将医学与救国联系到一起，“我们学医的应该怎么样救国呢？就是将卫生和通俗医学智识灌输到我们同胞的脑袋里去”[4]。

1920年《东方杂志》上刊载了一篇杂谈，主要讲细菌与采矿业的关系，“即岩石、矿山中亦往往有细菌之寄生，且此种细菌对于矿石之崩溃迁变影响甚大”。并借地质学家研究证明，“地壳之造成及崩裂，出于动植物之力固多，而微生物之力亦占一大半也。岩石之分解及白垩矿、石灰矿矿床之组成，系得细菌之助力”。另据最近之研究表明，“铁矿中亦发见一种细菌，此细菌繁荣后积成坚且厚之壳，及有粘质之群体，在大都市之自来水铁管中往往足以阻塞水

---

① 张汝伟：《吾们医界也要应世界潮流在医报上也应该提倡一种普通白话体的稿子使得人人都可明白的意见商榷》，《绍兴医药学报》，1919年第9卷第8期，第75–77页。

② 陈独秀：《敬告青年》，《青年杂志》，1915年第1卷第1期。

③ 《京师警察厅为报蔡元培等在京设立华法教育会呈》（1917年5月20日），北洋政府内务部档案，“民国风云全文数据库”。

④ 陈倬：《现在中国医生的急务（录越州公报）》，《绍兴医药学报》，1920年第10卷第8期，第40页。

管，使饮水不易流通。美国地理学家哈德氏（E.C.Harder）曾细考数国之铁矿床，知此种‘铁细菌’（iron bacteria）不特活动地面含铁之水流中，且在数百尺深之矿床底部，亦皆有之”。据此原理，铁细菌的发现与应用将为铁矿业开采找矿提供便利。

1920年一篇题为《对于细菌之研究》的文章，在结尾处高度评价了细菌之于农业生产的重要性：“根瘤细菌与荳科植物有至大之关系，细菌自空气中吸收游离窒素化合物，供给荳科植物之需用，而荳科植物依炭素同化作用，致结果所生之糖类供给根瘤菌以行利益之交换，且细菌有发酵性，又有腐败性，发酵性为酿造业最要之作用，腐败性为造肥料必需之要点，其对于农业之关系，不亦大哉”。[①]

综上所述，时人基于各自学科背景对细菌学说知识进行了大量介绍，这有利于细菌学说知识的深入传播和普及。较之晚清，细菌学说译介的多样化程度更高，甚至开始成为免疫学、生物学、微生物学、真菌学、组织学等学科成长的基础知识，这也就意味着细菌学、免疫学等医学术语名词有必要从纷繁走向统一。

---

① 孙冠华：《对于细菌之研究》，《山东公立农业专门学校校友会杂志》，1920年第1卷第1期，第55–58页。

二、民初细菌学名词审查与统一进程

近代医学术语名词的成长历来备受学界关注[①]。作为学科的细菌学说入华必然涉及译名的多歧与统一问题，其中生理学、真菌学、微生物学的学科名词审定问题亦有新的进展[②]，但这些研究并未专门探讨民初细菌学名词审订过程，因此有必要详细检讨一番，此亦构成细菌学说在近代中国成长的重要一环。

1915年2月1日至5日博医会在上海召开每两年一次的年会，2月2日在高似兰的提议下，大会选出出版与术语委员会成员，包括比必、巴慕德、颜福庆等人[③]。2月4日审议了高似兰关于出版和术语委员会的工作报告，通过了《高氏医学词汇》第2版，与1908年第1

① 主要论著有王树槐：《清末翻译名词的统一问题》，《"中研院"近代史研究所集刊》，1969年第1期，第47-82页；王扬宗：《清末益智书会统一科技术语工作述评》，《中国科技史料》，1991年第12卷第2期；张大庆：《早期医学名词统一工作：博医会的努力和影响》，《中华医史杂志》，1994年第1期；张大庆：《中国近代的科学名词审查活动：1915-1927》，《自然辩证法通讯》，1996年第18卷第5期；张大庆：《高似兰：医学名词翻译标准化的推动者》，《中国科技史料》，2001年第22卷第4期；李传斌：《医学传教士与近代中国西医翻译名词的确定和统一》，《中国文化研究》，2005年冬卷第4期；张剑：《近代科学名词术语审定统一中的合作、冲突与科学发展》，《史林》，2007年第2期；温昌斌著：《民国科技译名统一工作实践与理论》，北京：商务印书馆，2011年版；等等。

② 主要论著有袁媛：《中国早期部分生理学名词的翻译及演变的初步探讨》，《自然科学史研究》，2006年第25卷第2期；付雷：《中国近代生物学名词的审定与统一》，《中国科技术语》，2014年第3期；芦笛：《中国早期真菌译名的审查与真菌学界的反应》，《中国真菌学杂志》，2017年第12卷第5期；姬凌辉：《风中飞舞的微虫：细菌概念在晚清中国的生成》，复旦大学历史学系、复旦大学中外现代化进程研究中心编：《近代中国研究集刊：近代中国的知识与观念》第7辑，上海：上海古籍出版社，2019年版，第112-140页；张彤阳：《中国近现代微生物学名词的审定与演变历程》，《自然科学史研究》，2020年第39卷第2期；等等。

③ "China Medical Missionary Association Biennial Conference", *The China Medical Journal*, Vol.XXIX. No.2, March, 1915, p95.

版相比较，该版除了词条新增至20000条外，还对重要的日语医学术语进行比较，消除了一些不能被证明是可接受的造词[①]。针对高氏的报告，比必（Beebe）认为医学术语统一的重要性在于在中国推行并被所有医学院校普遍采用，提议博医会应与北洋政府合作审订医学术语[②]。

就在1915年2月5日博医会年会闭幕之时，刚刚参加完博医会年会的中国西医代表们，转而继续召开会议，代表全国近100位西医，讨论并成立了中华医学会，发行《中华医学杂志》，实现了中国西医界议论多年的夙愿[③]。对此，博医会的态度是乐见其成，“我们祝贺中国朋友和同事们的事业取得圆满成功”[④]。不久，1915年2月博医会术语委员会的高似兰继续召集了一大批来自中国教育、医学、出版等领域的知名人士，在上海举行了一次重要会议。高氏提出了医学术语工作的原则：（1）尽可能多地使用古老的中国医学术语；（2）在需要的情况下，选择一些最合适的日本医用名词；（3）音译或修饰外国术语；（4）对西方医学术语的含义进行研究。此外，高氏还指出当时中国医界使用日语医学术语的弊端，在多数情况下日语的医学术语翻译太过字面化，不能直接使用，而此种医学术语的音译

① “China Medical Missionary Association Biennial Conference”，*The China Medical Journal*，Vol.XXIX. No.2，March，1915，pp.100–101.

② “China Medical Missionary Association Biennial Conference”，*The China Medical Journal*，Vol.XXIX. No.2，March，1915，pp.102.

③ Wu Lien–teh. “The National Medical Association of China”，*The China Medical Journal*，Vol.XXIX. No.6，November，1915，pp.406–408.

④ “The Year 1915”，*The China Medical Journal*，Vol.XXX. No.6，January，1916，p39.

名词也不能直接引入，因为日语的发音与汉语的发音差别太大[①]。

来自杭州的Y.K.Wang则认为不仅要规范医学术语，还要对药典的全部名词进行统一，他提议由江苏省教育会组织研究小组，对中国的医学教育进行调查[②]。江苏省教育会副会长黄炎培最后宣读四项决议：（1）苏州、杭州的医学专家应与江苏省教育会、高似兰以及他的术语委员会共同研究；（2）任何跟医学术语相关的医学文献均应寄送江苏省教育会和高似兰以作进一步研究；（3）由高似兰准备一份医学术语基本清单，并通过江苏省教育会将此清单寄给中国西医，或者全国各地对此项工作感兴趣的人，以便集思广益；（4）当上述的研究建议或报告收集完毕后，将向有志于此项工作的医界人士发出邀请，在上海召开大会。届时也会邀请北洋政府任命若干官方代表，共同研究医学术语统一问题，并建议北洋政府采取同样的行动[③]。

1916年2月，先是中华医学会在上海召开第一届年会，就该会与博医会合作审订中国医学术语问题达成共识[④]；后是江苏省教育会邀请中外医学科学专家在上海开会，商讨医学名词审订问题，博医会、中华民国医药学会、中华医学会、江苏省教育会各推代表5名以内，组织医学名词审查会，"凡后此成立之医学、药学等会得随时加入"。1916年8月7日至15日，医学名词审查会在上海召开第一

---

① "Chinese Co-operation in Standardising Medical Terms", *The China Medical Journal*, Vol.XXIX. No.3, May, 1915, pp.200-201.

② "Chinese Co-operation in Standardising Medical Terms", *The China Medical Journal*, Vol.XXIX. No.3, May, 1915, p.201.

③ "Chinese Co-operation in Standardising Medical Terms", *The China Medical Journal*, Vol.XXIX. No.3, May, 1915, pp.201-202.

④ "Co-operate Work on Chinese Medical Terms", *The China Medical Journal*, Vol. XXX. No.3, May, 1916, pp.205-206.

次会议，1917年1月11日至17日召开第二次会议，江苏省教育会理科教授研究会加入化学名词审定。1917年8月1日至8日召开第三次会议，华东教育会加入解剖、化学名词审定，另委托中华医学会提出微生物名词草案[①]。1917年8月16日该会制订了《医学名词审查会章程》，8月27日，教育部准许医学名词审查会备案[②]。

业经三次会议后，医学名词审查会初步形成了基本审订流程，"每次开会均先由一团体担任起草，开会时即依据草案逐项审查，审定后重行印刷审查本，分布中外专家征集意见"，然而所有印刷草案及审查本及开会各项费用均由发起者博医会、中华民国医药学会、中华医学会、江苏省教育会四团体分担，会务开支不小，"三次开会仅印刷费一项已达数百元，连合其他各项费用每团体年需开支四五百元"，考虑到"四团体经费本极支绌，年增此项巨大出款，势必益形竭蹶，且医学名词至为繁夥，逐项审查绝非一二年可以竣事"，只好呈请教育部予以补助，教育部则表示"该会审订医学名词成绩可观，迭次开会本部均特派代表参与讨论，将来统一学术名词方深倚赖"，最终拨给一次性补助费一千元[③]。

1917年9月25日，总统府医官屈永秋、哈尔滨等处防疫局总办伍连德共同拟定了《中华医学会编订细菌学名词条例》[④]，全文

---

① 《第三次医学名词审查会开会后覆教育部文（六年八月）》，《中华民国医药学会会报》，1917年第1期，第3–4页。

② 《医学名词审查会呈教育部文》，《中华医学杂志（上海）》，1917年第3卷第4期，第33–34页。

③ 《医学名词审查会呈教育部文》，《中华医学杂志（上海）》，1917年第3卷第4期，第34–35页。

④ 《中华医学会编订细菌学名词条例》，《中华医学杂志（上海）》，1917年第3卷第4期，第36页。

如下：

《中华医学会编订细菌学名词条例》

（一）细菌学名词除一小部分外，东西洋学者尚未曾整理，此次编订含有一种整理之手续繁琐殊甚，当然不易完善。草案中所列名词系采自英德日各家著作，以连带关系之字列在一处，以便审查，俟审查后或加索引或依字母序次届时再定。

（二）病原菌名称依鉴斯透氏Chester《细菌学》以及绵引朝光《细菌鉴别掌典》作蓝本，更取他著以补不足。

（三）细菌学名词关于培养时之状态及集落现象者，依据美国细菌学会最近修正之鉴别表，尚有新添名词参考新著补入。

（四）菌名依拉丁文为根据，术语之无拉丁文者，仅胪列英德文。

（五）细菌学为晚近新起之学，其沿用各科学名词甚夥，如Indol，Mercapton等字为化学名词，Micrococcus catarrhalis，Bacillus typhosus等字兼涉病理学以及显微镜学，诸名称类皆物理学名词，不能因各科学名词未定而付之阙如，故遇此种沿用名词，择其最通行之译法填入，俟有较善者再行修改。

（六）凡译名通行稍久，即不易更改，故编者主因不主创，苟非万不得已，概不创制新名，惟遇同一名称有两种以上之译名，则意信达雅译例权衡之定其去取。

（七）免疫学近世几成专科，非寻常细菌学教本所可概括，然与细菌学关系至密，故编订细菌学名称时，所有免疫名词不得不同时附列。

（八）为编辑与审查之便利起见，细菌学名词分为二部，细菌学术语及沿用各科学之名词列为甲部，病原菌列为乙部，匪病原菌与医学无甚干系者，以及原虫类暂不赘入。

以上八条原则既体现了医学名词审查会的通行规范，也融入了细菌学名词的特殊情形。细菌学起于晚近，相当于中国晚清时期，学科成长相比较其他西学略晚，不可避免吸收了不少化学、物理学、医学等知识、概念与理论，这从根本上决定了细菌学名词的审订工作较为复杂。此外，文末还附有所用英德日文参考书目20种[①]，其中日文7本，德文1本，英文12本，应该说时人本意是以英美细菌学为主，德日细菌学为辅。但在《细菌学名词草案》实际

---

① 书目为麦克尼尔：《病原微生物》（McNeal: *Pathogenic Microorganisms*）;麦克法兰：《致病菌和原生动物》（McFarland: *Pathogenic Bacteria and Protozoa*）；雅培：《细菌学原理》（Abbott: *Principles of Bacteriology*）；帕克、威廉：《致病菌和原生动物》（Parke and Williams: *Pathogenic Bacteria and Protozoa*）；切斯特：《限定的细菌学》（Chester: *Determinative Bacteriology*）；西蒙：《感染和免疫》（Simmon:*Infection and Immunity*）；艾伦：《疫苗疗法和调理疗法》（Allen:*Vaccine Therapy and Opsonic Treatment*）；《柯氏免疫学》（Kolmer: *Immunology*）；《秦氏细菌学》（Hiss and Zinsser: *Bacteriology*）；乔丹：《普通细菌学》（Jordan: *General Bacteriology*）；施耐德：《制药细菌学》（Schneider: *Pharmaceutical Bacteriology*）；麦克法兰：《普通生物学与医学》（McFarland: *Biology General and Medical*）；勒曼和诺伊曼：《细菌诊断（第1版和2版）》（Lehmann und Neumann: *Bakteriologische Diagnostik*［1and 2］）；志贺：《近世病原微生物与传染病（第1版和第2版）》（Shiga: *Die Klinische Bakteriologie und die Infektions-Krankheiten*［1 and 2］）；志贺：《近世病原微生物及免疫学》（Shiga: *Die Klinische Bakteriologie und die Immunitaetslehre*）；福原：《血管学和传染病》（Fukuhara: *Die Serologie und die Infectionskrankheiten*）；《细菌鉴别学》（Watabiki: *Differentialdiagnostik der Bakterien*）；《细菌学》（Asakawa: *Bakteriologie*［1，2 and 3］）;《病原细菌学》（Sasaki:*Pathogene Bakterien*［1 and 2］）；野口英世：《梅毒的血清诊断》（Noguchi: *Serum Diagnosis in Syphilis*）。《中华医学会编订细菌学名词条例》，《中华医学杂志（上海）》，1917年第3卷第4期，第37页。

编写过程中，体现了“衷中参西”的特点，如翻译bateria时，考虑到“《尔雅》释‘中馗菌’，地蕈也，小者曰‘菌’，按菌乃植物中之微小者，今冠以‘细’字而言其细微不易见，于义尚合，姑从之”[①]，因此译为细菌，博医会原来发明的“毴”字弃之不用。

1918年医学名词审查会先后召开第四次会议预备会与正式会议，审查解剖学、化学和细菌学名词。7月4日医学名词审查会在江苏省教育会召开第四次会议会前预备会，细菌学组到会的有中华民国医药学会的杨少兰、程树榛、吴帙书，中华医学会的胡宣明、沈嗣仁，江苏省教育会的俞凤宾、吴济时、江逢治，理科教授委员会的周纾如、王立才、葛竹书[②]。与会代表一致同意如细菌名词中有涉及化学名词时，“遇关系重要名词得提出于各组联合会中解决之，又为避两组抵触计，细菌组应置备化学名词审查本全份，以便随时检查有关涉化学组已定之名词，须归一律。若细菌组之审定名词牵连化学者，亦提交化学组参考，以随时协商”[③]。

还有一些团体代表到7月5日正式开会才到，如解剖组的施尔德、鲁德馨，化学组的窦维廉、纪立生、赵齐巽，“细菌组为柯立克君，旋以柯君不及莅会，改由纪立生君出席，一为中华博物研究会代表”，细菌组四位代表为于荇莪、吴和士、邹秉文、吴子修。另教育部代表汤尔和、严智钟、沈步洲分别出席解剖组、化学组与细

① 中华医学会：《细菌学名词草案（细菌学术语附免疫学术语）》，上海：医学名词审查会，1918年，第1页。

② 《会务录要：医学名词审查会开会纪要》，《江苏省教育会月报》，1918年7月，第5页。

③ 《医学名词审查会预备会记事》，《中华医学杂志（上海）》，1918年第4卷第3期，第162页。

菌组，沈信卿、吴和士、严智钟分别任各组主席，程树榛任细菌学组书记。7月5日当天轮到细菌学组报告审查情形，最终因细菌学草案起草员丁外艰不出席，“讨论时诸感困难，进行甚迟，且各团体代表出席者少，拟中止审查，而以对于草案具体的意见及应行增删处，开送原起草员参考，俾有所修正，谋下届审查时之便利，旋经多数赞成通过”①。7月6日细菌学组停止审查，7月13日正式闭会，议决第五届会议上化学、细菌二组“照旧继续”审查②。

虽然1918年底“医学名词审查会”更名为“科学名词审查会”，但是医学名词审查工作并未中断，“本会既系医学名词审查会改组，每届开会仍应将医学名词继续审查，至少必有一组”，“改组后之第一次审查仍依照七年七月大会闭会前议决之范围”③。改组后的科学名词审查会“会务益见发达”，还得到了教育部的认可，“月得教育部津贴若干元，以充印刷审定本等费”④。

1919年5月20日，科学名词审查会职员部推定细菌学名词组、组织学名词组、化学名词组代表，其中细菌学名词组为王完白、张近枢、俞凤宾⑤。按照惯例，7月4日会前召开第四次大会预备会，具体到细菌学组讨论情形，俞凤宾报告了细菌学草案情形，首先表

---

① 《医学名词审查会开会记要》，《中华医学杂志（上海）》，1918年第4卷第3期，第162–163页。

② 《会务录要：医学名词审查会开会纪要》，《江苏省教育会月报》，1918年7月，第6–7页。

③ 《科学名词审查会章程（民国七年修正）》，《中华医学杂志（上海）》，1919年第5卷第1期，第58–59页。《通信：科学名词审查会章程（民国七年修正）》，《北京大学日刊》，1919年第501期，第3页。

④ 《科学名词审查会之发达》，《中华医学杂志（上海）》，1919年第5卷第2期，第65页。

⑤ 《科学名词审查会之发达》，《中华医学杂志（上海）》，1919年第5卷第2期，第66页。

示“起稿不整齐，去年不能到会抱歉”，接着谈到广泛向国内外同行征求意见的过程，“写信至日本征集各字汇未得，写信至美国细菌学者，适美国加入战团非常忙，写信与白克令，白寄来细菌名词多本，观白之书觉细菌名词要整理其意见，战事一止，即须划一”，最后提到汤尔和、葛竹书、吴帙书等人已预备一本细菌学名词草案“想必好得多”，并表示“如旧草案须取消情愿取消”。葛竹书表示还是俞凤宾的细菌学名词草案比较好，汤尔和进一步解释了上届大会中止讨论细菌学名词的原因，“因俞先生不到不能讨论，姑置之后办，原起草人整理各送意见于原起草人，由原起草人决定。本欲搜集材料送与俞先生，今春尚欲如此，后因关系，故做成迟”。言外之意汤氏对俞氏的细菌学名词草案并无反对意见。纪立生也认为俞氏的“预备本”花了很大工夫，“如用新草案而旧草案抛在一边，很不公道”，应该继续支持俞氏的细菌学名词草案[①]。

7月5日至12日，科学名词审查会如期在上海举行，参会团体有教育部、博医会、中华民国医药学会、中华医学会、江苏省教育会、理科教授研究会、中华博物学会、中国科学社等，与会代表40余人，讨论名词分为组织学、细菌学、化学三组，其中细菌学名词与化学器械名词均为该会代表所编订，“每日讨论自四小时至六小时不等，结果甚优，感情和洽”[②]。在7月10日联合会议上，王完白表示“细菌学总论审查完结，医药学会送来草稿已经补入，博医会霉

① 《科学名词审查会第五次开会记录》，《中华医学杂志（上海）》，1920年第6卷第2期，第108–109页。

② 《科学名词审查会第五次大会》，《中华医学杂志（上海）》，1919年第5卷第3期，第103–104页。

菌名词可补入，明年决有细菌组”[1]，具体分工为“细菌学各论由中华民国医药学会担任，分类草案由俞先生担任，审查本暂不付印”，并议决下届开会分细菌、化学、物理三组，“均于九年二月底以前将草案交至执行部，四月底以前印刷完竣，分发各团体”[2]。由于王完白担任细菌学组主席期间尽职尽责，颇受表彰，“在王医士不过尽其牺牲博爱之天职，而在本会得此贤能之代表，实受其赐”[3]。

与前五次会议均在上海江苏省教育会开会情形不同，第六次会议改在北京召开，由北京协和医学院承办。与会团体增至二十个[4]，盛况空前，细菌学组出席代表有汤尔和、孟合理、宝福德、谢恩增、严智钟、葛成勋、杨自沂、费学礼、李光纶、王完白、陈宗贤、俞凤宾、郑章成、庞斌、邹秉文。实际上俞凤宾因“事冗”未能出席[5]。1920年7月4日，按例开预备大会，公推教育部代表汤尔和为主席，中华医学会代表王完白为书记，7月5日至12日每日开分组审查会，其中细菌学组仍推王完白为主席，另推程树榛为书记，“先审查细菌学之分类及各论，继再审查免疫学名词，至十日午间

---

① 《科学名词审查会第五次大会记录（续）》,《中华医学杂志（上海）》，1920年第6卷第3期，第167页。

② 《科学名词审查会第五次大会记录（续）》,《中华医学杂志（上海）》，1920年第6卷第3期，第170–171页。

③ 《王完白医士之热心公益》,《中华医学杂志（上海）》，1919年第5卷第3期，第107页。

④ 分别为教育部、博医会、中华民国医药学会、中华医学会、江苏省教育会、理科教授研究会、中国科学社、华东教育会、中华博物学会、北京中国化学支会、北京大学、北京高等师范学校、沈阳高等师范学校、成都高等师范学校、广州高等师范学校、北京工业专门学校、北京农业专门学校、山西农业专门学校、北京物理学会、丙辰学社。

⑤ 《本会消息：科学名词审查会第六届之年会》,《中华医学杂志（上海）》，1920年第6卷第3期，第133页。

已经完毕。关于总论之名词，已于上届审查，故细菌学名词已全部告竣，本届即可结束”[①]。其中免疫学名词与细菌分类名词均为中华医学会名词部草拟，“今届已通过”[②]。

1920年少量刊行第六次审查会审议通过的细菌学名词，1922年至1923年，科学名词审查会校对并印刷一本《细菌学名词（中英对照本）》，以及重编、校对及印刷一本《细菌学名词》（拉丁、英文、德文、日文、旧译名、决定名等项俱备本）[③]。1924年科学名词审查会在苏州召开第十次大会，细菌总论、免疫学、细菌名称、细菌分类名词作为医学名词本的第七本，“征集意见已期满，待校正送印”[④]，到了1925年审查校正本已出版[⑤]，但最终直至科学名词审查会结束，上述细菌学名词与医学组织学、病理学名词命运一样，仍处于“审定本待印”的状态，并未面向市场发行[⑥]。

事后汤尔和曾指出此次细菌学名词审查本的诸多缺点：“一曰冲突。组织学名，先已审定，而细菌名词，有与组织关联者，多不一致。如Protoplasma，组织本译作‘原浆’，而细菌本仍作原形质；Chromatin，组织本作染色质，而细菌本作核染体，

① 王完白：《科学名词审查会第六届年会记要》，《中华医学杂志（上海）》，1920年第6卷第3期，第160–161页。

② 《本会消息：科学名词审查会第六届之年会》，《中华医学杂志（上海）》，1920年第6卷第3期，第133页。

③ 《科学名词审查会第九次大会纪事：编校科学名词报告》，《中华医学杂志（上海）》，1923年第9卷第3期，第264–265页。

④ 《科学名词审查会第十次大会在苏开会记：附表》，《中华医学杂志（上海）》，1924年第10卷第5期，第427页。

⑤ 《第十一届科学名词审查会在杭开会记》，《中华医学杂志（上海）》，1925年第11卷第4期，第308页。

⑥ 《科学名词审查会十二年间已审查、审定之名词一览表：[表格]》，《中华医学杂志（上海）》，1928年14卷第3期，第187页。

Fusiform即Spindelform，组织本作梭状，而细菌本仍作纺锤状；二曰混同，如七二页第一三九字Tuberculin译作结核菌苗，而八八页之Tuberculosevaccin亦作结核菌苗。又如Alexin，Komplement，Cytase，意虽一物而字各不同，一律译作补体，Amboceptor，Fixateur，Fixator，Substance，sensibilisatrice，Praeparator，Kopula，计六字，一律译作介体，不加区别，于义于文，极多障碍；三曰未安，尤关重要者，如Opsonine一字，其义为健康血液中一成分，当白血球摄取细菌之际，加以烹调，使成美味，故曰籍多调理素，而细菌本作食菌素，Bakteriotropine亦作食菌素，后加括弧以单性、复性别之，于定义似嫌未洽。”虽然名词定名为“至难之业”，但汤尔和认为组织本与细菌本之间存在相互矛盾之处，“甚愿名词会诸君，于适当时期之内，汇通已定名词而审查一过，庶乎可以折衷至当”[①]。

1932年此项名词并入科学名词审查会出版的《医学名词汇编》，“其间整理补充，颇见精审，然总而计之，不过六百八十余则而已”。与此同时，市面上还有其他细菌学名词，如汤尔和翻译的《近世病原微生物及免疫学》（1928年），“计附免疫学译名百数十余则”。又如汤飞凡翻译的《秦氏细菌学》（1932年），“计附细菌学名词三百四十余则”。二者“一简一繁，俱不失为佳构，惜乎未经公开讨核，蔚为大观，尚不能使各方注目”。1932年国立编译馆成立后，随即着手编订细菌学及免疫学名词。1933年6月拟订初稿，后送交教育部细菌学免疫学名词审查委员会修订，成员有颜福庆、

① （日）志贺洁著，汤尔和译：《近世病原微生物及免疫学》，北京：商务印书馆，1928年版，“译者弁言”，第1–2页。

刘瑞恒、伍连德、汤尔和、陈宗贤、潘骥、程树榛、李振翩、宋国宾、汤飞凡、林宗扬、鲁德馨、杨粟沧、余濱、金宝善、李涛、赵士卿等人，由赵士卿专责此事，经1934年2月第二次审核，8月第三次审校，“始竣其业”，于同年10月28日呈请教育部正式刊布[①]。

从表面上来看，此次审查从初审到刊布耗费时间只有一年多，“各方学者见仁见智，主张纷歧，然几经讨论之后，终于调融而为一”[②]。实际上，若从1917年第三次医学名词审查会决议草拟微生物学名词算起，细菌学名词审查工作已有17年之久，然而即便如此，相比较其他学科名词审查而言，细菌学名词已属较快完成。

具体言之，教育部公布的《细菌学免疫学名词》，以意译为主，必要时从音译，“凡属他种学科之名词，而在本科目中常须征引者，亦择要列入；惟在译名之后加注‘从某’字样，以示此项名词须以各该科目公布之名词为准”，“译名之后加有*号者，为尚未完全决定之名词，此项名词另编一表，附在本书之后，以待改版时重付讨论决定”，“决定名中加有[ ]者，为可用可省之字”，“‘德名’‘英名’等栏中所列之西文字，系指某国通用之名词而言，故一间有他国文字列入”[③]。

书内分细菌学与免疫学两部分，每部分又分十余类目，将同物异名汇集在一起，总计二千余则名词。其中细菌学名词分为一般名称、细菌形态学、细菌生理学、酵素、嗜菌体、消毒及灭菌、细菌培养、检查法、流行病学、细菌分类名词、裂殖菌、真菌、螺旋

① 国立编译馆编订：《细菌学免疫学名词》，上海：商务印书馆，1934年版，序。
② 国立编译馆编订：《细菌学免疫学名词》，上海：商务印书馆，1934年版，序。
③ 国立编译馆编订：《细菌学免疫学名词》，上海：商务印书馆，1934年版，凡例。

体、超视微生物等14个条目，免疫医学名词开列免疫性及免疫法、毒素、溶解及溶素、杀菌素及其他、抗毒素及抗毒血清、抗溶素、抗抗体、抗酵素及其他抗体、侧锁说、血清诊断、调理素及亲素、过敏性、细菌质、结核菌素、菌苗、接种、免疫疗法及化学疗法等17个条目，另有附录为参考名，以及中西文索引，西文索引分别用(L.)（D.）（E.）（F.）表示拉丁文、德文、英文和法文，方便读者查阅[①]。

最终，部颁的《细菌学免疫学名词》、汤尔和译的《近世病原微生物及免疫学》、汤飞凡译的《秦氏细菌学》三本书在民国细菌学界影响较大，虽然背后医学脉络略有差异，但基本译名已渐近统一，这不得不归功于此时细菌学名词审查工作的贡献，即便审定本没有正式出版，但整个审订过程已然深切影响到每一位参与的民国细菌学家，也正因为如此，才有了后来继续译介国外细菌学说时的“默契”，但又难以称得上已达成“共识”。

三、晋绥鼠疫期间的防疫措施与观念

（一）难以协调的遮断交通与鼠疫防治

对于1917–1918年鼠疫，已有历史学者关注，其中张照清从疫情出发，初步探讨了北洋政府的应对措施[②]，曹树基则以此次鼠疫

① 国立编译馆编订：《细菌学免疫学名词》，上海：商务印书馆，1934年版，第1–193页。

② 张照清：《1917–1918年鼠疫流行与民国政府的反应》，《历史教学》，2004年第1期。

为个案，在政治史视野下，揭示了中央政府与地方政府的权力分立、交织与转化的过程[①]。随后，曹树基和李玉尚进一步挖掘《山西省疫事报告书》，对此次鼠疫进行了更为细致地探讨[②]。然而笔者重新梳理《政府公报》《大公报》等报刊后发现，在此次鼠疫期间，遮断交通是中央和地方政府最主要的防疫措施，并非仅限山西一省，而且遮断交通也非一时所创，在1910–1911年东北鼠疫期间，清政府首次大规模采取遮断交通方式，并取得良好效果[③]。显然1918年鼠疫防控受到了东北鼠疫经验的影响，并在此基础上，推动了中央与地方公共卫生事业的后续进一步发展。

1.鼠疫疫情

1917年8月，鼠疫首先在绥远伊克昭盟乌拉特前旗扒子补隆（今新安镇，时属五原县管辖）一个教堂暴发流行，患者病状均为“头痛、畏寒、腰痛、咳嗽、呼吸促迫、神思残愦、周身不安、口鼻行血”，取患者痰血用显微镜检验，“确系含有病毒，实为鼠疫霉菌”[④]。9月下旬一支运送毛皮的马车队将疫情传入包头，10月传入萨拉齐、土默特和呼和浩特，再波及清水河、托克托、凉城、集宁、卓资、丰镇等地，进而从丰镇、大同沿着京绥、正太、北宁、京汉、津浦等铁路传播到山西、察哈尔、直隶、山东、安徽、江苏等省，构成全国范围的重大疫情，共疫死14600人，造成

① 曹树基：《国家与地方的公共卫生——以1918年山西肺鼠疫流行为中心》，《中国社会科学》，2006年第1期。

② 曹树基、李玉尚著：《鼠疫：战争与和平——中国的环境与社会变迁（1230–1960年）》，济南：山东画报出版社，2006年版，第352–380页。

③ 杜丽红：《清末东北鼠疫防控与交通遮断》，《历史研究》，2014年第2期。

④ 《丰镇何守仁来电 一月十六日》，《政府公报》，1918年第723期，第23页。

巨大的生命和财产损失[1]，仅主管防疫的中央防疫委员会便支出高达608006.49元[2]，地方各省、县、镇的防疫支出无算。此时由皖系军阀段祺瑞所把持的北洋政府，正在强力推行“武力统一”政策，故其一方面要与孙中山领导的护法军对抗，另一方面又要防控鼠疫，导致中央财政入不敷出，所用防疫经费“系与四国银行团商借一百万”[3]。正是在如此窘境之下，北洋政府与染疫各省政府采取了以遮断交通和铁路检疫为主的防控措施，较为有效地遏止了疫情。

1918年1月1日山西省政府接中央政府急电，告知绥远、五原、萨拉齐及包头镇等地方发生肺鼠疫。1月7日，总统段祺瑞立即批准了内务总长钱能训的呈文，任命伍连德、陈祀邦、何守仁三人为检疫委员，负责防疫事务[4]，并在大同一带查看办理[5]。伍连德曾经在哈尔滨领导了抗击肺鼠疫的斗争，而且在1911年4月的奉天国际鼠疫会议上担任会议主席，是近代著名的鼠疫防治专家，由其负责调查疫情再合适不过。另一方面北洋政府迅速成立了中央防疫委员会，由江朝宗担任会长，隶属内务部[6]。并于7日下午开会讨论防疫办法，决定依照《传染病预防条例》，以五萨等县为实行区域，其

① 张照清：《1917–1918年鼠疫流行与民国政府的反应》，《历史教学》，2004年第1期，第19页。
② 《内务部防疫委员会收支各款清单》，《政府公报》，1918年第776期，第26–27页；《内务部防疫委员会收支各款清单》，《政府公报》，1918年第776期，第26–27页；《内务部防疫委员会收支各款清单》，《政府公报》，1918年第936期，第12–13页。
③ 《防疫借款成立》，《大公报（天津）》，1918年1月20日，第3版。
④ 《大总统令》，《政府公报·命令》，一月七日第七百四号，第120册，第59页。
⑤ 《政府注意绥属疫症之近闻》，《大公报（天津）》，1918年1月6日，第3版。
⑥ 《内务部防疫记详·今日组织防疫委员会》，《大公报（天津）》，1918年1月7日，第3版。

东路丰镇为交通要道，亦附在实行区域之内，并于杀虎口、清水河等处设防疫检查所[①]。但疫症传播迅速，5日便进入山西右玉县，随时危及左玉。防疫委员会再次讨论，决定设置三道防御线，即绥远为第一段，由伍连德担任；丰镇为第二段，由何守仁担任；大同为第三段，由陈祀邦担任[②]。此外，交通部命令京绥铁路管理局配合防疫，暂停京丰铁路全线交通[③]。此即分区域、分路线设防之始。

然而防控工作刚刚起步便遭阻力，“据闻丰镇有两人染受鼠疫毙命，伍连德医官拟将死者尸骸解剖，以观受病之原因及其情状，竟未得死者家属之同意。以该处风气闭塞，闻解剖之说，地方人民甚为惊骇，已有聚众滋闹之事，并闻伍医官已被人殴打”[④]。作为医学博士，遭受愚昧民众的殴打，这让伍连德难以接受，他坚决不肯继续留在丰镇，要求回京[⑤]。为保证防疫工作的顺利开展，北洋政府根据1916年3月颁布的《传染病预防条例》，以教令第一号、第二号分别制定了《检疫委员设置规则》和《火车检疫规则》[⑥]。至此，初步确立了由中央防疫机构会同地方政府划定防疫区域，检疫委员、地方官员、各铁路管理局督管，沿交通线检疫防控的原则。

---

① 《防疫消息汇闻·防疫委员会开会》，《大公报（天津）》，1918年1月8日，第3版。

② 《防疫要闻》，《大公报（天津）》，1918年1月10日，第2版。

③ 叶恭绰：《交通部训令第三十四号·令京绥铁路管理局局长丁士源》，《政府公报·命令》，1918年第707期，第8页。

④ 《丰镇防疫之风潮·人民之反对解剖，伍医官难以为情》，《大公报（天津）》，1918年1月14日，第3版。

⑤ 《丰镇何守仁来电》，《政府公报·公电》，一月二十六日，第七百二十三号，第120册，第659–662页。

⑥ 《教令第一号·检疫委员设置规则》，《政府公报·大总统令》，一月十七日第七百十四号，第120册，第350–351页。《教令第二号·火车检疫规则》，《政府公报·大总统令》，一月十七日第七百十四号，第120册，第351–474页。

2.遮断交通与铁路检疫

遮断交通，是指通过隔断疫区的内外交通，阻止客货流动，并于通衢大道和交界孔道截留行旅、客商、士兵等，经过沿途所设检疫所检验，确系健康无病后，方给予凭证通关，以防止疫情向外扩散。在此次防疫过程中，北洋政府不得不先后遮断绥远、山西、直隶、江苏等省的铁路、陆路和河运交通，并在沿途交通要点设置检疫所和隔离所。

首先，需要了解一下该区域的交通状况，华北地区地袤广阔，铁路网纵横交错，包括京绥、京汉、京张、津浦、胶济、正太等线路。铁路无疑是该区域最重要的交通方式之一，这些铁路也就成为交通遮断的首要目标，与东北地区铁路利权被日俄占据不同，北洋政府拥有华北地区大部分的管理权，故在防疫过程中不需要与列强进行交涉，更多的是与地方省政府、县知事进行协调。

时近岁末，有许多自口外返乡的苦工，也有奉命调遣的军队，还有来往频繁的客商，强制性地遮断交通，必然带来两个问题：一是随着跨省界现代化交通的发展，地方各级政府实际管理范围和难度增大；二是客货滞留、隔离军民等举措带来了对隔离房舍、饮食供应等方面的新需求，给各级政府造成巨大经济压力。苦工和士兵实际上占据当时华北地区流动人口的绝大部分，围绕如何截留、检疫、隔离、安置这些流动人口，在交通遮断过程中，北洋政府各部、各省政府、各铁路管理局、各县知事之间电文应接不暇，就具体事务交换意见，表达各自看法，让我们得以窥探各级政府复杂的利益博弈图景。

时任山西督军兼省长的阎锡山，在得知右玉县出现疫情之后，便电令大同镇守使、雁门道尹将由绥入晋各口并为七处，设所检查，"由该镇道加派军警医士协同办理，过客一律留所检查，七日无恙，方令前行。远边、近边各县严令加意防范，省城设立防疫总局，会商中西医士，切实筹防，派员购置药品、器具，分发补用"，他认为，"伏查此种时疫传染最速，非遮断交通不足以严防制"[①]。他所采取的防疫措施与内务部不谋而合，在丰镇疫势愈演愈烈之时，内务部随即着令何守仁检疫委员应于"绥丰往来要道各添设检疫所一处，以防蔓延"[②]。如果说以上只是初步的点与点之间的遮断与检疫，那么从正太铁路开始，整条、整段铁路线的遮断与检疫工作逐渐展开。

为防止时疫南下太原，外交团所组之卫生会提出，"太原至寿阳一段先行停车，以便筹办设所检验"，交通部则较为慎重，随即电令正太路管理局调查，"太原附近有无疫症发现，应在何处查验为宜，有无先行停车之必要"[③]。经过调查，正太路管理局认为，一方面本路范围之内实无设所检疫相当之地，因固关为直晋两省往来孔道，旅客难保不绕道固关，防不胜防，另一方面认为当前尚无疫症发现，查验地点难以先行锁定，再则本路医员仅有一人，不敷使用[④]。虽然于正太路设防窒碍难行，交通部折中此前各方观点，要

① 《太原阎锡山来电》，《政府公报·公电》，一月二十日第七百十七号，第120册，第471页。

② 《内务部致何委员电 一月十七日》，《政府公报·公电》，一月二十日第七百十七号，第120册，第471页。

③ 《交通部致正太路局电》，《政府公报·公电》，一月二十日第七百十七号，第120册，第471页。

④ 《交通部收正太路局电 一月十五日》，《政府公报·公电》，一月二十日第七百十七号，第120册，第471页。

求先行在本路山西境内比较重要的四个站（太原、榆次、寿阳、阳泉）进行设防，“拟请各该地方官盘诘搭车旅客，确非从北地来者给予凭照，再由本路医员察视后方准登车，本路只有医士一人，应令常住石家庄筹备防治等事，太原拟暂聘天主教堂义国（意大利）医士帮办，至榆次、寿阳、阳泉三站应请钧部暂行代聘华医三员，分往任事，每员每月应送薪费若干”①。

1月22日，交通部商准京绥火车于同日停止，以配合伍连德医官赴丰镇开展抗疫工作②，另外内务部还电令晋北镇守使张树帜督率军队和县知事在杀虎口、石匣沟、清水河、右玉县等五处设所检疫③。然而，铁路停车严重影响沿线正常经济活动，不久即因“京绥停车，京师坐困”，于是京师总商会呈请交通部，要求“于五原、萨境发生之鼠疫四面严防，将京张火车克日开行，俾互通财货”。交通部则做如是回应，“将京绥火车暂停原属不得已之举，旬日以来本部已深悉商民悬望情形，业与主管各机关赶紧筹商通车前应行布置事宜。一俟布置就绪，即可恢复一部分之交通，兹据前情查防疫事务系属内务部主管，已再商行酌办，至所请专在五原萨境四面严防之处，仰即迳呈内务部核可也”④。

最终《京绥铁路、京张先开货车办法》经过防疫会决议通

① 《交通部收正太路电》，《政府公报·公电》，一月二十日第七百十七号，第120册，第471页。

② 《内务部致丰镇县转伍医官电》，《政府公报·公电》，一月二十二日第七百十九号，第120册，第541-542页。

③ 《大同张树帜电 一月九日》，《政府公报·公电》，一月二十二日第七百十九号，第120册，第541-542页。

④ 《交通部批第十九号 原呈人京师总商会》，《政府公报·批示》，一月二十六日第七百二十三号，第120册，第658页。

过，其中第6条明确规定，“货物消毒一节应照西历一九一一年四月二十八日奉天万国鼠疫会议议决条款第十九条，除烂布、旧衣及认为已染病毒之货物外，无庸消毒”[①]。查《奉天国际鼠疫会议报告》中原决议是，“（1）患者的衣服和床上用品应该进行彻底消毒，可以使用蒸汽、煮沸或长时间浸泡在某种消毒液中等办法。如果没有多少价值，可以进行焚烧。（2）接触者的衣服和床上用品也应该进行消毒，可以使用蒸汽、煮沸，或用某种消毒液进行彻底的喷洒。用这些方法将遭到损坏的物品可以使用福尔马林熏蒸，或在干热条件下干燥，以及在阳光下晾晒三天。不要漏掉物品表面的任何部分”[②]。

相比之下，遮断交通较易实现，具体到地方防疫工作开展则受到多种因素影响。其一，边地风气未开。在伍连德被打之后，内务部即转告各委员、都统，“边地风气未开，解剖实验病菌之用，边地不免惊疑，地方官吏妥慎办理”[③]。其二，军队飞扬跋扈，不服从检疫。驻扎在丰镇的第一师辎重营弁兵三十名赴绥领饷，归途染疫，病死一名，到丰镇后二日内又病死三名，经即检验确诊为肺鼠疫，将同行士兵隔离尚能推行，“惟尸身尚未掩埋，拟用火葬之法，以绝根株，该连长不肯负责”[④]，“连长既不敢负责，亦不肯孟浪，拟

① 《内务、交通部致大同江将军电》，《政府公报·公电》，一月二十九日第七百二十六号，第120册，第748–750页。

② 国际会议编辑委员会编，张士尊译：《奉天国际鼠疫会议报告》，北京：中央编译出版社，2010年版，第458页。

③ 《内务部致何委员电》，《政府公报·公电》，一月二十七日第七百二十四号，第120册，第691–694页。

④ 《何守仁自丰镇来电 一月十八日》，《政府公报·公电》，一月二十七日第七百二十四号，第120册，第691–694页。

请钧部会同陆军部极力主持，俾一切计划得以进行无碍”[①]。其三，地方官员玩忽职守。面对此次疫情，阎锡山如临大敌，然而代县曾知事却办理不力，“业经撤任示儆，督饬文武各官加紧防范”[②]。

既然军队飞扬跋扈，不服从检疫，那么就让他们负责检疫事务，于是中央政府命令各丰镇驻军分驻四路防堵[③]。不久，为预防鼠疫向东扩散，京汉铁路局医官即提出了系统的防堵办法，“于直隶迤西边境设一完备而长之防御线，自南口以至娘子关检查防御，由地方公共协助防疫会施行”，与之前防疫方案不同，这次明确提出由军队驻屯防守，“于各官道内择相宜地点设完全检疫所，以军队屯扎防守，凡自西来旅客均须由医生确实检验”[④]。

很明显，京绥铁路、正太铁路、京张铁路、京汉铁路各有防疫政策，缺乏一个各铁路管理局统一协同、一致认可的方案。1月21日陈祀邦、司美礼、小菅勇、约弗雷、鹤见三三等人于大同召开防疫会议，就中国北方防疫办法达成以下决议：

（1）京绥铁路为第一议题，当即议定在南口设一检验所：（甲）按照万国鼠疫研究会之规定，旅客须受拘留五日，此可参考报告书第三百九十一页，该段谓须设拘留所于第六

① 《丰镇何守仁来电 一月十九日上午十点收》，《政府公报·公电》，一月二十八日第七百二十五号，第120册，第719–722页。

② 《太原阎锡山电 一月十九日下午十二时三十分》，《政府公报·公电》，一月二十八日第七百二十五号，第120册，第719–722页。

③ 《田中玉来电》，《政府公报·公电》，一月二十八日第七百二十五号，第120册，第719–722页。

④ 《京汉铁路局医生上局长函 译法文》，《政府公报·公文》，一月三十日第七百二十七号，第120册，第779–780页。

站，以便在空站消毒，并须准备一二三等旅客之通行，至少须有容留一千人之住所；（乙）预备接触者与疑似者分居之室；（丙）设疫症医院以便有确患疫症者之居住；（丁）由张家口来之火车不得经过南口，如车中有疑似者发现，则于车之开回张家口以前须先消毒；（戊）接触者之衣服、被褥须经消毒，故须为彼等预备衣服、被褥以便更换，并宜购置一杀秽器，如不能办到，择可在蚁□水中消毒；（子）余等建议由北京保安队兵士编成一卫队，归一外国兵官节制，以监护隔离所及南口之口；（庚）主持医务者须有总医官一人，细菌学家一人，均须曾受外国教育者，另在本国学西医者七人，医院侍者二十五人；（戊）为中外医士准备房屋。

（2）对于张家口余等检疫请江将军巡查，其巡查情形与在大同时相同，如无疫症发现，则大道与铁路均须设法检验，如有疫症发现，则亟须设立传染病院。

（3）对于正太铁路现决议与在太原府之杨怀德医士接洽，取一致之防疫方法。

（4）对于京汉铁路因据浑源报告有车辆向保定府东行，故亟宜设法预防。[①]

以上防疫办法还被《大公报》[②]全文刊载，几乎同时，由内务

① 《陈祀邦等自大同来电 一月二十二日下午十一时》，《政府公报·公电》一月三十日第一百二十七号，第120册，第781–782页。

② 《关于防疫事宜之函电（续）》，《大公报（天津）》，1918年1月26日，第3版。

部制定的《清洁办法、消毒办法》也以部令的形式进行公布①。至此，两个具有法律效力的指导性文件成为此后防疫工作开展的总方针，之后各路管理局又进行调整和细化各自的防疫规则，其中以京汉铁路管理局制定的防疫规则最具有代表性。

京汉铁路是贯通南北、直通京畿的最重要的铁路之一，因此京汉铁路管理局分别以两次广告的形式，将最新防疫规则公之于世。该路防疫办法共包括五项内容，分别是：防疫会之组织、常驻检疫医员之配置、随车检验医员之分布、车站及车辆之消毒、广告之揭示，另外还包括十三条注意事项，最后还附有京汉铁路筹办检验人员配置情况②。

虽然有了防疫办法和各路的防疫规则，但因“疫势蔓延迅速如星火，虽经在事各员切实筹办，而地面广袤，事务繁重，权限尚有未明，措施或虞阻碍”，中央防疫委员会会长江朝宗认识到，“自非将防疫各区域界限划清，不足以专责成而收效”，于是将绥远、察哈尔、山西、直隶四省划分为四大防疫区，针对直晋交界的正太路和贯通南北的京汉路，北洋政府明确规定“由各该路局督率医官分别办理”，如此形成了由线到面的防疫布局。

绥远的丰镇是此次疫情的重灾区，因晋北与绥远、察哈尔相接界，因此可以说山西防疫的成功与否直接关系到四大防疫区防疫工作的成败，正太路管理局、内务部、交通部等部门致山西督军阎锡山的电文如雪花般飞来。前文已经提到，在防疫之初，阎锡山即

① 《清洁方法、消毒方法》，《政府公报·命令》，一月三十一日第七百二十八号，第120册，第807–812页。

② 《京汉铁路防疫第一次广告》，《京汉铁路防疫第二次广告》，《政府公报·广告一》，二月一日第七百二十九号，第121册，第33–35页。

令在太原成立山西防疫总局，该局不仅对太原城的防疫工作布置得条理分明，而且还起到了山西防疫总机关的作用。山西防疫总局，参照北洋政府划分四大防疫区的做法，首先命令军队分驻广武、岱岳各要口，将交通一律遮断，又将整个晋北划分为四条防线，“划定左云、阳高、天镇、大同、平鲁、朔县、偏关、河曲等八县为第一防疫线。怀仁、山阴、应县、浑源、广灵、宁武、神池、五寨、代县、保德、繁峙、灵邱、岢岚、淳县等十五县为第二防疫线。雁门关内，忻县一带为第三防疫线。石岭关为第四防疫线”，除此之外，还“检定中西药剂并经验良方，分发防疫各地，广为流传，以期有备无患”[①]，负责巡视各省防疫情形的中央防疫委员会会长江朝宗夸赞道，“晋省防疫办理极为认真，划定防线三道，均有军队驻守，当不致蔓延，省城尤为完善”[②]，山西因此成为四大防疫区的首善之区。

虽然直隶被划定为防疫第四区，但因保定、定州、正定均为驻扎军队之地，而1918年2月正是护法军与北洋军交战激烈之时，因此直隶省长曹锐认为，“现以前方军事紧急，遇有调遣，立须行动。若于临时须由军医官检验给凭单，再由路设检验所查看放行，诚恐耽延时刻，有误戎机，似应略予变通”，他向陆军部提出申请，“凡军队运输关系前方者，应由各属军医官确实按法检验，免予凭单及交路设检验所复行查看，以免阻滞，至单独军人因事来往旅行者，必须有该属军医官验讫凭照，由路设检验所查看放行，似此分别办

---

① 《照钞山西防疫总局来函》，《政府公报·公文》，二月八日第七百三十六号，第121册，第240–242页。

② 《江会长来电 二月七日》，《政府公报·公电》，二月十六日第七百四十二号，第121册，第449–452页。

理，庶于军事进行及防疫方法两不相悖”[①]。此外直隶督军曹锟则直接致电陆军部，也认为“现在军务孔亟，京汉一径关系军事甚重，刻已照饬所属驻扎保定、定州各军对于乘车之官兵，准先由军医官施行健康检查，给票放行”[②]。陆军部很快便同意曹省长的请求，另外责令张家口田都统、大同张镇守使、丰镇乔镇守使、宣化任镇守使，“请饬沿路各军队，如有单行军人搭乘火车应一律受检，无病者方准登车，以免破坏沿路防疫办法，至成队军人应先由军医认真防检，勿稍疏忽”[③]。

此外，当局还任命陆军军医学校校长全绍清为防疫委员，于2月1日率领技术人员、医官赶赴疫区，另行“抽调医科四年级学生组织医队，克日启程。此行有该校防疫学教官俞树芬，系日本陆军军医学校防疫专科毕业，暨细菌学教官王若宜，东省防疫曾着功绩者，随同赴绥，并其他教官医员多人”[④]。

3.“平山事件”与“津浦”防疫

正当四大防疫区防疫工作如火如荼进行之时，平山县暴发了疫情，保定道尹许元震向内务部报告，内务部回应，“办理平山疫症情形已悉，防疫亟迫，邮电迟缓，嗣后务须电陈以免贻误”[⑤]。为何一个小小的县城会引起内务部如此强烈的反应？原来平山县地理

---

① 《天津曹省长来电》，《政府公报·公电》，二月十日第七百三十八号，第121册，第311–314页。

② 《曹锟来电》，《政府公报·公电》，二月十日第七百三十八号，第121册，第311–314页。

③ 《陆军部致田都统等电》，《政府公报·公电》，二月十日第七百三十八号，第121册，第311–314页。

④ 《防疫医队之出发》，《大公报（天津）》，1918年2月2日，第6版。

⑤ 《内务部致保定许道尹电 二月七日》，《政府公报·公电》，二月十四日第七百四十号，第121册，第377–378页。

位置极为重要，是正太路上的重要站点，同时是晋直交界之处，且离直隶重镇保定、石家庄非常之近，接近京汉铁路线，一旦疫情失控，将直接影响太原和保定的安危。2月7日，直隶省长曹锐电告交通部、内务部，“平邑疫症未蔓延，惟柏岭一村死亡相继，病状颇似百斯笃中最为险恶之肺鼠疫，传染力既猛且速。该村前已派警实行隔离，禁止往来各关口，又分投堵截西来过客，暂停交通”。另外曹锐命令北洋防疫处，“迅即续派医生，携带药品驰赴定县施治防堵”[①]。2月8日，直隶省长曹锐、督军曹锟联名致电中央防疫委员会会长江朝宗，声称，“当即飞电大同王镇守使、宣化汪镇守使双方酌派军队迅往，与晋省毗连之获鹿、井陉、平山、阜平等县堵截行旅，以杜传染。……又飞电汪使迅饬驻扎附近军队，会同路局暨各该县知事，协力认真防遏，并在定县、卢家庄等处断绝交通，以免蔓延”[②]。

2月10日，保定道尹许元震在给内务部中央防疫委员会的电文中称，“昨已召集军政警法学绅商各界开会议定，设立保定防疫处，即日成立，尽力防办。并于清苑、西乡、魏村、阳城、大李各庄各要道设检验所各一处，委派员医各带领警六名，前往严行检验，并于西乡各小路派拨守备队兵分往防堵”[③]。然而，事实上，平山县并未如以上所说严密防范，经江朝宗巡察得知，“该道尹、知事等，

① 《天津曹锐来电 二月七日下午三时二十分》，《政府公报・公电》二月十四日第七百四十号，第121册，第377–378页。

② 《天津曹锐、曹锟来电 二月八日》，《政府公报・公电》二月十七日第七百四十三号，第121册，第477–480页。

③ 《保定道尹许元震来电 二月十日下午》，《政府公报・公电》二月十七日第七百四十三号，第121册，第477–480页。

于应办防务漫不经意，平山有疫地点并未设法隔离，定县仅派二三巡警，并据外国医士报告，看守疫宅之警竟将应行隔离之人擅放入城赶集，致增传播”，并提出严厉诘问，“该两县一接近正太，一密迩京汉，疫势倘再蔓延，交通必生障碍，该道尹知事等能当此重咎耶？”同时，为避免此种敷衍塞责情形再次发生，内务部议定，将制定《奖励、惩戒、给恤各办法》，以考成效[①]。

面对内务部的质问，直隶省长曹锐和督军曹锟似乎无动于衷，仅2月9日一天，内务部就连发两道电文给曹锐和曹锟，希望该省能够认真办理防疫事务[②]。另一方面，内务部部长钱能训和中央防疫委员会会长江朝宗亦在同日连续致电山西督军阎锡山，希望阎锡山能够顾全大局，协助直隶防疫，“五台地方与直属平山接壤，疫防吃紧，请加派弁兵在晋边各口协力堵截，以免蔓延”，又请求派遣正在山西抗疫的美国医士杨怀德（Dr.W.Yeung），“前赴该处会同地方官办理防务，所需川资、药品请尊处酌垫，由部拨还，并派军警护送至获鹿下车”[③]。很明显，请求阎锡山协助办理直隶平山防疫事务，实诚无奈之举。内务部并未如愿，曹锐和曹锟始终不肯做出回应。曹锟之所以不肯做出回应，实则是无暇顾及，此时他和吴佩孚的第三师正在由湖北襄樊经荆州、监利向湖南岳州进攻的路上[④]，

---

① 《内务部致保定许道尹来电 二月九日》，《政府公报·公电》二月二十日第七百四十六号，第121册，第569–570页。

② 《内务部致天津曹省长电 二月九日》，《内务部致直隶曹省长电 二月九日》，《政府公报·公电》二月二十二日第七百四十八号，第121册，第627–628页。

③ 《江朝宗、钱能训致山西阎督军电 二月九日》，《江朝宗、钱能训致山西阎督军电 二月九日》，《政府公报·公电》二月二十二日第七百四十八号，第121册，第627–628页。

④ 来新夏等著：《北洋军阀史》（上册），天津：南开大学出版社，2000年版，第496页。

讨伐南方与防治鼠疫两者孰轻孰重，在当时历史情景下可想而知。

山西方面，本来是要派杨怀德赶往平山防疫的，但是医士德克暨柯鲁柏克已由五台前赴平山，鉴于杨怀德对于晋北防疫的重要性，阎锡山电请内务部，“拟请我公俯念晋北疫区广阔，防务吃紧，准留杨博士在晋襄助一切”[①]。综合前后电文可知，其实，阎锡山电称晋北防疫吃紧，挽留杨博士，实则是不愿意为直隶平山而越俎代庖。这也不难理解，直隶省政府本身态度既已消极，对待内务部的责问，不做任何回应，即便晋直二省毗连，阎锡山也并不认为有义务帮助直隶防疫。平山事件暴露了很多问题，上至省政府，下到地方道尹、知事并不是所有人都听命于北洋政府，且省与省之间关系疏离，利益为先，这均不利于防疫工作有效开展。所幸平山疫情并未扩散，内务部也就不再追究直隶于防疫事务漫不经心的失责问题了。

平山事件平息不久，阎锡山便于3月3日电呈内务部，请给因公病故的山西官立医院院长石亮熙予以抚恤，由于此时“防疫人员奖惩及恤金条例”尚未出台，所以只能参照《警察和官吏恤金给与条例》，“给予一次恤金二百元，遗族恤金四年，年给一百元以资抚恤”[②]。3月8日，内务部颁布《防疫人员奖惩及恤金条例》，奖励分为三种，勋章及警察和奖章、特保实职、升阶。抚恤对象分为现任职防疫人员和非现任职防疫人员两类，抚恤金额均分十等，多则八九千元，少则四百元，非现任职防疫人员因染疫身死者抚恤金额

① 《太原阎督军来电 二月十四日》，《政府公报·公电》二月二十四日第七百五十号，第121册，第678-680页。

② 《内务部总长钱能训呈 大总统核拟山西省长请给已故山西官立医院院长石亮熙恤金文》，《政府公报·公文》，三月三日第七百五十七号，第122册，第71页。

总体略高于现任职防疫人员的抚恤金额①。相比之下，石亮熙所获抚恤金并没有新条例中规定的高，从侧面反映出内务部奖惩力度之大。此时根据何守仁、全绍清、许元震等人的来电可知，丰镇、平山等处已无疫情发生②。

然而，一波未平一波又起，据津浦铁路局电称，“南京发生疫症，已于浦口车站设立检验机关”③。随后该局发布广告，“自3月20日起，浦口、浦镇、花旗营、东葛、乌衣五站所有快慢客车均暂行停止售卖北行客票”，又规定，“从3月22日起，由南京至镇江一段客车停开，所有本路各大站出售由津浦至沪宁及沪杭两路之联运客票，亦一律暂行停售”④。此后又多次刊登此则广告⑤，提醒人们注意防疫。到了3月底，内务部纷纷接到电文称归绥、萨拉齐、包头、五原、丰镇均无疫情发生⑥，于是津浦铁路局与沪宁铁路协议，定于4月30日起，两路复行开售联运客票，但为慎重防疫起见，将于车上

① 《防疫人员奖惩及恤金条例》，《政府公报·公文》三月八日第七百六十二号，第122册，第254–255页。

② 《何守仁自丰镇来电 三月二号夜十一时三十分》，《堡定道尹快邮代电 三月四日》，《何守仁自丰镇来电 三月七日》，《政府公报·公电》，三月八日第七百六十二号，第122册，第263–264页。

③ 《内务部致何德仁医士电 三月二十日》，《政府公报·公电》，三月二十四日第七百七十八号，第123册，第287页。

④ 《津浦铁路管理局广告》，《政府公报·广告一》，三月二十四日第七百七十八号，第123册，第289页。

⑤ 《津浦铁路管理局广告》，《政府公报·广告一》，三月二十七日第七百八十一号，第123册，第369页。

⑥ 《归化侯毓汶来电》，《丰镇乔镇守使来电》，《丰镇乔镇守使来电 三月二十五日》，《政府公报·公电》，三月二十八日第七百八十二号，第123册，第396页。

售卖防疫面具（伍氏口罩）[1]，规定“所有联运搭客乘本路车将抵浦口时起，以至沪宁车开离南京站后，及乘沪宁车将抵南京时起，以至本路开车离浦口站后，在此时间以内，均需带用面具，如无面具即应在浦口或下关，由两路医员留验”，“由浦口北行客票亦自三十日起，发售头等客票，二三等客票仍暂行停售，惟购买头等客票旅客应由本路浦口检疫医官验明无疫，方准购票登车”[2]。

江苏省政府则召集地方文武、东西洋医士、绅商学报各界到防疫局开会讨论防疫办法，形成六条决议，具体如下：

1.防疫局将所有调查报告逐日送到中西各报，俾便周知。

2.每日各区派员至商会接洽一切防疫事宜，以免隔阂。

3.城内五区各聘外洋医士一员，其调查事宜仍由原派中西医士办理，遇有疫症或疑似病者，应与外洋医士互相证明，洋医名单另函寄呈。

4.前条所办各事每晚八时由该区中外医士列表签名报告防疫局。

5.所聘各区洋医每星期由防疫局送夫马费洋五十元。

6.拟请德克医士充城内五区总调查，黎大夫充下关总调查。[3]

---

① 最新的研究有张蒙：《“伍氏口罩”的由来》，《近代史研究》，2021年第2期。王雨濛：《庚戌鼠疫与“伍氏口罩”的诞生——兼及其历史渊源》，《南开学报（哲学社会科学版）》，2021年第4期。

② 《津浦铁路局防疫广告》，《政府公报·广告二》，四月一日第七百八十六号，第124册，第22页。

③ 《南京陶思澄来电 三月三十日》，《政府公报·公电》，四月三日第七百八十八号，第124册，第88-89页。

后经查明，所谓染疫二人，“下关张子元一名，系天然痘，已于昨日身死，北区李得功一名，系普通肺炎，现仍未愈，以上均据防疫局派医验明，此两日未据报有疫病发现”[①]。直至4月2日，南京仍然没有疫情发生，于是津浦铁路局呈请交通部，希望能够恢复通车，交通部回应称，“所有本路暂停售北行客票之浦口及乌衣五站，自应恢复原状。现定本月二日起，浦口至乌衣五站北行各等客票，一律照常开售”[②]。至此，津浦铁路沿线防疫工作完成。

（二）清洁与消毒：《大公报》与细菌学知识传播

在伍连德被打乡民殴打之后，引起国内外媒体争相关注，不仅有《大公报》进行报道，驻京津的英国泰晤士报馆也曾试图采访他，但伍连德予以谢绝。后《泰晤士报》记者又以信函的方式，询问伍连德关于在绥远、丰镇等地方的防疫经历及遇到的困难，伍连德回复道，“第一因人民塞野毫无知识；第二因地方知事拒不承认有发生瘟疫情事；第三因军队权利太重，多数人民心怀畏惧，加之医无一定机关以为诸医士之主脑，盖其实虽有一检疫委员会奉令设置，而会员多至三四十人，人人欲奋发有为而初不知如何着手”，他认为，“今兹局势之所需者，乃一人赋有其权，更有一医学专家资其顾问足已”[③]。伍氏所谈三点绝非空谈，军队和地方知事属于行政机关，北洋政府尚能协调，惟有民众于卫生防疫昏昧无知，实难

① 《南京下关陶思澄来电》，《政府公报·公电》，四月三日第七百八十八号，第124册，第88-89页。

② 《交通部收津浦路局来电 四月二日》，《政府公报·公电》，四月四日第七百八十九号，第124册，第131页。

③ 《伍连德医士防疫一席话》，《大公报（天津）》，1918年1月23日，第3版。

改变。此年《大公报》刊载了许多关于鼠疫预防和卫生防疫知识的文章，在一定程度上起到了传布正确防疫观念和卫生知识的作用。

疫情出现后，中西医各抒己见。中医认为，此疫古已有之，且方书多有记载，并从疫气观角度阐发病因和病理，“西医名曰百斯笃，又名鼠疫，其实疫乃温毒流行中之一种厉气。兵灾与水旱之后，每易发生此疫，其中人也必由口鼻吸入，分布三焦，非停滞裹症，亦非感冒，表邪如发散、消导，即犯刦津之戒，治法与伤寒六经不同”，此种论说显然是老生常谈，属于“温病学派”的表述。此外这位中医自称是曾参与过清末东北鼠疫的防治工作，且所开药方治愈甚多，具体药方如下：

> 西瓜翠衣二两、连翘二两、人中黄一两、元参二两、九节菖蒲一两、牛蒡子一两、生地三两、郁金一两、漂青黛一两、银花四两。如症已重，加犀角五钱，右药除银花四两外，各味细末，将银花熬汁为丸，如桐子大，用青果四枚煎汤，送服四钱。未病者可以防御，已病者即能解化，病重者日服两次。①

以上很明显是清热解毒的方子，有缓解之用，但无法治愈肺鼠疫这类烈性传染病，故该中医有夸大药方作用的嫌疑，甚至是打着古人的旗号招摇撞骗。

就在同一版面上，还刊登了一篇名为《原疫》的文章，署名黎雨民，并有注释说明此文转载自《医药卫生浅说报》。从行文内容

① 《防疫良方》，《大公报（天津）》，1918年2月2日，第6版。

来看，显然属于西医科学，理论基础是细菌学说，他认为，“疫症即吾人所谓天地一种不正之气，而西人所发明之细菌是也”，接着简要论述了细菌的种类、性状、毒性等内容。他认为本年鼠疫，“系属杆菌之一种，即百斯笃杆菌也。其曰肺百斯笃者，是因此菌先传于肺脏，所谓由其中于某部而命名也。其曰鼠疫者，因鼠易感受此病，所谓由其易于感受之物而命名也”[①]。

由于细菌微小，只有在显微镜下才能观察到，而对于大多数人来说，无法对其形成感性认识，只有将高深的知识变得浅显易懂，才能启迪更多的民众。黎雨民认为防疫的重点应该是杀菌，“将吾人日用所需之物品及四围包拥之空气，厉行消毒之法、清洁之方法，菌类毫无著足之地也”，另一方面他也认为个人应注意保养，做到“节饮食、寡思虑、均劳逸、戒赌嫖、不吃生冷、不染污秽、不冒严寒、不近高温，使吾身之神气清明、血液调达”，二者并行相济，方能“足以与菌势相抵抗也”。然而细菌并非百无一用，它们与人类是相伴相生的关系，在整个生态系统循环中扮演重要角色。关于这一点，时人已经认识到，“四时皆有菌发生，到处皆有菌存在，有益于人者，有害于人者。其害人者，以夏冬两季之菌为最，因此两季之气候，一为酷热，一为严寒，而体菌么微竟能生活于此两季之中，则其抵抗力之强横可想而知也。但人身原有杀菌之能力，天地亦有灭菌之时，机体力之生活强旺，血液之循环佳良，是人身所以杀菌之具，好雨之洗涤，长空大雪之漫盖万类，是天地所以杀菌之□，此菌之所以不能到处为害，时时为灾，而人得以安居

① 黎雨民：《原疫》，《大公报（天津）》，1918年2月2日，第7版。

世界，繁衍子孙也”[①]。

黎雨民除了从学理角度阐释鼠疫防疫知识外，还编写了一首通俗易懂的“防疫歌”，与之前所作“原疫论”互补，具体如下：

疫当防疫当防疫，疫不防兮将蔓延。是乃天地不正气，气中有菌毒最强。乘隙侵入人体内，始则繁殖终猖狂。食吾血烂吾肠，透越心宫穿膏肓。既侵肺兮又破脑，医药罔效神无方。迟则不过二三日，速则顷刻命难全。一家犯此香烟绝，一市犯此尸满场。兄唤弟儿唤娘，骨肉流离委沟塘。天地变色阴云惨，夜月为昏哭声长。君不见印度遭鼠疫，全国传染种几亡，又不见满洲遭鼠疫，同胞死逾数万千。而今山西亦有疫，其势将与邻省连。设非急起速扑灭，自轻性命等愚顽。若人深知疫之理，扑灭之法有何难。菌见污秽即便近，污秽之中生机繁。菌怕毒药又怕热，吾人得此可以防。衣服器物勤洗涤，饮食火化熟再尝。居处空气要常换，勿令炭气积盈房。开窗户，放日光，日光一照群阴潜。节食兮少近色，不过劳兮不过闲。一身充布浩然气，那怕鼠疫到吾前。华产石灰土碱皆有杀菌性，或用撒布或浣裳。西药炭酸昇汞毒最猛，喷雾为气使飞扬。一家如此疫必免，一域如此灾变祥。吾国人多土又广，四兆同胞岂虚言。政府防疫力有限，人人防疫斯周详。但使菌类永绝灭，非特疫免种亦良。浩劫临头当自警，人力原来可胜天。我今不辞苦口劝，君勿忽兮君勿忘。士晓农，工告商，茶前酒后作清

① 黎雨民：《原疫（续）》，《大公报（天津）》，1918年2月3日，第7版。

谈。必使人人知此义，普天雾露消灾殃。[①]

此外，还有一首“戏拟防疫六言告示”，语带调侃之余，既讽刺了时局，也告诉了人民如何预防鼠疫，具体如下：

> 今日邦交不靖，跳梁鼠辈争雄。大兵继以大疫，鼠疫蔓延南东。沪上若遭波及，瘟生受祸无穷。本官胆怯如鼠，劝人趋吉避凶。瞎猫贪吃死鼠，由来相习成风。奉劝阿猫阿狗，切勿贪吃汹汹。老鼠贪油鼓腹，往往遗毒其中。尔辈揩油健将，留心疫染尔躬。喜出风头妇女，每带灰鼠手筒。从此屏弃不御，安心度过残冬。妓寮纳污藏垢，勾引浪蝶游蜂。汝辈小工苦力，切勿再跳老虫。若死牡丹花下，六百零六无功。为此谆谆告诫，其各一体遵从。[②]

如果说黎雨民的“原疫论”和“防疫歌”略显通俗的话，那么陆军军医学校医院主任张用魁的“鼠疫之病状及预防法”一文，则显得更为专业和系统。该文分“病状”和“预防法”两部分，第一部分细化为四个部分，即：腺百斯笃、败血性百斯笃、肺百斯笃、肠百斯笃。第二部分亦是四个部分，即：捕鼠、气候关系、遮断交

---

① 黎雨民：《原疫（续）》，《大公报（天津）》，1918年2月6日，第7版。

② 《谐文·戏拟防疫六言告示》，《大公报（天津）》1918年2月17日，第11版。

通、搜检疫病[1]。但张氏文章侧重讲预防，所提到的四种防疫办法亦属常见之见，对于消毒、清洁办法并未具体说明。

图4.6　此处专利不准行人

图4.6中，一条残破的铁路象征着被遮断的交通，路的左边是一位双手抱持西药箱的医官，并且说了一句“阿里阿笃”（ありがとう，谢谢），由此判断是一位日本医官。而路的右边是一只站立着的大老鼠，在离铁路不远处竖立着一块牌子，上面写着“此处专利，不准行人”。这幅漫画实际上反映的是在鼠疫期间，中国政府大量使用日药。内务部在防疫初期即向日本采购大量治疗百斯笃的西药，“闻日本某药剂师发明一种专药，特为注射中国发生之百斯笃。屡试屡验，已由内务当局电致日使购买一大批”[2]。此则报道虽不免有捕风捉影之嫌，但却道出了民国初年有防疫治疫之责的行政机关并无独立生产疫苗、血清等生物制品的能力。

---

① 该文为连载性文章，分别见于：张用魁：《鼠疫之病状及预防法》，《大公报（天津）》，1918年2月18日，第10版。《鼠疫之病状及预防法（续）》，《大公报（天津）》，1918年2月22日，第10版。《鼠疫之病状及预防法（再续）》，《大公报（天津）》，1918年2月23日，第10版。

② 《防疫消息汇志》，《大公报（天津）》，1918年1月12日，第3版。

四、小 结

民初十年，虽然政局动荡，但却为民主、科学等知识的传播创造了宽松的条件。在此阶段，人们对细菌学说的认识已经从腺鼠疫杆菌、肺鼠疫杆菌等菌种扩大到对细菌的性质、分类、培养、作用等方面的系统介绍，并呈现出由专业医学知识走向工农生产和日常生活的趋势。随着细菌学说学科边界逐渐浮现，细菌学名词统一问题亦被提上日程，透过医学名词审查委员会、科学名词审查会以及国立编译馆的种种努力，不难发现细菌学说在中国由纷繁走向统一之难，在音译、意译、造字等过程中，呈现出中国传统文化、西方科学主义与日本“和魂洋才”之间的交流与碰撞。

1917–1918年华北地区暴发严重的腺鼠疫，此时南北军阀势力在湘、鄂地区激战正酣，由于疫区境内有多条铁路干线通过，以段祺瑞为首的北洋政府不得不抽调人员，组织防疫。曾在宣统鼠疫期间做出卓越贡献的伍连德被派往疫区，有了前车之鉴，此次鼠疫防控自然相对得心应手，从中央到地方均非常强调管控交通和施行消毒，但仍然有诸多因素妨碍防疫工作展开：其一，乡民愚昧无知，对消毒、清洁措施无感；其二，地方官员不作为，故意隐瞒疫情；其三，军队飞扬跋扈，不顾防疫大局，视民命如草芥；等等。

尽管有宣统鼠疫防治经验可资借鉴，且在宣统鼠疫期间已经有大批精英人士向民众推介细菌学说知识，但是山西、绥远、直隶地区毕竟属于中国中部，知识传播的速度和普及的速度远远比不上东部沿海地区，所以一方面我们看到在新文化运动期间已有大量细菌学说知识引入，另一方面又可理解由于地区差异性而导致人们对细菌学说知识接受的程度参差不齐。虽然北洋政府出台了《传染病防治条例》《消毒办法、清洁办法》《奖励、惩戒、给恤各办法》等法律条文，并且临时建立了由内务部牵头的中央防疫委员会，但是毕竟临时抱佛脚之举，显得步调较为凌乱，且防疫各项开支靡费甚巨。因此，从当时国内的防疫形势来看，亟须建立一个既能传播细菌学说知识，又能生产、接种生物制品血清疫苗的政府常设性研究、生产机构，这便是1919年中央防疫处的由来。

第五章
北洋政府时期中央防疫处及其生物制品的推广接种

如果说1900年之前卫生行政主要是在通商口岸由洋人推行和监管，那么庚子之变以后，清末新政期间，由袁世凯主导的“北洋新政”则是北洋区域推行早期现代化的宝贵尝试，诸如警政、巡警、新式学堂、卫生局等举措，亦成为近代公共卫生行政演进的重要篇章。1900年八国联军把欧洲的市政管理模式带到了天津，创建了临时卫生局（又称天津卫生局、北洋卫生局），1902年该局作为“天津临时政府”的遗产交接给直隶地方政府，成为中国最早的近代卫生行政机构之一[①]。

1905年袁世凯奏请清廷，“参酌西人防疫之法，厘订章程，在大沽、北塘各海口建盖医院，就近由北洋医学堂选派高等毕业生及中国女医前往住院经理”，“会同江海关道举办，凡自有疫口岸来船必须停轮候验”，以便收回由洋人掌控多年的港口检疫权[②]。此后，

① 路彩霞：《天津卫生局裁撤事件探析——清末中国卫生管理近代转型的个案考察》，《史林》，2010年第3期。

② 袁世凯：《遵旨妥筹验疫办法折》，天津图书馆、天津社科院历史研究所编：《袁世凯奏议》（下册），天津：天津古籍出版社，1987年版，第1063-1065页。

效仿各租界情形而建立起来的各级卫生检疫机构也开始在全国各地推广开来。在地方，由巡警道负责兼管辖地区的卫生事宜，“清理街面，保卫人民，是其专责”①，并与工程局一道负责建立辖区的公共厕所、大面积的城市排水系统等城市公共卫生体系。在中央，先是1905年在巡警部之警保司下设卫生科，后于1906年改为内务部卫生司。到了20世纪20年代，巡警兼管卫生的制度越来越无法适应大规模传染病防治的需要，特别是在此前1910–1911年东北大鼠疫和1917–1918年晋绥鼠疫的刺激下，专业的传染病防治机构——中央防疫处便呼之欲出了。

一、中央防疫处的组织、人事与经费

1918年北洋政府内务部以“绥远防疫余款”②为开办经费，选择天坛神乐署旧址作为开办地点，由卫生司司长刘道仁和京师传染

① 袁世凯:《创设保定警务局并添设学堂拟订章程呈览折》，天津图书馆、天津社科院历史研究所编:《袁世凯奏议》(中册)，天津：天津古籍出版社，1987年版，第608页。

② 绥远防疫借款，具体指1917–1918年以段祺瑞为首的北洋政府为应对发生在热河、绥远、山西等省份和地区的严重鼠疫，以盐税余款为抵押，向外国银行团借款一千万元(《纪闻：大借款之近讯》,《银行周报》，1917年第1卷第13期，第23页)。整个防疫期间约用去23608006.49元，剩余76391993.51元。此数据为笔者根据《政府公报》所载“内务部防疫委员会收支各款清单”计算得出，三次统计清单如下：a.1918年1月9日–2月15日，共支出23237415.14元(《内务部防疫委员会收支各款清单》,《政府公报・通告》，二月二十日第七百四十六号，第121册，第571–574页)；b.1918年2月16日–3月15日，共支出166877.36元(《内务部防疫委员会收支各款清单》,《政府公报・通告》，三月二十二日第七百七十六号，第123册，第219–220页)；c.1918年3月16日–4月15日，共支出203713.99元(《内务部防疫委员会收支各款清单》,《政府公报・通告》，四月二十九日第八百十三号，第125册，第429–430页)。

病医院院长严智钟共同筹设中央防疫处[①]，并由京师传染病医院拨给菌种及实验用小动物，嗣后又派韩魵堂、俞树棻、刘驹贤赴日本采办机器和材料[②]。1919年3月中央防疫处办公场所建成，共花费43926.378元[③]，遂于同年同月正式宣告成立，刘道仁为首任处长，严智钟担任副处长，该处隶属北洋政府内务部卫生司，其职能包括四个方面：（1）关于传染病病原及预防治疗的研究及传习；（2）关于传染病预防、消毒、治疗等项材料的检查和鉴定；（3）关于痘苗、疫苗、血清及其他细菌学预防治疗品的制造；（4）关于传染病的预防计划和实行，以及通俗宣传和调查事项[④]。

表5.1　北洋政府时期中央防疫处组织人事沿革表

公布日期	规则章程	科室及人员设置	备注
1919年1月20日	《中央防疫处暂行编制》	设处长一人，综理全处事务；副处长一人，辅助处长管理处内事务。技术员十至二十人，事务员若干，并聘请中外传染病学、细菌学专家为该处顾问，酌设分所及附属医院。	
1919年5月29日	《中央防疫处分科办事章程》	第一科下设疫务股和经理股。第二科下设研究股和检诊股。第三科下设血清股、疫苗股和痘苗股。	

① 中央防疫处英文名称为，“National Epidemic Prevention Bureau”，亦常缩写为“NEPB”。

② 中央防疫处编：《中央防疫处一览》，中央防疫处印，1926年版，第2页。

③ 参见杜丽红：《近代北京疫病防治机制的演变》，《史学月刊》，2014年第3期。

④ 《中央防疫处暂行编制》，中国第二历史档案馆编：《北洋政府档案》第155册，北京：中国档案出版社，2010年版，第230–234页。

续表

公布日期	规则章程	科室及人员设置	备注
1920年3月17日	《中央防疫处办事暂行章程》	设一室二科：总务室负责文牍、会计、庶务事项。疫务科下设调查股、检疫股和宣讲股。技术科下设检诊股、血清股和疫苗股。	
1922年3月12日	《售品室办事细则》	售品室事务由处长派员专管，隶属第一科庶务股。	机构仍设三科，三科职掌依旧
1922年9月7日	《中央防疫处暂行编制》	中央防疫处职员包括处长、科长、技师、技术员、主任、助理员。	同上
1927年4月7日	《暂行编制暨分科办事章程》	中央防疫处分设三科，总务科、疫务科、技术科。	同上

说明：1927年4月7日，中央防疫处奉内务部命令，将“本处暂行编制原案详加查考，拟定条文十五条，分设三科”。新修订的编制条文和办事章程与1922年9月7日颁布的《中央防疫处暂行编制》相比，编制上没有变化，但是《中央防疫处办事暂行章程》内容有所扩充，增加图书管理和疫苗售卖二项。

资料来源：（1）中国第二历史档案馆编：《中央防疫处分科办事章程 部令第三十三号》，《北洋政府档案》（第155册），中国档案出版社2010年版，第1–3页。（2）中国第二历史档案馆编：《中央防疫处分科办事章程 部令第三十三号》，《北洋政府档案》（第155册），第8–12页。（3）中国第二历史档案馆编：《中央防疫处办事暂行章程》，《北洋政府档案》（第155册），第172–177页。（4）中国第二历史档案馆编：《中央防疫处售品室办事细则》，《北洋政府档案》（第155册），第222–229页。（5）中国第二历史档案馆编：《中央防疫处暂行编制》，《北洋政府档案》（第155册），第230–234页。（6）中国第二历史档案馆编：《中央防疫处暂行编制暨分科办事章程》，《北洋政府档案》（第155册），第433–438页。（7）中国第二历史档案馆编：《呈内务部拟订暂行编制暨分科办事章程请鉴核示遵》，《北洋政府档案》（第155册），第422–424页。（8）中国第二历史档案馆编：《呈内务部拟订暂行编制暨分科办事章程请鉴核示遵》，《北洋政府档案》（第155册），第425–438页。此表根据以上资料综合绘制。

1919年刘道仁担任处长，按照既定章程分科办事。第一科科长为吴瀛，下辖疫务、经理二股，设2名股主任，8名事务员，14名事务助理员，2名技术助理员；第二科科长为严智钟（兼），下辖研究、检诊二股，设2名股主任，9名技术员，11名技术助理员；第三科科长为俞树棻，设3名股主任，2名技术员，6名技术助理员。同年6月增设绥远防疫分所，由内务部技士王亚良兼充分所所长。以上所有处员和所员大多为“兼差”[①]。

1920年12月内务部派汪希兼任中央防疫处处长。次年2月，绥远分所所长王亚良，奉令回内务部任职，分所所长由该处技术员傅汝勤接任。1921年3月该处修订分科办事章程，将第一科改为疫务、会计、庶务三股，各股各置1名主任，其余二科仍旧。与此同时，第三科科长俞树棻在桑园殉职，同年5月，由庞斌代理第三科科长。7月严智钟辞去第二科科长兼职，金宝善递补该职位。1922年1月庞斌正式担任第三科科长，同年4月，增设细菌学技术专员职务，由陈宗贤担任，负责检定该处各种生物制品，协助改进制造方法。7月叶于兰任中央防疫处代理处长，8月副处长严智钟辞职，随后裁去技术员和技术助理员12人。同月改由全绍清担任中央防疫处处长，实行“经管拨款委员会案”，改兼任为专任，修订暂行编制，并订办事细则及薪俸章程[②]。

1922年10月该处设总务室，由处长直辖，设2名主任，6名事务助理员，负责文牍、会计、庶务等事项。另将原有三科改为疫务、技术二科。疫务科设调查、检疫、宣讲三股，由侯毓汶任科长，刘

---

① 《中央防疫处十二周年刊》，中央防疫处，1931年编印，第9页。
② 《中央防疫处十二周年刊》，中央防疫处，1931年编印，第10页。

庆绶、吴道益任技师；技术科设检诊、血清、疫病三股，由陈宗贤任科长，金宝善、程树榛、谢恩增、吴祖耀、刘葆元任技师，设6名技术员，3名技术助理员。1923年4月改任蔡琦担任中央防疫处处长，技术科技师刘葆元辞职，裁撤疫务科，裁去2名事务助理员，该科事务并入技术科办理。1924年4月2名技术助理员解职，同年9月黄子方补任技师，10月改派严鹤龄为中央防疫处处长，总务室添设1名主任，裁去2名事务助理员，11月又改派方擎为中央防疫处处长[①]。

1916–1924年间北洋军阀派系纷争不断，政府如走马灯般更换[②]。乱世之下人皆思安稳，难怪时人指出，“北京政界能发现薪者屈指可数，防疫处经费既足，遂不能不算中央之一美缺，而为官僚所注目。虽曾任次长者无不欣然降格为委任以就处长之职，昔之反对防疫处视为骈枝机关、无永久存在之必要者，今则莫不垂涎于是，历任总长亦无不位置其私人。无他，以其有每月现洋五百元之薪津而已”。以颇有争议的“中外医员委员会”为例，庞斌（即庞敦敏）认为“自中有中外医士组合之委员会以来，举凡用人、行政、购置、设备以及技术上之措施，无不听命于一二洋人，为处长者尸位素餐而已，其他委员滥竽充数而已，事实俱在，无可讳言，无可掩饰者也。夫关税者，中国之关税。中央防疫处自民国十年十二月起，按月经费由关税项下直接拨付，固诚以中国之国帑办中国事，未尝用外国资本也。只以关税已作外债之抵押品，故外国人

---

① 《中央防疫处十二周年刊》，中央防疫处，1931年编印，第11页。

② 来新夏等著：《北洋军阀史（上下册）》，上海：东方出版中心，2011年版，第392–824页。

必欲监督用途之当否。按当年外交团复外交部文有云，该款须由中外医士合组之董事部保管方能照拨，旋改董事部三字为委员会，所以要中外医士合组者，足见关税主权仍在中国，外国委员代表外交团，即代表债权者，中国委员代表中国政府，即代表债务者。理至明显，稍具常识者当能辨析。……所谓中国医士必须有代表政府之资格者方能聘为委员，在外国人医事机关服务之少年医士，绝无代表政府之资格，绝对不能充当委员”①。

1923–1924年间，北洋政府内部动荡也导致中央防疫处处长人选多次更易。1923年5月内务总长高凌蔚委派天津某面粉公司经理蔡琪为处长，替换原处长全绍清，一时间“处内情形之腐败种种，辱国丧权，实令人发指”。有鉴于此，1924年颜惠庆调任内务总长后，聘用前农商次长严鹤龄担任该处处长，“虽于防疫事务莫名其妙，然对于员会之干涉内政等事，或可相当抵”。1924年第二次直奉战争和冯玉祥发动北京政变后，曹锟、吴佩孚控制的直系政府垮台，11月中旬，冯玉祥、张作霖、段祺瑞等人在天津举行会议，宣布成立“中华民国临时执政府”，由段祺瑞担任执政，他上台后又改任原首善医院院长方擎为中央防疫处处长，“方君属行内且有经验者，想将来必有一番改良”②。

1925年2月裁撤技术科，改技术科科长为技师长，改任陈宗贤

---

① 庞斌（T.M.Pang）：《对于中央防疫处感言》，《医药学》，1925年第2卷第2期，第29页。

② 《外埠新闻：中央防疫处之易人》，《实用卫生杂志》，1924年第2卷第6期，第82页。

为技师长[1]，同年4月添设检定室，由处长方擎兼任该室主任，技师黄子方辅之，6月裁去2名技师，7月技师长陈宗贤赴菲律宾参加国际会议，由黄子方代理技师长职务，调金宝善任助理，8月裁去1名技术助理员，11月总务室改为总务科，由黄子方任该科科长，设四名业务员，分别负责文牍、会计、庶务、售品事项[2]。

1926年2月内务部改订中央防疫处编制，分设第一、二两科。其中第一科负责制造、研究生物制品，陈宗贤担任第一科科长，程树榛为技师，常希曾、齐长庆为技术员，杜诚志、马敬援、钟昆为技术助理员[3]。第二科负责公共卫生、检诊和庶务事项，由黄子方任科长，金宝善任技师，设3名技术员，2名技术助理员，4名科员，3名书记。同年8月改派王长龄担任中央防疫处处长，组织与人事暂无变动[4]。

1927年3月改派李方为中央防疫处处长，增设1名副处长，由林鹍翔担任，旋而辞职。同年4月该处修订编制和分科办事章程，分设总务、疫务、技术三科，总务科不设科长，由处长直辖，任命文牍、会计、庶务主任各1人，设4名事务员，4名书记；疫务科科长由黄子方担任，金宝善任技师，设4名技术员，3名技术助理员；技术科科长由陈宗贤担任，程树榛任技师，设2名技术员，4名技术助理员，1名书记。同年7月改派关菁麟为中央防疫处处长，疫务科科

---

① 《部令：内政部令（五则）：内政第十六、十七、十八号（民国十四年二月二十六日）：派陈宗贤充中央防疫处技师长此令》，《政府公报》（第217册），1925年第3205期，部令，第63页。

② 中央防疫处编：《中央防疫处十二周年刊》，中央防疫处，1931年编印，第11页。

③ 邓铁涛主编：《中国防疫史》，南宁：广西科学技术出版社，2006年版，第307页。

④ 中央防疫处编：《中央防疫处十二周年刊》，中央防疫处，1931年编印，第12页。

长由黄子方担任，兼理总务科事务，并由文牍主任锡祉帮办总务科事务。9月黄子方赴美留学，由金宝善代理疫务科科长[①]。

1928–1930年中央防疫处组织与人事变动较为频繁。1928年1月改组总务科，由锡祉担任科长，设文牍、会计、庶务、售品主任，并派技术科技师程树榛担任售品所监察，6月金宝善辞职，由梅贻琳接任技师，并暂代疫务科科长。同年6月北伐军进驻北平，国民政府内政部派金宝善为中央防疫处处长，负责办理接收工作，此时总务科科长锡祉已辞职，由技师梅贻琳暂兼总务科科长，7月又改派梁思谦暂行帮办总务科事务，9月该处奉令改组，裁撤疫务科，技术科设3名技正，由陈宗贤、程树榛、梅贻琳担任，设3名技士，5名助手，3名办事员，总务科设会计、庶务、文牍各1人，3名办事员，2名书记，不再设科长，由处长直辖。同年10月技正梅贻琳辞职，11月处长金宝善调任卫生部，12月改派技正陈宗贤兼任代理处长，另派陶善敏为技正[②]。

1929年1月卫生部指令中央防疫处，准设总务、技术二科，由邝震鸣充任总务科科长，陈宗贤担任技术科科长，并仍由陈氏代理处长职务，添设1名事务员负责售品业务。技正程树榛被上海市卫生局借调，担任卫生试验所所长，后由技士常希曾代理技正，8月又改派余濱代理技正，10月因陈宗贤赴美考察，由林宗扬代理技正、技术科科长，并兼任代理处长。1930年5月陈宗贤回国后，仍

① 中央防疫处编:《中央防疫处十二周年刊》，中央防疫处，1931年编印，第12–13页。

② 中央防疫处编:《中央防疫处十二周年刊》，中央防疫处，1931年编印，第13–14页。

为中央防疫处处长[①]。

具体言之，1927年4月国民政府设立内政部，置卫生司，掌管卫生行政事宜，司长是陈方之[②]。同年5月9日内务部审核通过，“惟编制附则中协助进行一语意义含混，易滋纠纷，仰删去以免误会”[③]。与旧政权相比，新政权对于中央防疫处职能规定并未改动，对于科室职员人数和科室名称有所调整，较之以前，表述更加细化和精确。1928年3月，颁布《中央防疫处办事细则》，该细则分为十三章，包括权限责任、文件收发及编存、会计、庶务、会议、考勤、值宿、更衣消毒、动物使用、器械药品的支领、保管及使用，以及图书管理及览阅、检查收费及制造品的检定发卖等内容，可谓事无巨细[④]。

1928年五院制的南京国民政府成立，在行政院中正式设立卫生部，卫生部首任部长为薛笃弼，于10月24日任命，次日就职，11月1日开始办公。同年11月24日，国民政府公布经中央政治会议第165次会议通过的《卫生部组织法》。新成立的卫生部开始接管北洋政

---

① 中央防疫处编:《中央防疫处十二周年刊》，中央防疫处，1931年编印，第14页。

② 陈方之，浙江鄞县人，生于1884年。曾留学日本帝国大学医科，获医学博士。曾任国民革命军总司令部军医处处长。1928年4月3日署民政部（后改称内政部）卫生司司长。1928年12月26日至1930年5月6日任卫生部技监。1928年11月27日至1933年2月27日任卫生部中央实验所所长。中华人民共和国成立后任中央卫生研究院特约研究员，上海市血吸虫病研究所卫生防疫站技正。1969年逝世。著有《卫生学与卫生行政》。参见刘国铭主编:《中国国民党百年人物全书（下册）》，北京：团结出版社，2005年版，第1318页。

③ 《修订暂行编制及分科办事章程准备案并仰将附则中协助进行语删去》，中国第二历史档案馆编:《北洋政府档案》第155册，北京：中国档案出版社，2010年版，第440–441页。

④ 《兹将修正中央防疫处办事细则呈阅》，中国第二历史档案馆编:《北洋政府档案》第155册，北京：中国档案出版社，2010年版，第646–667页。

府时期的医药卫生行政机构，具体到中央防疫处，考虑到陈宗贤、程慕颐等人“任职年久，成绩均著，所任均系特殊技术职务”[①]，卫生部决定重新起用，首先将时任处长金宝善和代理技正严智钟调卫生部任职，所留遗缺改由技正陈宗贤任代理处长，陶善敏接任技正[②]。在此期间，陈宗贤曾委托金宝善呈请部派赴美研究学术[③]，但因新旧政权交接事项甚为繁重，赴美一事暂时搁置，同年12月7日陈宗贤正式代理处务[④]。1929年南京国民政府行政院将中央防疫处定为卫生部永久直辖机关，一室三科遂成定制[⑤]。

中央防疫处经费起初主要由北洋政府财政部拨付，原议定每年从关余款项中划拨12万元，每月1万元。虽在1919年经国会核减至112872元，每月9406元，但财政部仍未能照付，导致该处经费支绌，“几至停办”，“幸技术人员勉强支持，所有检诊制造事项尚能继续进行，未至中断”。1921年12月，内务部总长齐耀珊出面整顿中央防疫处，通过外交部与外国驻华使团进行协商，再次议定“由关税项下，照国会核定之数拨款”，另外由中外医学人士共同组织“中

---

① 《训令：国民政府行政院卫生部训令第11号（1928年11月23日）：令中央防疫处：技正陈宗贤等二人自十二月一日起恢复原薪由》，《卫生公报》，1929年第1期，第3–4页。

② 《训令：国民政府行政院卫生部训令第12号（1928年12月2日）：令中央防疫处：派技正陈宗贤暂代中央防疫处处长陶善敏代理技正由》，《卫生公报》，1929年第1期，第4页。

③ 《训令：国民政府行政院卫生部指令第7号（1928年12月3日）：令中央防疫处处长金宝善呈一件呈报派技正陈宗贤赴美研究学术请备案由》，《卫生公报》，1929年第1期，第1页。

④ 《指令：国民政府行政院卫生部指令第11号（1928年12月7日）：令中央防疫处技正、代理处务陈宗贤：呈一件呈报遵令代理处务请鉴核由》，《卫生公报》，1929年第1期，第2页。

⑤ 中央防疫处编：《民国二十、廿一年度中央防疫处报告》（1933年6月），中央防疫处印，第5页。

外医员委员会”管理拨款事宜，此后每月由总税务司开具支票9406元，交由“中外医员委员会”，并由该委员会根据中央防疫处的预算进行审核和划拨[①]。1928年10月中央防疫处改隶南京国民政府卫生部以后，该处经费相对稳定[②]，业务和编制时有增减，后因时局变动而辗转迁移，但生产和销售生物制品的业务几乎从未中辍[③]。

据时人回忆，中央防疫处“乃吃关款者，从不欠薪”[④]，亦有人绘声绘色地指出中央防疫处存在严重的腐败问题，“防疫竣事，剩余之药品颇多，借款亦未用罄”，“结存之款，尚有十万余元，该司遂欲把持此款，另设立一中央防疫处，司长兼处长，科长之亲近者，不论有无知识，一律派兼职务，月月照支兼薪，毫厘不欠”。并闻“该处职员有借该处为名，大贩中西药品，数年之中，获利巨万之多”，“数年之中未办一事，只有贩卖药品之丑声”[⑤]。中央防疫处作为国家卫生行政部门似乎并不“卫生”，背后实情颇为复杂[⑥]。

此外，中央防疫处图书室收集了大量西方公共卫生学、细菌

---

① 中央防疫处编：《中央防疫处一览》，中央防疫处印，1926年版，第11-12页。

② 以1928-1937年中央防疫处经费情况为例，除1928年为6.6万元外，1929—1937年每年经费均为11.3万元，参见张大庆著：《中国近代疾病社会史（1912-1937）》，济南：山东教育出版社，2006年版，第121页。

③ 关于近代以来中央防疫处组织机构、人事变动及业务调整的详细情况，参见姬凌辉：《亦学亦官：近代微生物学家陈宗贤史实考论》，上海市档案馆编：《上海档案史科研究》第22辑，上海：上海三联书店，2017年，第80-98页。

④ 徐彬彬：《北洋军阀之幕影》，许国良、袁绍发编：《新华宫秘密外交》，上海：上海文艺出版社，1990年版，第37页。

⑤ 沃邱仲子撰，正群社辑纂：《民国十年官僚腐败史》，北京：中华书局，2007年版，第151-152页。

⑥ 关于民初中央防疫处生物制品的产销情形，参见姬凌辉：《民国时期本土生物制品的市场与价格问题研究——以中央防疫处为例（1919-1933）》，《中国社会经济史研究》，2020年第1期。

学、病理解剖学的书籍，仅从法国购买和捐赠的图书即达75种，具体如下表：

表5.2 中央防疫处从法国购回及法国各机关捐赠各种图书一览表

由法国购回各种图书目录		
序号	书名	册数/张数
1	马舍实验细菌学	2册
2	古尔孟卫生学概要	1册
3	阿杀尔病理解剖学	1册
4	根亚寄生病理学	1册
5	巴尔试验实习摘要	1册
6	尔衣索疗治及调剂学	1册
7	西尔伯制造血清法	1册
8	古尔孟细菌摘要论	1册
9	加尔礼传染病论	1册
10	勒普勒细菌诊断学	1册
11	果热消毒学	1册
12	胖客组织学	1册
13	阿尔几生理学	1册
14	拉务司医学字典	1册
15	昂格拉下等动物学	3册
16	巴斯特尔各种细菌图（附说明书一册）	65张
17	朗杜西血液病菌图（附说明书一册）	15张
18	果勒内科学	2册

续表1

序号	书名	册数/张数
19	古色皮肤病学	1册
20	西鄂动物学	1册
21	勒聚史肺结核病学	1册
22	西伯尔热带病研究学（第二册待补寄）	2册
23	大礼西消毒论	1册
24	巴斯特尔年鉴（1887-1919年）（第33册待补寄）	33册
25	巴斯特尔报告书（1903-1919年）（第17册待补寄）	17册
26	巴斯特尔年鉴总纲	1册

法国各机关赠送各项规则目录

序号	书名	册数/张数
27	公共卫生法文集（1911-1915年）	5册
28	公共卫生法令及规则	10册
29	战时公共卫生法	3册
30	高级卫生会章程沿革	3册
31	卫生司办事规则	1册
32	强迫种痘法及规则	1册
33	血清治疗法及规则	1册
34	高级卫生会试验室教训书	3册

续表2

序号	书名	册数/张数
35	调查卫生行政报告书	1册
36	花柳病现行治疗报告书	4册
37	预防花柳病布告	3张
38	海港检疫法	9册
39	工程简略报告书	1册
40	巴黎府知事行政权限	1册
41	社会卫生报告书	3册
42	婴儿保育法及规则沿革	1册
43	施种牛痘布告	1张
44	巴黎施行种痘记略	1册
45	实行卫生及视察规则	1册
46	检查客栈卫生规则	1册
47	婴儿保育法	1册
48	种痘报告书	2册
49	巴黎管理卫生规则	1册
50	关于种痘及检查花柳病各项单据等	27件
51	消毒所章程（附取物及送物凭单）	1册
52	净水及秽水简单图式	3张
53	巴斯特尔研究所沿革及事务之概要	3册
54	巴斯特尔肖像	3张
55	各种血清用法说明书	70册
56	各种治兽血清说明书	5册
57	参观血清厂记略	1册
58	染菌颜料目录	10张

续表3

序号	书名	册数/张数
59	染菌颜料说明书	10张
60	各种血清价目表	5张
61	治兽血清法	4张
62	接种痘牛法	4册
63	种痘变化记略图	1张
64	种痘及再种说明书	2册
65	天花传染论	1册
66	牛痘研究法	2册
67	各种种痘器具及章程等	16件
68	万国卫生会章程	1册
69	马赛海港检疫所消毒机器图式	2册
70	兽医学校章程	2册
71	医学报	4册
72	比国内部办事规则	1册
73	卫生报告书	1册
74	各书局及医药器具制造厂目录	9册
75	卫生统计（1910–1914年）	10册

资料来源：中国第二历史档案馆编：《谨将本室收到刘技术员由法国购回各种图书开呈钧鉴》，《北洋政府档案》（第155册），北京：中国档案出版社，2010年版，第668–675页。

除了处内日常业务外，中央防疫处对外业务还包括检查收费和售卖血清、药品等，这些项目是该处经费的重要来源之一。

1919年10月1日，中央防疫处制定了《检查收费规则》，具体如下：

第一条　本处对于请求检查排泄分泌各物及血液并消毒材料等项应收受检查费。

第二条　检查收费之规定如左：

显微镜检查　半元

培养检查　二元

动物试验　五元

畏大耳氏反应（伤寒 副型伤寒A 副型伤寒B）　一元

梅毒血清反应二元

消毒材料检查十元

临床化学检查　定性半元　定量一元至十元

自家疫苗　每次三元

如须数种检查并行时，应按上列各费递加，其他特别检查收费数目另议。

第三条　请求检查者须依照本处所定请求书式详细填明，连同检查物送交本处经理股登记、缴费，发给收条。前项请求书式另定之。

第四条　检查之结果由本处印具证明书，知照请求者承领。前项证明书式另定之。

第五条　请求检查材料者应查照本处印送之检查品采取法，采取最新材料从速送检。

第六条　请求者如有必须本处派员检查时，得由处酌核派员前往检查。

第七条 本规则自呈准日施行。[①]

综上所述，中央防疫处是集防疫、消毒、血清治疗、制售药品、科学研究为一体的隶属于内务部的中央政府分支机构。该机构的设立标志着中国近代第一个完整建制、系统运作的中央级卫生防疫机构的诞生，也标志着近代中国卫生防疫机制的进一步完善。但是机构的建立并不意味着实际防疫工作能够完全有效开展，其本身与中国近代卫生防疫体制一样经历了各种困境和转变。

二、1919年霍乱时期的防疫观念与生物制品的推广

（一）1919年上海与京畿地区的霍乱防治

1919年霍乱[②]之于中国，波及“京兆所属之廊坊、沙河，直隶所属之天津，奉天所属之营口、沈阳，福建所属之福州、厦门，江苏所属之上海、无锡、苏州，安徽所属之安庆，吉林所属之哈尔滨，黑龙江所属之齐齐哈尔，河南所属之郑州、开封等处”[③]。最

---

① 中国第二历史档案馆编：《内务部指令：本处呈送厘订检查收费规则业经由部分别修正合行钞附该项修正规则令行遵照由》，《北洋政府档案》第155册，北京：中国档案出版社，2010年，第146–152页。

② “霍乱在近百余年内，曾先后发生六次世界大流行（1817~1823年，1826~1837年，1846~1862年，1864~1875年，1883~1896年，1910~1926年）。”见于王季午主编：《传染病学》，上海：上海科学技术出版社，1983年版，第118页。

③ 《兼署内务总长朱深呈大总统呈报京畿暨各省所属地方相继发现真性霍乱时疫暨分别筹防情形文》，《政府公报・公文》，1919年9月8日，第1290号。

先暴发霍乱的地方是香港，继而汕头，对此北洋政府内务部与中央防疫处、交通部协商，会同津海关、东海关、江海关、上海领事团等实行进口轮船检疫措施[①]。但是由于各口岸情况不一，各海关也不直接归北洋政府统辖，这就大大影响了港口检疫的实效性。1919年中央防疫处甫立，实际防疫能力仅及京津地区，尚未覆盖全国[②]。且“上海本埠检疫医院、医药及疗护物品年久每不适用”[③]，加之此年“天时不正”，故上海、京畿地区疫情颇为复杂，透过此次防疫过程或可检视细菌学说在地化实践的诸多困境。

1.霍乱、垃圾与细菌

对于1919年上海霍乱防治与城市公共环境卫生管理已有不少研究成果，且关注的重点多为病名、疫情、防疫和公共卫生，然而对

① 中国第二历史档案馆编：《中央防疫处关于进口轮船实行防疫事项相关文件》，《北洋政府档案》第155册，北京：中国档案出版社，2010年版，第13–20页。
② 中国第二历史档案馆编：《中央防疫处为刊发霍乱通告致京师警察厅步军都统衙门函》，《北洋政府档案》第155册，北京：中国档案出版社，2010年版，第55–61页。
③ 中国第二历史档案馆编：《抄东海关监督赵世基来电》，《北洋政府档案》第155册，北京：中国档案出版社，2010年版，第35页。

于其背后的卫生防疫观念挖掘尚少[①]。近年来，余新忠、路彩霞等学者已关注到晚清民初疫病观念变迁问题，但他们基本上均认为民初国人的疫病观念是“疫虫观”[②]。且如何将疾病史与环境史研究更好地结合起来，仍然值得进一步思考。若从技术层面上讲，霍乱弧菌才是霍乱致病之源，管理饮用水和食物的措施才最具有针对性

---

① 如程恺礼（Kerrie MacPherson）的《霍乱在中国（1820–1930）：传染病国际化的一面》（刘翠溶、伊懋可主编：《积渐所至：中国环境史论文集》，台北：台北“中研院”经济所，2000年版）堪称研究霍乱的经典之作，该文对霍乱的起源和病名古今中外含义流变进行了着重探讨。其代表作*A Wilderness of Marshes: The Origins of Public Health in Shanghai*（Hong Kong：Oxford University Press，1987，2002）则论述了上海西式公共卫生制度的构建历程。李玉尚和韩志浩在《霍乱与商业社会中的人口死亡——以1919年的黄县为例》（《中国历史地理论丛》，2009年第4期）一文中，利用黄县县志和县卫生局档案，一方面探讨了1919年霍乱的传播路线、各区域死亡人口的数字统计，另一方面揭示了商业社会中霍乱的传播和人口死亡模式。胡勇的《民国时期上海霍乱频发的原因探略》（《气象与减灾研究》，2007年第2期）一文则从宏观上总结出民国时期上海霍乱频发的原因，认为上海的霍乱不仅是一种烈性传染病，而且还是近代上海城市环境畸形病态发展的结果；马长林、刘岸冰在文章《民国时期上海传染病防治的社会环境》（《民国档案》，2006年第1期）中以民国时期上海发生的各种传染病（以霍乱为主)为背景，探讨了当时上海传染病防治的社会环境与公共卫生体系发展之间的关系，重点关注了传染病防治与公共卫生，但并未揭示出防疫行为背后的防疫观念。姬凌辉的《流感与霍乱：民初上海传染病防治初探（1918–1919）》（《商丘师范学院学报》，2014年第7期）一文，虽然对1919年流感与霍乱疫情下的上海各方面疫病防治工作，进行了较为细致的梳理，但对租界和华界防疫行为和观念之间的复杂关系并未深究。刘文楠的《治理“妨害”：晚清上海工部局市政管理的演进》（《近代史研究》，2014年第1期）一文，从“治理妨害”的角度出发，探讨了上海市工部局对华人不卫生行为的规训与惩罚措施的演变过程，但对华界市政管理的演进介绍不多。

② 余新忠：《从避疫到防疫：晚清因应疾病观念的演变》，《华中师范大学学报》，2008年第2期，第58页。路彩霞著：《清末京津公共卫生机制演进研究（1900–1911）》，武汉：湖北人民出版社，2010年版，第140–157页。

和实效性。而对于1919年霍乱，上海南市[①]防疫工作的重点却是垃圾清理，何以出现这种偏差？这其中包含哪些复杂的历史情节？

7月9日上海浦东首先发现“虎烈拉”（cholera音译，即霍乱），浦东烂泥渡、陆家嘴等处虎列拉症蔓延甚速，患者在经历数十小时后往往毙命[②]。初起于烂泥渡、陆家嘴一带，后蔓延及杨家渡、塘桥、琉璃桥、杨思桥、洋泾镇、三林塘等处[③]，感染人群以码头工人、工厂工人、监狱囚犯、江北客民等下层民众为主。及至7月中旬，疫势流行更盛，“近日南市之患是疫而不救者颇众，南北市收治疫症之各医院，病人都为之满，所有各寿器店及冥纸、僧道、鼓手人等，大有应接不暇之势”[④]。7月下旬，霍乱渐次蔓延至洋泾浜一带，波及公共租界[⑤]，进而继续传染至沪南南会馆以北至薛家镇一带及闸北地区，并且一直不断扩散，“沪上时疫近日仍不见退，且已蔓延内地，闻无锡、江阴、常州一带，近亦发生时疫”[⑥]。8月上旬，“本埠时疫仍不减退，虹口同仁医院昨日有留院之患疫病人二十八人，时疫医院留院者约一百余人，南市新普育堂有七十余

---

① 南市区是上海老县城所在地，是上海城市发祥地。晚清时期租界在城北地区辟设以后，形成北市，老城厢及小南门、十六铺以南沿江地区被称为“南市”，即是本书所指南市。参见熊月之主编：《上海通史》（第1卷：导论），上海：上海人民出版社，1999年版，第121-122页。又有民国三年版《上海指南》中记载，“十六铺以北各国租界统称北市；十六铺以南地方则曰南市”。引自薛理勇：《上海老城厢史话》，上海：立信会计出版社，1997年版，第8页。

② 《发现虎烈拉症》，《申报》，1919年7月9日，第10版。

③ 《关于时疫与防救之消息》，《申报》，1919年7月30日，第10版。

④ 《疫势流行更盛》，《申报》，1919年7月19日，第10版。

⑤ 《疫症并未稍减》，《申报》，1919年7月21日，第10版。

⑥ 《关于时疫之消息》，《申报》，1919年8月7日，第10版。

人”[①]。8月25日有报道称“浦东一带疫气已告平靖”[②]，洋泾镇所设立的广济会临时救疫医院也已于9月23日撤销。且此后未有关于这次霍乱的报道，所以可认为自9月23日这场霍乱就此平息。

上海华界地区垃圾堆积问题由来已久，至少在1915年已成治理顽疾[③]。垃圾在平时也只是市政问题，可一旦与霍乱疫情发生联系，则易造成民众情绪的焦躁和不满。1919年7月17日上海华商纱厂联合会会长穆抒斋（穆藕初之兄）致函沪南工巡捐局局长姚石荪，对沿路堆积垃圾的现状提出质问：“今年疫症业由浦东沿岸发生，已将蔓延于浦西各处，今特聚此秽臭难闻之垃圾于通行大道之中，延长至十余日之久，执事为居户设身处地，其感想为何如？倘因此而酿成疫症，则地方人民之对于执事，其感想更复何如？岂贵局每年征收巨额之地方税后，而以此垃圾为酬报品耶？”[④]从语气上判断措辞比较严厉，可见商人对垃圾长期堆积十分愤慨，对工巡捐局很不满意。另有一位署名为“庸”的人对当局抱持悲观态度并指出，“南市街道之污秽、垃圾之堆积，贻人以口实。此次因疫症之流行，死亡相藉，沪人士愤公共卫生之废弛，乃群向负责者为痛切之交涉，而警厅方面始有招人包运之举。夫南市之垃圾问题，几为数月以来之悬案，至今日而警厅始注意及此，诚嫌太晚”[⑤]。

7月21日淞沪警察厅长徐国梁作出回应：一方面“令知第一区警署赵署长，就近会同浦江水巡队另雇小工，多备船只从事驳运，

---

① 《关于时疫之消息》，《申报》，1919年8月13日，第10版。
② 《浦东救疫医院撤销》，《民国日报》，1919年8月25日，第11版。
③ 《警察厅注重卫生》，《时报》，1915年7月23日，第14版。
④ 《沿路堆积垃圾之质问》，《申报》，1919年7月18日，第10版。
⑤ 庸：《警厅之卫生责任》，《申报》，1919年7月23日，第11版。

并转令各清道员临场监视”[1]；另一方面作出官方解释，由于承运垃圾的船夫头姚增兆未能及时将“南市大码头浦滨一带垃圾装船运清，致逢梅雨冲激，垃圾遍溢街市”，并将姚进行革职，罚款三百元，另外招人充任[2]。紧接着，淞沪警察厅另招新人包运南市垃圾[3]，在《申报》上刊登招标布告，招标条件包含八个方面：承包期限、停船处所、经送地点、船只数目、估定包价、缴存证金、规定处分、担负责任。最后，王更记中标，其后便开展清运工作，但从王氏承运垃圾实际情形来看，效果并不乐观。“承办后每日仍不能依时运清，所有各处挑出之垃圾，仍在大码头迤南沿浦地方堆积，虽不若前次之多，而臭秽之气未能稍减，迭经赵署长严加督饬，终如因限于经费，船只不能多备，以致难期运清。”[4]另招标第5条明确规定“估定包价，所有船只、人夫各费及龙华堆场地租一应具包在内，无论如何不得请求增加”[5]，王氏自承包以来，“未半月已亏耗二百余元，并沉没垃圾船三只”，不得不靠“临城人林某为王纠合垫款”[6]。可见，此次垃圾承包清运不太成功，而且南市垃圾清

---

① 《南市之垃圾问题》，《申报》，1919年7月21日，第11版。

② 《押缴代运垃圾费》，《申报》，1919年7月25日，第11版。

③ 承运垃圾的做法并非一时之举，但具体起于何时，学界尚无定论。彭善民认为1867年公共租界工部局同粪秽承包商正式签订粪秽清除承包合同，是粪秽商办制度实施的开端，1871年和1902年，法租界和华界南市地区先后仿行，见于彭善民：《商办抑或市办——近代上海城市粪秽处理》，《中国社会经济史研究》，2007年第3期，第64页。余新忠指出明清时期，特别是清代，随着农业的发展和桑、棉等经济作物种植业的扩展，对肥料的需求急剧增长，收集粪便也就成了有利可图的事。参见余新忠：《清代江南的卫生观念与行为及其近代变迁初探——以环境和用水卫生为中心》，《清史研究》，2006年第2期，第17页。

④ 《警厅终难清除垃圾》，《民国日报》，1919年8月13日，第10版。

⑤ 《警厅招人包运垃圾》，《申报》，1919年7月23日，第11版。

⑥ 《承运垃圾要亏本》，《民国日报》，1919年8月16日，第11版。

理也不彻底，王更记更是赔本。

虽然北洋政府早在1916年3月就颁布了《传染病预防条例》，按照规定“虎列剌”（cholera）是八种法定传染病之一，且条例第二条明确规定，“地方行政长官认为有传染病预防上之必要时，得于一定之区域内，指示该区域之住民施行清洁方法并消毒办法，其已办自治地方应指示自治区董行之”[①]。值得注意的是，时人不仅用中医知识反对该条例规定的八种法定传染病的西医化解释，而且还主张应将肺结核、梅毒列入[②]，还表现出诸多事项应由地方自治团体推动，“吾甚望地方自治团体，特设研究之会，而稍加以注意”[③]，这一点似乎也表明此时卫生行政的地方自治属性较为明显。

1919年1月又成立了由内务部统辖的中央防疫处，并制定了《中央防疫处分科办事章程》12条[④]和《卫生实验所试验收费规则》20条[⑤]。从制度设计上讲，此时“中央防疫体系”似乎初具规模，但由皖系所把持的北京政府此时正忙于应对国内的五四运动，以及与直系、奉系之间的派系纠葛，在政治上陷入孤立境地，于卫

---

① 中国第二历史档案馆编：《教令第十六号・传染病预防条例》，《政府公报》（影印版）第82册，1916年3月13日，第67号，上海：上海书店出版社，1988年版，第495-500页。

② 黄胜白：《传染病预防条例评注（未完）》，《同济》，1918年第1期，第3-6页。黄胜白：《传染病预防条例评注（续第一期）》，《同济》，1918年第2期，第169-172页。

③ 黄胜白：《传染病预防条例评注》，《自觉月刊》，1920年第1卷第1期，第41-42页。

④ 中国第二历史档案馆编：《内务部令第三十三号・中央防疫处分科办事章程》，《政府公报》（影印版）第144册，1919年6月1日，第1194号，上海：上海书店出版社，1988年版，第7-8页。

⑤ 中国第二历史档案馆编：《内务部令第三十四号・卫生试验所试验收费规则》，《政府公报》（影印版）第144册，1919年6月1日，第1194号，上海：上海书店出版社，1988年版，第9-12页。

生事宜已无心顾暇。面对经费问题亦极力推诿于地方，“此项防疫经费系临时发生事件，本无预备专款，且际此财力支绌之时，当力求省节。曾据各省长官电请拨款，经部商明，国务院、财政部电复准，由各该省长官酌量疫情轻重，分别设法就地筹用”[①]，可见中央卫生防疫经费不足是一大瓶颈，而当时上海市当局也面临着“日事救济，尚不能杜其蔓延，灾情日重，款项日绌”[②]的窘境，所以在处理南市垃圾问题上就显得捉襟见肘。从这个意义上来说，王更记难以为继，南市垃圾无法彻底清除也就在情理之中。

南市垃圾难以清理除了垃圾码头改建、防疫资金不足等原因外，还与淞沪警察厅部分署员玩忽职守有关。为此，淞沪警察厅通令惩处一区二分驻所人员，署员王清河、代理巡官王德山各记大过一次，清道员罚薪五元，记过一次，并表示如果再有疏于职守的情况，定将严惩不贷[③]。惩处之后，南市一区一分驻所署员王琴轩，“每日午后两时起，亲率长警数名，周历各处街巷，实力查察有无污秽积存，一经查见，令挑夫立即扫除清净，并令清道员将各挑夫之勤惰查核报告，倘有疲玩成性之徒，立时斥除”[④]。又有报道一区二分署巡官王德山于7月23日起，“每日午后督率长警亲往各处，周历查察，见有秽污者，即饬清道夫迅速挑除，以重卫生”[⑤]。此

---

① 中国第二历史档案馆编：《兼署内务总长朱深呈大总统呈报京畿暨各省所属地方相继发现真性霍乱时疫暨分别筹防情形文》，《政府公报》（影印版）第147册，1919年9月8日，第1290号，上海：上海书店出版社，1988年版，第196–198页。

② 中国第二历史档案馆编：《中国红十字会副会长蔡廷干呈大总统呈报接收红十字会日期并选派理事长驻沪办事情形文》，《政府公报》（影印版）第147册，1919年9月9日，第1291号，上海：上海书店出版社，1988年版，第217–218页。

③ 《昨日之疫症消息》，《申报》，1919年7月24日，第10版。

④ 《疫势渐杀后之防疫消息》，《申报》，1919年8月4日，第10版。

⑤ 《关于时疫之消息》，《申报》，1919年8月5日，第10版。

两则报道是在7月24日被通令惩罚之后出现的，且王琴轩和王德山均表现得颇为尽责，故不排除媒体有意为之。

1919年2月南市第一区警察署赵署长发布告示，“扫除垃圾，有益公共卫生，专设木泥各箱，以期务图洁净，布告居民人等，比户相率勿轻，早晚倾倒秽物，必须倒在箱内，且勿任意抛弃”[①]。此处出现的“木泥各箱”并非临时设立，据1918年淞沪警察厅报告指出，“以近年马路日辟，居户倍增，此项箱只需要骤繁，每有供不应求之虑，且经风雨剥蚀，易就朽坏，咸需添换，糜费实多。若用水门汀质，则价贵倍蓰，无从筹此巨款。”警察厅本就经费窘困，当此霍乱流行之际，垃圾清理又成为公共舆论的焦点，淞沪警察厅最终决定仿照租界办法，饬令居民自行依式建造水泥垃圾箱，“查租界水泥垃圾箱俱由房主自费砌造，立法甚善。敝厅现已通令所属各署所查明应置箱只、地点，限令房主依式砌造”。并将免费颁发给居民的水泥垃圾箱建筑执照，列为此项工程的专件办理。另外根据使用执照规定，“无论新造或翻造，除实无砌造垃圾箱之容地以外，其余或成里弄，或有近旁隙地可以砌筑箱只，无碍交通，即于照会内明文规定，一律由房主自备工料，加造水门汀垃圾箱若干只，愈多愈善。如不遵从，即予吊销照会，勒停工作”。如此一来，对于房主而言，“所费无几，且造成箱只仍为房主财产，并无损失”，而在卫生行政方面，“减省购办木箱之资，将来私家自造箱只日益加多，所以保清洁而免积秽，实于地方行政大有裨益”[②]。这一切当

① 《垃圾切勿任意抛弃》，《申报》，1919年2月12日，第11版。
② 《沪南工巡捐局令房主建造水泥垃圾箱卷》（1918年3月26日），上海市档案馆藏：Q205-1-217。

然是官方说法，实际操作起来并不容易，所以直至1919年霍乱发生以后，特别是在8月份，淞沪警察厅不得不再次命令辖境内所有房主居民“须在街巷等处添备垃圾箱，以水门汀堆砌，外用铁门关闭”[①]。

在将垃圾从南市码头转运出去之前，需要用垃圾车将垃圾运到码头上，而“本城内外承运垃圾之车辆大都破旧窄小，不合用度”[②]，于是淞沪警察厅命令各区署所清道员统计破损情况，并上报警厅行政科。之后由行政科负责绘图和招工制造，于9月中旬完工，并将新垃圾车编发给各区署所，同时将破旧车辆一律上缴[③]。

由于舆论导向作用和垃圾堆积问题积弊甚久，淞沪警察厅便将垃圾清理作为南市防疫的主要措施，并兼有设置水泥垃圾箱、修缮运载垃圾车辆等做法，但总体上是以清洁为主，虽然以上措施的实效性很难具体考察，也难以明显看出淞沪警察厅清理垃圾背后的防疫观念，但是从当时同一天发布的两条布告中似乎可以找出一些线索。

布告一：

现在天气炎热，时疫流行，染患之家死亡相继，骇人听闻。本厅长一再筹思，欲免传染之患，莫如设法消毒。现就本厅东首前沪南防疫所原址设立时疫消毒所，委派主任一员，以本厅卫生科长兼充消毒专员一员，以闸北防疫员兼充调查员，

① 《新垃圾箱添设完备》,《民国日报》，1919年8月27日，第11版。
② 《换制垃圾车辆之预备》,《申报》，1919年8月23日，第11版。
③ 《警厅编发垃圾箱》,《申报》，1919年9月21日，第11版。

以卫生科科员兼充，随时会同各区官长办理。如有人民染患时疫者，责令该家属立时送往医院医治，倘遇染疫身故者，即由各该署报告该所，随时由专员带同夫役及一切消毒之物，前往死者之家切实消毒，以免传染。定于八月一日开办，除呈报并分行外，合亟令行知照，仰即督饬所属，认真调查，会同办理，勿违，切切此令。

布告二：

现在天气热了，时疫流行的狠快，本厅长为你们想那避疫的方法，如取缔食物、饮料，例如扫除垃圾，清洁道路，例一再的订立章程、布告，晓谕并规定居民倾倒垃圾时间，每日以上午十时以前为度，晓谕大家亦不止一次，无非是讲求公共卫生的意思。但是有一般不顾公德的人民仍然将垃圾及一切污秽之物随时随地任意的抛弃，要晓得垃圾是最龌龊的，什么苍蝇呀，蚊子呀都是由里面生出来传播疫气的。所以街面上最要洁净，万不可有一点垃圾堆积的。[①]

由布告一可知，淞沪警察厅虽为防控时疫，专门设立了时疫消毒所，并要求所辖各区署所协助该所工作，针对“死者之家”进行消毒。但细加考证便知，此种做法实际是照章行事，1916年《传染病预防条例》第三条规定，“已办地方自治之自治区应设立传染病院、隔离病舍、隔离所及消毒所。传染病院、隔离病舍、隔离所及

① 《关于时疫之消息》，《申报》，1919年8月1日，第10版。

消毒所之设备及管理方法，由地方行政长官以单行章程定之”[1]。

此外，淞沪警察厅对该所使用的主要消毒方法并未具体介绍，此后也未见相关报道。实际上具体的清洁办法和消毒办法是有章可查的，1918年1月31日，北洋政府颁布了《清洁办法、消毒办法》，清洁办法主要包括扫除尘芥、灭鼠防百斯笃、疏浚阴沟等，消毒办法包括烧毁、蒸汽消毒、煮沸消毒、药物消毒等，具体到消毒药物的配制比例都有详细规定[2]。1918年2月27日，上海公布了由内务部制定的《清洁办法与消毒办法》，二者在内容上完全一致[3]。按照内务部的要求，强调清洁与消毒并重，且倡导清洁与消毒办法相结合。然而大量制造石炭酸水、昇汞水、生石灰末、格鲁尔石灰水、佛尔吗啉等消毒药品费用较高，而当时从中央到地方都是一种防疫经费不足的窘状。由于经费困难，故消毒所只规定对“死者之家”进行消毒，且规定“染时疫者，责令该家属立时送往医院医治”，更未对染疫区域进行大规模消毒。

1919年10月1日疫情已经减弱，“闻办迄今商民称善，始饬将该防疫消毒所撤销，以节经费”[4]。至于商民是否真正满意，目前无法考证，但消毒所的设立确实能够起到一定的防疫作用，而且在“死亡相继，骇人听闻”的形势下，它的存在也能起到安抚民众惶

---

① 中国第二历史档案馆编：《教令第十六号·传染病预防条例》，《政府公报》（影印版）第82册，1916年3月13日，第67号，上海：上海书店出版社，1988年版，第495–500页。

② 中国第二历史档案馆编：《内务部令第二十三号·清洁方法并消毒方法》，《政府公报》（影印版）第120册，1918年1月31日，第728号，上海：上海书店出版社，1988年版，第807–812页。

③ 《部颁清洁及消毒方法》，《申报》，1918年2月27日，第10版。

④ 《防疫消毒所撤销》，《申报》，1919年10月2日，第11版。

恐情绪的效果。总体上，淞沪警察厅此年很明显是重清洁垃圾，而轻消毒防疫，所以也不能过分夸大消毒所的作用。另外，从专业角度看，淞沪警察厅卫生科对消毒并不陌生，但很难讲警察厅全体人员在当时均能够认识到消毒的重要性。

布告一是用文言写成，但布告二却是用白话文所写，显然是针对普通民众。使用白话来宣传卫生知识，效果应该更大[①]，但从内容来看，淞沪警察厅丝毫未提消毒二字，而是反复强调垃圾是疫气之源，扫除垃圾和清洁道路能够避疫。对于此则布告至少可以做以下两种解读：第一种理解，淞沪警察厅基于防疫需要和公共卫生的考虑，要求人们及时清扫垃圾，同时也彰显出对公德的讲求；第二种理解，警察厅很可能觉得没有必要把消毒防疫观念作为一种生活常识进行普及。但据时任北洋政府内务部总长朱深所言，“防御之法亦经各该机关，将清洁卫生及取缔售卖生熟食品等办法刊布白话通告，以期减杀疫势”[②]，这与淞沪警察厅所发白话文布告有“异曲同工之妙”。另外，从语气上判断，布告中“时疫”一词近乎为“广告语”，成为一种宣传策略。而对于淞沪警察厅而言，他们向民众推销是“垃圾—蚊蝇—疫气—时疫—卫生”的防疫观念，并不是“霍乱弧菌—水、食物、粪溺、蚊蝇—霍乱—消毒—卫生”的防疫逻辑。如果说垃圾清理是代表着清洁观念的推行，那么消毒即是彻底清洁的一种方式，但在时人语境下，我们能感受到的是淞沪警

---

① 李孝悌：《清末的下层社会启蒙运动：1901-1911》，石家庄：河北教育出版社，2001年版，第46页。

② 中国第二历史档案馆编：《兼署内务总长朱深呈大总统呈报京畿暨各省所属地方相继发现真性霍乱时疫暨分别筹防情形文》，《政府公报》（影印版）第147册，1919年9月8日，第1290号，上海：上海书店出版社，1988年版，第196-198页。

察厅虽然提及消毒，但显然是把防疫措施的重点放在了清洁上。

综合以上所述，虽然淞沪警察厅已经认识到苍蝇和蚊子是传播疫气的重要媒介，但是很难讲淞沪警察厅当局已经认识到霍乱弧菌才是致病的根源。两则内容差别较大的布告，折射出警察厅防疫知识和观念似乎仍游离在“消毒说”和“疫气说”之间，也可能仍然是传统的“疫气说”，此时警察厅内部也恐难就消毒防疫观念达成共识。从这个意义上讲，“消毒”和“清理垃圾”也就成为一种话语和行为上基于自身利益考量下的选择和操作，归根结底还是在强调清洁。

饭岛涉认为“在华界的治疗与防疫中发挥中心作用的不是行政当局，而是民间团体”[①]，经笔者梳理后发现，医药行业有公立上海医院、上海红十字会、神州医药总会、中国济生会、上海济生会、上海医学研究所、中华医药联合会等；同业组织有闸北恒丰路浙宁水木公所、上海联益施材会等；同乡组织有绍兴同乡会、江北同乡会等；宗教团体有华界青年普益社、南市基督教青年普益社、浦东基督教青年团、基督教布道团。例如，以上海红十字会和中华医药联合会为代表的医疗慈善团体，所设时疫医院功劳就很大，“用盐水注射法治冷麻、吊脚、瘪螺等痧，五日内住院病人已达四十余人，院为之满。将开刀后养病之人载送闸北公立医院住宿，日夜住院诊治”[②]。其他慈善团体的治疫义举也纷见报端，8月25日江北同

① （日）饭岛涉著，谯枢铭译：《霍乱流行与东亚的防疫体制——香港、上海、横滨、1919年》，收入《上海和横滨》联合编辑委员会，上海市档案馆合编：《上海和横滨——近代亚洲两个开放城市》，上海：华东师范大学出版社，1997年版，第438页。

② 《时疫医院开幕纪》，《申报》，1919年7月11日，第11版。

乡维持会电求当局“请为通饬患疫各县，火速延医立局，设法消弭以保民命”[1]。但以上多是施医给药之举，具体到垃圾清理上，民间团体直接参与不多，而是多以卫生演讲的方式传布卫生防疫知识。

鉴于“华界之曲街僻隅，仍是瓜皮、垃圾、各种污物沿途满积，秽气触鼻，殊于公共卫生大有妨害”，基督徒布道团分队沿途进行卫生宣讲，普及防疫知识，使居民知晓“清洁为防疫之必要”[2]。华界青年普益社组织了卫生演讲会，“请富有卫生学经验之士担任演讲，并用影灯以表演之，俾听讲者易于明晓”[3]，反复强调清洁有利于卫生，并未谈及细菌学知识，这可能是考虑到受众的文化水平。但演说仍然是一种“口语启蒙”，它能把上层的思想、信念转化为一般人生活中的常识，建立上下一体的共识[4]。在霍乱流行的历史图景下，这种卫生知识演讲有利于“鼓民力”“新民德”“开民智”。此外，浦东基督教青年团还直接上书给淞沪警察厅厅长和上海县知事，呈清当局重视公共环境卫生[5]。当然，对于基督教团体的种种努力，也不能忽略其维护公共卫生的表象之下，隐含着“救赎灵魂”的终极目的[6]。除卫生演讲之外，南市基督教青年普益社童子部发起的“驱疫队”则直接参与了垃圾清扫，“城内外各街巷，凡为该队所经过者，垃圾为之一清，服务人皆系教员及学

---

① 《江北同乡会请求防疫》,《申报》，1919年8月25日，第10版。
② 《布道团注意公共卫生》,《申报》，1919年8月2日，第10版。
③ 《青年普益社卫生演讲会预志》,《申报》，1919年5月18日，第11版。
④ 李孝悌：《清末的下层社会启蒙运动：1901–1911》，石家庄：河北教育出版社，2001年版，第67页。
⑤ 《关于时疫之消息》,《申报》，1919年8月1日，第10版。
⑥ 杨念群：《再造“病人”：中西医冲突下的空间政治：1832–1985》，北京：中国人民大学出版社，2006年版，第55–56页。

生，即洒扫运秽，亦不雇用夫役”，这使得“一般居民无不为之感动，相率提倡清洁”[①]，将“驱疫”与垃圾清扫关联起来，也有利于清洁卫生观念的形成。

淞沪警察厅将垃圾清理作为防治霍乱主要措施，除了因防疫经费不足和南市垃圾问题紧迫之外，还与其防疫观念有关，而其自身防疫观念目前很难直接考察，但却可以从大的历史背景和时人防疫观念入手。在分析时人防疫观念之前，必须先明晰垃圾是为何物。

最早有关垃圾的记载是出自南宋吴自牧所著《梦粱录》，其中《河舟》记载，“大小船只往来河中，搬运斋粮柴薪。更有载垃圾粪土之船，成群搬运而去”[②]，且当时是将垃圾与粪土并称。又有其中《诸色杂货》写道，“供人家食用水者，各有主顾供之。亦有每日扫街盘垃圾者，每日支钱犒之”[③]，将街道污物称为垃圾。此外，清代吴趼人在《二十年目睹之怪现状》第七十二回中写道，“我走近那城门洞一看，谁知里面瓦石垃圾之类，堆的把城门也看不见了”[④]，可见瓦石之类的建筑废料也被称为垃圾。近人所修《宝山县志》中记载，“垃圾，音勒甓，俗言积秽”[⑤]，换言之，所有堆积的秽物都可称为垃圾。1929年一位署名为“实之”的作者在《东方杂志》上发表了一篇关于垃圾科学处理的文章，专门讲到垃圾分类，可资参考。

---

① 《关于时疫与防救之消息》，《申报》，1919年7月30日，第10版。

② （宋）吴自牧著：《梦粱录》，杭州：浙江人民出版社，1984年版，第113页。

③ （宋）吴自牧著：《梦粱录》，第121页。

④ （清）吴趼人：《二十年目睹之怪现状》（下册），北京：人民文学出版社，1985年，第665页。

⑤ 《宝山县志》，十四卷，清光绪八年刻本，第1597页。

表5.3　垃圾分类表

类别	内容
市芥	雪、货物包装外皮、建筑材料废料、牛马粪、落叶、石块、土砂。
残屑	家屋尘埃等，洋钉、碎铁等金属品，破瓶、玻璃、陶瓷器类等，皮革、橡皮类，纸、木、竹、绳、布片、棉类等。
灰烬	煤块、薪片、炉灰。
厨芥	植物质（果实、蔬菜）、动物质（骨片、肉片）。

资料来源：《垃圾之科学处理》，《东方杂志》，第26卷第14号，第103页。

在现代《汉语大词典》中，垃圾指脏土或扔掉的烂东西①，在《辞海》中，垃圾指被倾弃的污秽废物②。结合古今不同含义可知，垃圾不同于粪便，粪秽包括粪便和垃圾，而垃圾包括瓦石、街道污物等一切堆积的秽物。据梁其姿研究，她认为有明以降，沟渠污水、尸气等开始成为秽气的构成要素，且在明末清初有强化趋势；自清代中后期起，污秽的内容更为丰富，衍生出范围更明确、更符合近人卫生观念的因素；到了民国初年时人除了传统的沟渠污水、地裹尸气外，渐将粪溺及污秽的家居床几器具，甚至衣服等也视作引发疫病的因素③。霍乱主要是通过水、苍蝇、食物等途径传

① 汉语大词典编辑委员会编：《汉语大词典（第二卷）》，上海：汉语大词典出版社，1988年版，第1087页。
② 辞海编辑委员会编：《辞海（上册）》，上海：上海辞书出版社，1979年版，第1218页。
③ 梁其姿著：《疾病与方土之关系：元至清间医界的看法》，收入李建民主编：《生命与医疗》，北京：中国大百科全书出版社，2005年版，第357-389页。

播[①]，而“天气炎热，时疫流行，垃圾最为发生疫病之媒介”[②]，每当夏秋之际，“上海市疫疠繁兴，大都是由于城市公共卫生之不讲求所致，秽物、秽水、垃圾等极易滋生细菌，污秽不堪的道路和河沟便成为各种疫病滋生的温床”[③]，故时人认为垃圾清理直接关系到疫病防治和公共卫生。而污秽、粪溺、衣服属于垃圾分类中“市芥”和“残屑”之类，故民初时人的防疫观念应该可以称为“清洁防疫观”。

实际上，霍乱是由霍乱弧菌所致，所以从技术层面来说，加强对饮用水、食物等的消毒和检疫才更有实效性和针对性。然而与公共租界相比，淞沪警察厅却将垃圾清理作为防治霍乱的主要内容，为何会造成这种认识偏差？究其原因，一方面可能受到此年公共租界垃圾清理举措的影响，另外一方面也有可能是淞沪警察厅当局未能认识到霍乱弧菌才是导致霍乱发生的罪魁祸首，而是认为垃圾是致病根源。进而思考，细菌致病说此时是否已经深入人心？笔者发现，一方面时人认识到“从保健卫生上看来，垃圾之合法的处理，实为都市重要行政之一”[④]，而另一方面在1894年细菌学说之于西方还处于早期发展阶段[⑤]，而且晚清民初之际致病细菌的发现和培

---

① 余云岫：《内外时报：夏秋之急性胃肠病》，《东方杂志》，第16卷第10期，第178–179页。

② 《南市之垃圾问题》，《申报》，1919年7月21日，第11版。

③ 李维清纂修：《上海乡土志》，上海：上海古籍出版社，1989年版，第68页。

④ 实之：《垃圾之科学的处理（附表）》，《东方杂志》，第26卷第14期，1929年7月25日，第102页。

⑤ （美）威廉·H.麦克尼尔（William H.McNeill）著，余新忠、毕会成译：《瘟疫与人》，北京：中国环境科学出版社，2010年版，第91页。

养仍然是细菌学说的主要成就①。

造成霍乱的病菌是霍乱弧菌或霍乱逗点形菌，它是帕西尼（Pacini）于1854年发现，并由斯诺（Snow）证明是由水传染的。它被科赫（Robert Koch）于1883年分离出来，1884年正式发现，并被他报告给德国政府②。可见，当时人们对霍乱弧菌的认识还主要局限于实验室的显微镜下和化验报告里③。若从其引介情况来看，在1919年之前细菌学说之于中国尚处于知识输入阶段。

对于此次霍乱致病原因，中医王寿芝认为是由湿毒所致④。广州西医叶芳圃认为，“霍乱菌之传染于人，乃由病者之粪溺及排泄物倾泻河中，或随地渗入井内，或洗涤患人之衣服被褥于江岸井傍，均足以污染其水。饮用之或以此水洗涤杯盆、碗碟、蔬菜、生果等等，皆可携带此种微菌入胃肠而致霍乱也。且病者日泻微菌无数，衣服床褥为之污染，侍疾者扶持看护不离左右，十指沾染便溺而不觉。每有未经洗手消毒，遂以污指取用食物，印菌在食物上而并吞咽之，直接投入胃肠，滋生繁衍，大抵不出三日而疾作矣。更有苍蝇亦为霍乱之媒介，蝇性贪食，务多腥臭不厌，苟止于霍乱病者之粪溺及排泄物上，亦足沾染微菌，再飞集于食物之中，则人连屎带

---

① 有国外学者专门梳理出了微生物发现年表，详情参见（意）卡斯蒂廖尼（Arturo Casriqlioni）著，程之范主译：《医学史》（下册），桂林：广西师范大学出版社，2003年版，第738–741页。

② 程恺礼（Kerrie MacPherson）的《霍乱在中国（1820–1930）：传染病国际化的一面》，收入刘翠溶、伊懋可主编：《积渐所至：中国环境史论文集》，台北：台北“中研院”经济所，2000年，第751页。

③ 《拔克台里亚:色素着色显微镜廓大之凡千倍：虎列拉菌（照片）》，《理学杂志》，1907年第4期，第1页。

④ 王寿芝：《上海浦东霍乱即（真虎列拉）时疫酌方》，《绍兴医药学报》，1919年第7期，第10–11页。

菌而食之，鲜有不中毒致病者也”[①]。叶医生已经认识到霍乱是由微菌所致，也认识到苍蝇和饮用水是重要传播途径。但《光华卫生报》创刊时间为1918年，创刊地是广州，它是由广州光华医学社有感于“汉医不信有细菌传染之说，妄立方剂”[②]而创办的同人报刊，其创刊时间和目的反而说明了当时大部分人的防疫观念仍然停留在“疫气说”之上，而非“晚清戾气与细菌说的结合上”[③]。

不过，广州的防疫观念并不能代表上海的实际情况。若以上海的《通俗事月刊》为例，此年有谈到饮食卫生问题，“不洁净的水里多含微生物和寄生虫卵，多种毛病从他传播，如虎疫、肠窒扶斯等都可由水媒介而来……对于饮食卫生的问题，个人既要有卫生的知识，还要有完善的公众的卫生才好，譬如各种卖食品的铺子，不能有腐败的、不洁的食品，那就可慢慢减少疾病传播啦”[④]。可见此年上海已开始用较为通俗的语言，向民众宣讲霍乱的致病原理，至于民众实际反响如何，目前尚未看到相关材料。但同时期也有文章谈到防疫问题，认为由于“中国人没有公益心”“死守顽固风俗习惯不肯变通”“一般人程度太低”[⑤]，导致防疫知识难以普及，防疫措施难以推行。

由此更加可以断定，此时细菌致病学说之于中国，仍处于初步引介阶段，即便是在较为开放的广州和上海，细菌致病说的普及也

---

① 叶芳圃：《霍乱症之防卫》，《光华卫生报》，1919年第6期，第20页。
② 梁培基：《本报改组之理由》，《光华卫生报》，1918年第1期，第8页。
③ 余新忠：《从避疫到防疫：晚清因应疾病观念的演变》，《华中师范大学学报（人文社会科学版）》，2008年第2期，第58页。
④ 徐树梅：《饮食要选择》，《通俗医事月刊》，1919年第1期，第14–16页。
⑤ 伍干侯：《防疫》，《通俗医事月刊》，1919年第2期，第14–15页。

并不顺利，中医与西医防疫观念不同，广州与上海防疫观念各异，知识分子与普通民众之间也很难讲业已形成良性互动。所以淞沪警察厅当局作为上层，即便认识到了霍乱弧菌致病原理，但在当时，究竟有没有必要把细菌致病说这种仍然是处于发展阶段的知识，用一种启蒙性话语去启蒙普罗大众？在霍乱造成的恐慌情绪下，淞沪警察厅基于自身利益考虑选择着重解决南市垃圾问题，是一种理性选择。同理，普通民众选择“建醮”“游神”“验方”[①]等策略去因应疫情，实际上也是一种自有其“传统”的“理性回归”。从这个意义上讲，南市垃圾清理成为1919年上海南市霍乱防治工作的重点，看似意料之外，却又在情理之中。

实际上，在防治时疫话语和霍乱造成的恐慌情绪下，南市垃圾堆积问题经过新闻媒体发酵，不再是单纯的市政问题。而道路清理是淞沪警察厅的职责所在，面对南市商民指责，必须予以回应，于是淞沪警察厅把清理南市垃圾作为其防治霍乱的主要措施。另外，淞沪警察厅虽然也按照北洋政府内政部的要求照章行事，设立了防疫消毒所，但限于防疫经费，故只规定对“染疫身故之家”进行消毒。所以总体上，淞沪警察厅是重清洁垃圾，轻消毒防疫。

综上所述，在时人的防疫行为和观念中，事实上形成了一个复杂的历史场域，充斥着科学、宗教、地方习俗和信仰之间的“混战”。“混战”的结果是，在时人认为的细菌、垃圾、鬼神三种疫原之间，人们更倾向于相信后两者。毕竟此时的细菌致病说仍然存在于相对专业的医药卫生报刊里，停留在知识分子的脑海中，尚属

---

① 王寿芝：《上海浦东霍乱即（真虎列拉）时疫酌方》，《绍兴医药学报》，1919年第7期，第10-11页。

“精英智识”。医生和科学家也只有在实验室的显微镜下和化验报告中，才会真切地感受到细菌的存在。从这个意义上来说，我们很难讲当局（淞沪警察厅）本身对细菌致病说有一个较为清晰的认识，当局和时人的防疫观念也是新旧杂陈，理论上的防疫思想和实际上的防疫行为更是存在偏差，遑论细菌致病说在晚清民初已取得各阶层的认同了。

2.廊坊、京师与中央防疫处

根据1919年颁布的《中央防疫处暂行编制》第一条第二款可知，关于传染病病原及预防治疗之研究及传习事项属于中央防疫处四大职能之一[①]，因此将正确的预防观念和方法灌输给民众也就成了中央防疫处的任务之一。鉴于“上海于上两礼拜内患此病者二千余人，死者计千数百人之多，现在本京附近廊坊地方已发现此种病症”，中央防疫处一方面遴派员医前往防治，并成立驻廊坊事务所负责防疫工作[②]，另一方面针对京师居民发布《中央防疫处预防霍乱症通告》，告诉民众霍乱发病症状及预防办法。预防方法主要有三：

> 一　驱除苍蝇　盖苍蝇能滋养此项病菌，帮助传染，极为危险，驱除之法首在清洁。凡有饮食物品应以纱罩盖护，其余如堆积污土、马粪及便溺之所概须勤加打扫，随时撒布石灰水或

① 中国第二历史档案馆编：《中央防疫处暂行编制 部令第三号》，《北洋政府档案》第155册，北京：中国档案出版社，2010年版，第1页。

② 中国第二历史档案馆编：《查廊坊等处发现真性霍乱症业由本处遴派员医前往防治由》，《北洋政府档案》第155册，北京：中国档案出版社，2010年版，第96–105页。

消毒药粉，务使饭厅、厨房、厕所等处苍蝇绝迹。

二 注意饮食 非熟水所制之冰不可加诸食物之内，即生菜瓜未经煮熟者亦不宜多食。不洁者尤须格外注意，所有应用之食具，如箸、匙、碗、碟之类，用时必须预先以开水煮洗（开城水更好），庶可无障。盖一经开水洗涤，纵有虫菌之毒，亦可杀灭尽净。他如酒醋均有杀菌能力，但醋非浸过二小时之久仍属无效，酒则不宜多饮，多饮恐伤及肠胃，再饥渴过久，暴饮暴食亦与肠胃有碍，皆应随时注意。肠胃弱则疾病易生，而一切病菌更易感染，此尤不可不审慎也。

三 隔离病人 万一有此项霍乱症发生时，第一须将病人严慎隔离，最好即刻送入医院诊治，则他人既免传染，病者亦易调治，可以灭除种种危碍。病人之吐泻物及所着衣服与病房之苍蝇均为病菌媒介之物，一经接触必至传染，务须消毒扑灭，不令散掷他处，以除后患。凡曾携取病人应用衣服、器皿者，均应随时以消毒药水或开水洗手，俾免传染，是为至要。[①]

中央防疫处除将该通告转送京师警察厅外，还刊印二千张，转发步军统领衙门，请求“转饬所属分别散贴”[②]。1919年8月13日，中央防疫处择定西城地王庙，加设临时病院，并由该处技正陈祀

① 中国第二历史档案馆编：《函京师警察厅本处刊印预防霍乱症通告送请转发各区散贴由》，《北洋政府档案》第155册，北京：中国档案出版社，2010年版，第55-60页。

② 中国第二历史档案馆编：《函步军统领本处刊发预防霍乱症通告一种送请转饬所属散贴由》，《北洋政府档案》第155册，北京：中国档案出版社，2010年版，第61-63页。

邦负责管理[1]。8月27日，京师传染病医院向京都市政公所报告称，“宣武门内商场有奉军盛文焕染患时疫，当将该兵验治。一面派消毒夫驰往小市洒布药料，严行消毒，刻将吐泻物详细检查，其中确含有虎列拉菌。是该兵确系现虎列拉症毫无疑点，该兵自称日前由廊坊来京伏查”[2]。面对部令，中央防疫处处长刘道仁积极做出回应，一方面表示“本处现在对于京师地面一切防治事项，业经随时与传染病院接洽办理”[3]。另一方面又将《中央防疫处预防霍乱症通告》刊印三万张，请求京师警察厅“分令各区迅速分散各住户、商店，以期周知”[4]。

既然京师首例患者是来自廊坊的士兵，而且廊坊地方密迩京畿，那么廊坊的疫情防治工作究竟如何，便成为中央防疫处关心的问题。据8月29日驻廊坊事务所呈报，“本月二十九日廊坊镇内及附近村落均无疫毙，除消毒本镇居民十一家、公共厕所三处、井口三个、市街清道一周外，并派清道队前往离郎西三里北昌地方，消毒住宅五户、井口两个、水缸十一个、公共厕所六处、清道一周，又距郎西南五里南昌，消毒四家、井口水缸十二个、公共厕所三处、

① 中国第二历史档案馆编:《令杨九徵派该员常驻帝王庙临时病院商承由陈祀邦襄助一切由》,《北洋政府档案》第155册，北京：中国档案出版社，2010年版，第65–67页。

② 中国第二历史档案馆编:《内务部训令京师如发现霍疫仰本处协助传染病院预防以免传染》,《北洋政府档案》第155册，北京：中国档案出版社，2010年版，第68–75页。

③ 中国第二历史档案馆编:《呈内务部本处对于京师地面一切防治事项业与传染病院随时接洽办理由》,《北洋政府档案》第155册，北京：中国档案出版社，2010年版，第76–79页。

④ 中国第二历史档案馆编:《即送防治霍乱病设置病院通告三万张请令区分发由》,《北洋政府档案》第155册，北京：中国档案出版社，2010年版，第76–79页。

清道一周，是日发给等车执照五十四张”[①]。由此可见，廊坊的防治工作成效显著，加之京师地面防治事宜亟须医员，于是刘道仁命令所有驻廊医员分两批次返回京师，以便分配[②]。9月5日，廊坊一带已无疫情发生，各处临时医院、施医处、防疫事务所经中央防疫处同意，一律撤销，行车检疫一事亦于9月5日停办，未尽善后事宜交由地方官责成当地警佐、村长继续办理[③]。

前已论及帝王庙临时病院成立一事，9月12日据该病院报告称，“西直门车站有患虎疫四人，又有陆续送院者疫势均极危急，皆系该处车站工人，其聚居之所每屋有二十余人之多，一经传染不堪设想”[④]。面对疫情，除设置帝王庙临时病院外，还在天坛内开设传染病分院，并配备搭载患者专用汽车，“月余以来，成绩斐然”[⑤]。到了十月中旬，京师已无疫情发生，帝王庙临时病院于10月16日撤

---

① 中国第二历史档案馆编：《驻廊坊事务所呈报八月二十九日廊坊镇内及附近村落均无疫毙并派队前往距廊西三里北昌西南五里南昌消毒并列表由》，《北洋政府档案》第155册，北京：中国档案出版社，2010年版，第86–88页。

② 中国第二历史档案馆编：《驻廊坊事务所科长俞树棻等于八月三十日回京所内一切未完事项即由马志道助理员李光勋留廊办理结束由》，《北洋政府档案》第155册，北京：中国档案出版社，2010年版，第89–91页。

③ 中国第二历史档案馆编：《指令驻廊坊临时事务所准将该所于本月五日撤销登车执照亦准同月停止善后事宜仰即商由地方官责成该处警佐村长继续办理由》，《北洋政府档案》第155册，北京：中国档案出版社，2010年版，第106–113页。

④ 中国第二历史档案馆编：《据报西直门车站工人发生霍疫京绥路局迅速设法严慎隔离由》，《北洋政府档案》第155册，北京：中国档案出版社，2010年版，第132–134页。

⑤ 中国第二历史档案馆编：《呈部本处择定西城帝王庙内及天坛传染病分院设置临时病院两处现均布置完竣收容病人随时治疗呈报备案由》，《函陈祀邦本处设置帝王庙临时病院承代主持医务专函致谢由》，《北洋政府档案》第155册，北京：中国档案出版社，2010年版，第135–141页。

销[1]。

1919年霍乱是诞生不久的中央防疫处面对的第一场疫情，虽然中央防疫处成立较晚，但之前在1917–1918年防治晋绥鼠疫的过程中已经积累了大量经验，例如陈祀邦即是曾经参与晋绥鼠疫防治工作。与晋绥鼠疫不同，此年霍乱是由东南沿海一路传到上海，进而达到华北地区，震动京畿。虽然上海的防疫工作在租界和华界的“共同努力”下最终扑灭了疫情，但上海南市将垃圾清理作为主要防疫措施，暴露了诸多问题，其中既有因中央和地方防疫资金不足导致无法开展大规模消毒的尴尬境遇，也有负责防疫事务的淞沪警察厅人员对疫情认识不足，缺乏近代细菌学说和传染病学知识，最终呈现出新旧防疫观念杂陈的复杂历史面相。而与之相比，中央防疫处则把主要精力放在廊坊、京师一带的防疫上，形成了刊发防疫通告、设立临时传染病院、外驻事务所的防疫模式，最终遏止了疫情在京畿地区的蔓延。同一时空下的两个不同地区的防疫工作，也暴露出中央防疫处成立之初防疫能力欠佳的实际情况，人员和资金均不敷应用，尚未能起到全国防疫总机关的作用，名为“中央”实际影响力大多限于京畿地区。此后中央防疫处通过每年预防春季时疫，研制血清、疫苗和痘苗，试图走出京畿，辐射全国，然而殊非易事。

---

① 中国第二历史档案馆编：《函礼俗司本处借用帝王庙房屋设置临时病院现已裁撤请查照由》，《北洋政府档案》第155册，北京：中国档案出版社，2010年版，第143–145页。

（二）预防传染病与推广接种疫苗

一般而言，若非重大疫情，并不需要设立临时传染病院和外派办事机构，只需做好预防宣传和血清、疫苗预防接种工作，即可有效防治传染病。

1920年西北地区发生旱灾，人民背井离乡，饿殍遍野，加之天花、斑疹伤寒、白喉、猩红热等传染病常常在春季发生。虽然中央防疫处已于1920年冬季赶制出痘苗和各种血清，但因经费短缺，产量有限，而各地函索电文应接不暇，于是中央防疫处向内务部提出防疫方案，“一面由处派员分别指定地点施种牛痘，一面通知地方行政机关及卫生、赈灾各团体切实注意，互相协助。如有需用痘苗、血清等类药品，除私人或私人团体应照收成本外，如系行政机关或正式慈善团体自可由处酌量赠送，或减价发卖以凭施治”①。

从1921年春季开始，中央防疫处向全国刊布预防春季时疫的通告，将天花、斑疹伤寒等传染病症状及预防办法，晓谕民众，以资防疫。此次刊发通告形式与之前1919年预防霍乱通告类似，但范围稍有扩大，不仅面向京师警察厅、京都市政公所、步军都统衙门、地方官府之类的行政机关发行，还扩大到了社会团体、报馆等非政府组织，例如京师贫民救济会、山西筹赈会、陕西赈灾会、华北救灾协会、河南旱灾救济会、深县旱灾救济会、北五省灾区协济会、佛教筹赈会、山东灾区救济会、国际统一救灾会以及各地报馆，通告内容如下：

---

① 中国第二历史档案馆编：《拟具防治春季时疫办法呈请鉴核由》，《北洋政府档案》第155册，北京：中国档案出版社，2010年版，第182–187页。

中央防疫处预防春季时疫通告

查去岁冬天气候过暖，加以各省旱灾，灾民麇集，卫生一端，自不讲究。现在春天又到，时疫流行，到处传染，非常危险，灾区地方尤须注意。兹将春季流行时疫种类并预防方法分述于后。

（一）痘疫即天花，初起发寒发热，周身疼痛，口渴恶心，精神迷朦。三四日后脸发红斑，渐及全身。再一二日，红斑突起如水泡形，水泡化脓，变成黄色，此时发热更烈，奇痒难受。若是痘疹内混有血液，带红黑色，最是危险。现在灾区地方，此病发生业已不少。

传染　系由痘疹内的脓水、血液、脓痂等类，以及病人用过衣服物件，千万不可接近，小儿尤易传染，务须注意。

预防　最好就是种痘，不论大人小儿本年种过一次牛痘，自然不易传染，万不可因为从前种过便可大意。

（二）斑疹伤寒即疹窒扶斯，又名饥馑热。旱灾之后最易发生，初起怕寒，发热甚烈，头腰及全身疼痛，恶心口渴，喉嗓鼻孔及眼睛均发红色，谵语昏迷，脉度狠快。三五日后胸腹各部发生红点，延及全身，最为危险。

传染　除病人使用衣服、物件之外最可怕的就是虱子，如头虱、衣虱、阴虱等类，均能传染此病。

预防　以除虱为最要，除虱之法，以百部根（无论何处药铺均有）泡入白干酒内数小时，擦患处或衣服上，即能净尽。否则勤洗晒亦可。衣物身体务须洁净，便可不致传染。病人食物尤宜注意，必使易于消化。

（三）猩红热，此病最为可怕，小儿尤易传染，初起头痛神疲，不思饮食，嗓痛呕吐，畏寒，发热甚高。两三日后周身发现红疹，嗓管痛肿，带有白点，舌苔粗红不平，衰弱益甚。医治得法，五六日热退疹消，渐即脱皮，即可痊愈。医治稍不留意，即有性命之忧。

传染　此病病毒能附于一切器物间，有人接触即染此病。空气呼吸亦能传染。

预防　勿接触病人及病人动用衣服等项，凡病人住所均应由医生消毒，附身衣物焚去最宜。平常宜勤漱口嗓，如染病后，安卧为要，不宜多食。病愈亦应静养，一月以后方可出门。

（四）白喉，初起头痛发热、身弱、嗓红肿、两傍发生白斑、剧痛，食不下咽，甚至鼻肿流脓，涨塞气管，即将不治，万一心脏麻痹，更无施救之法。

传染　白喉病毒极微，眼不能见。凡属病人唾吐、鼻涕、痰末以及使用器物，均易传染毒菌。

预防　不可接近病人，病人用物、住处，应随请医生严重消毒。有患此病者，宜速请医，用白喉血清针治，可保性命。病势重者，须另用手术，不可看轻。

总之，以上传染各病，春季流行甚多，大众务须各自留意，汙秽不洁及人多麇集之处均以远避为是。有患此疫症者，速请医生诊治消毒，即与常人隔离以免传染。看护人应如何自卫之法，并请医生指示，不可大意。早为防治，勿使蔓延，凡见此项通告者，并希随时传播宣讲，俾众周知，是为至要，特此通告。[1]

该通告不仅被新闻媒体转载，还被医药期刊关注，而且被中央防疫处多次重复使用[2]。1922年春，天气“寒燠失宜，颇易发生疫患”。为防患于未然，4月11日，中央防疫处将1921年春拟定的“防治春季时疫办法”和“预防春季时疫通告”再次印送，并转发给京师警察厅、京师学务局、红十字总会、步军统领衙门、大学及专门学校、各报馆、京师各路局、京师总商会等，希望能广而告之，从而避免发生疫情[3]。

1924年10月30日，一则电文打破了往日的平静，山西暴发鼠疫疫情，该电文称，“顷接协和医学校校长侯大夫致本处陈科长函，据山西汾州医院克大夫函告，于十月十二日太原府安大夫由省长派赴灵石县调查鼠疫情形，路经汾州，言及该处鼠疫已见蔓延。又据云安大夫于十月十七日由该处电告，经调查沁县约离灵石县西北七八十里二十九村，于二十村内发现四百五十人传染腺鼠疫而死，其传染肺鼠疫者三人，且此次传染毒力甚烈，病发二三日后即死。现有二医士在该处办理隔离及预防接种等事，克大夫曾向本处电购鼠疫疫苗，已由本处邮往，以广接种。查鼠疫传染最烈，若不早

---

① 中国第二历史档案馆编：《拟具春季防治时疫办法准将通告咨行各省区刷印颁发由》，《北洋政府档案》第155册，北京：中国档案出版社，2010年版，第198–203页。

② 《医事闻见录：中央防疫处之通告》，《绍兴医药学报》，1921年第11卷第3期，第19–20页。

③ 中国第二历史档案馆编：《函致京师警察厅京师学务局红十字总会步军统领衙门大学及专门学校各报馆京师各路局京师总商会并送防疫通告由》，《北洋政府档案》第155册，北京：中国档案出版社，2010年版，第204–210页。

为预防，易酿星火燎原之虞”[①]。11月26日，阎锡山答复中央防疫处，并解释道，“晋省临县地方上月发生疫症，据知事报告一般人疑似鼠疫，当即派委医士安增寿等携带药品，驰赴该县实施治疗，现已一律肃清，该医士等已均回省销差。至沁县、灵石等处并未发生疫症，想因道远，传闻失实”[②]。虽然是虚惊一场，但亦可表明接种疫苗渐为常态化举措。

1.预防天花与接种痘苗

到了1925年，中央防疫处制售的疫苗、血清等药品已经面向全国发售，影响力逐渐扩大。1925年2月23日，中国卫生会湖南分会会长颜福庆请求该处捐助痘苗五百枝，以便在湖南继续推广种痘事业，据颜福庆所说，“本会成立三载，惟是经费不充，各项设施极感困难”，可见不仅是中央防疫处，地方卫生防疫机构亦是经费匮乏[③]。2月24日，中央防疫处回复该会，首先声明“本处现制药品专供推广行销，不复备有赠送之品”，但毕竟该会言辞恳切，复又答应将寄送三百枝作为捐助，同时附加条件，“本处制品在湘省销路尚不旺畅，请广为招徕，以俾行销日远”[④]，后来该会又再次请求免费寄送痘苗，中央防疫处又赠送了三百枝，两次共捐助痘苗

---

① 中国第二历史档案馆编：《函山西省城阎督军兼省长灵石县等鼠疫情形请查复》，《北洋政府档案》第155册，北京：中国档案出版社，2010年版，第235–237页。

② 中国第二历史档案馆编：《沁县灵石等处并未发生疫症函复查照由》，《北洋政府档案》第155册，北京：中国档案出版社，2010年版，第240–245页。

③ 中国第二历史档案馆编：《施种痘苗经费竭蹶请本处捐助痘苗五百枝》，《北洋政府档案》第155册，北京：中国档案出版社，2010年版，第246–249页。

④ 中国第二历史档案馆编：《中国卫生会湖南分会颜先生捐寄痘苗三百枝及请广为招徕》，《北洋政府档案》第155册，北京：中国档案出版社，2010年版，第261–263页。

六百枝，中国卫生会湖南分会特地函电表示感谢[1]。与之相比，北京地方服务团联合会则稍显阔绰，同年2月19日，该会函请中央防疫处，希望能够按照往年惯例，仍以半价的优惠价格把痘苗卖给他们，最终中央防疫处同意了该会的请求[2]。

除此之外，军队、医院也向中央防疫处索要痘苗。1925年2月24日，国民第三军第一混成支队司令胡德辅致电该处，要求捐赠足够四千人接种的痘苗五十打，起因是该军驻防之地发生时疫，“豫南一带时疫流行，而信阳首当其冲，敝部驻防斯土，又兼士卒多燕赵之民，不服水土，染病者十之五六”，而“贵处采制之牛痘苗种极佳美”，该处痘苗便成为首选[3]。面对军方的索求，中央防疫处予以礼貌回绝，“本处制品均订有核实价目，近畿驻扎各处军队备价购药者颇不乏人，良以经费所关，向无赠送之品。贵司令部既需多量之痘苗，敝处自应酌量减价，请按八折备价来处购取”[4]。1925年3月5日，青岛胶澳州普济医院要求购买牛痘浆二十打和白喉血清一打，并希望能够在价款上通融，中央防疫处同样告知，“本处现无免费办法，普通折扣以八折为最大，惟对于内外城官医院特别让以七五折”，后又考虑普济医院为公立机关，“且为预防疾疠起见订购

① 中国第二历史档案馆编：《致谢本处捐助痘苗俟布种结束即将天花状况报告》，《北洋政府档案》第155册，北京：中国档案出版社，2010年版，第277–278页。

② 中国第二历史档案馆编：《请查照成案仍允半价购取痘苗》，《北洋政府档案》第155册，北京：中国档案出版社，2010年版，第250–256页。

③ 中国第二历史档案馆编：《请惠施敷四千人点种之痘苗伍拾打》，《北洋政府档案》第155册，北京：中国档案出版社，2010年版，第257–259页。

④ 中国第二历史档案馆编：《国民第三军第一混成支队司令部请按八折购取痘苗》，《北洋政府档案》第155册，北京：中国档案出版社，2010年版，第265–267页。

药品”，故最终决定给予七五折优惠[①]。3月17日，普济医院除按照约定接收二十打痘浆和一打白喉血清外，另外又以七五折的价格加购了三十打痘浆[②]。

此年，中央防疫处为扩大痘苗销路，还特地致函京师警备司令鹿钟麟，并赠送一瓶疫苗免费试用，希望他麾下的部队能够购买该处疫苗，为表示诚意，中央防疫处还主动让利，开出六折的优惠价格。但鹿钟麟以“所属各军队施行种疫并注射疫苗现在业已竣事，无购用之必要，已饬知各部队将来定当向贵处订购”，婉言拒绝了中央防疫处的请求[③]。而公立机构亦是不愿照原价购买，3月31日，京师内城官医院以七五折价格，从中央防疫处购买痘浆十打，折合后为三元七角五分，并责令由去警付款带回[④]。4月4日，京兆尹公署要求中央防疫处拨给痘浆以及施种器具，并要求告知种痘及防疫简便方法[⑤]。中央防疫处毕竟身在京师，但又不能任其索要，于是借口痘苗备置无多，同意赠送四百枝，如再有需要，该处表示可以按照半价卖给京兆尹公署，而对于种痘器具一项，该处“将应用器

---

① 中国第二历史档案馆编：《青岛胶州普济医院请寄去痘苗二十打白喉血清一打按七五折收价》，《北洋政府档案》第155册，北京：中国档案出版社，2010年版，第271–273页。

② 中国第二历史档案馆编：《前寄血清等业已照收请再寄痘浆三十打价款并案奉寄》，《北洋政府档案》第155册，北京：中国档案出版社，2010年版，第274–275页。

③ 中国第二历史档案馆编：《定购疫苗一节已饬知各部队将来定当购用》，《北洋政府档案》第155册，北京：中国档案出版社，2010年版，第280–285页。

④ 中国第二历史档案馆编：《拟购痘浆十打请按上年七五扣检交去警带回由》，《北洋政府档案》第155册，北京：中国档案出版社，2010年版，第286–288页。

⑤ 中国第二历史档案馆编：《请拨给痘浆及施种器具并请将种痘及防疫简便方法见示》，《北洋政府档案》第155册，北京：中国档案出版社，2010年版，第289–291页。

具种类、名称另单开列，请自向药房购取”，清单如下：

一、大号三棱式外科针（Surgical needle–large size）

二、载物玻片（glass slide）

三、棉纱（Cotton yarn）

四、棉花（Cotton）

五、绊创膏（Adhesive plaster）

六、酒精（70% Alcohol）

七、酒精灯（Alcohol lamp ）

具体操作方法是，“针及玻璃片擦净后，置酒精中数分钟，取出后置酒精灯焰上烧之，即可应用。针系用于种痘，玻璃片以之盛浆，其余请视种痘须知”[①]。

4月7日良乡县行政公署请求中央防疫处施送痘浆若干[②]，同日京师学校医院也请求该处拨发痘苗六十打，用于京师各公立中小学校学生接种[③]。4月9日该处回复良乡县行政公署，认为该署既属京兆尹公署下属机构，如有种痘需求，应向京兆尹公署索要，而且三天前刚向京兆尹公署赠送四百枝痘苗，并表示如果良乡行政公署需

① 中国第二历史档案馆编：《京兆尹公署赠送痘苗四百枝并送种痘须知制品说明书等及种痘器具种类名称单》，《北洋政府档案》第155册，北京：中国档案出版社，2010年版，第293–301页。

② 中国第二历史档案馆编：《奉令指定医生防止天花请将痘浆酌施若干》，《北洋政府档案》第155册，北京：中国档案出版社，2010年版，第302–303页。

③ 中国第二历史档案馆编：《请拨给痘苗六十打为公立各中小学校学生种痘》，《北洋政府档案》第155册，北京：中国档案出版社，2010年版，第304–305页。

要更多痘苗，允许他们以半价向该处购买[①]。面对各中小学校的请求，中央防疫处也只能是在重申所产痘苗均系售卖的前提下，尽可能予以最大优惠，“每打定价五角，六十打计洋三十元，可按半价收洋十五元”[②]。继良乡之后，4月22日，密云县也要求按照半价购买痘苗，并附送种痘简易办法[③]。于是京兆尹与中央防疫处协商，希望以后京兆所属各县均能按照半价购买痘苗，并随送简易施种办法，中央防疫处同意了这项要求[④]。

5月5日京师公益联合会为救济贫苦妇孺，请求中央防疫处捐助痘浆，该处回复道，“本处制售药品对于各慈善团体向多许以半价，兹特赠送痘苗两打为试验用品，嗣后如有需用，即请按照半价备款购买”[⑤]。5月30日，内务部游民习艺所以预防夏季传染病的名义，函请中央防疫处赠送消毒药品及其他相关卫生药品，按照常理，既然均为内务部下属机构，理应同意该项请求。但中央防疫处认为，“贵处如有所需，请示何项制品及其数量，敝处并可派员前往，代为行施注射，以防疫病。至于消毒药品等物，敝处平时备置无多，

① 中国第二历史档案馆编：《良乡县行政公署需用痘浆请向京兆尹公署请领并允可半价购药》，《北洋政府档案》第155册，北京：中国档案出版社，2010年版，第306–309页。

② 中国第二历史档案馆编：《京师学校医院允以半价购取痘苗》，《北洋政府档案》第155册，北京：中国档案出版社，2010年版，第310–313页。

③ 中国第二历史档案馆编：《密云县派员购制痘苗时请按半价核收并请示以简法希见覆》，《北洋政府档案》第155册，北京：中国档案出版社，2010年版，第314–317页。

④ 中国第二历史档案馆编：《京兆尹公署京兆所属各县半价购药一律照办》，《北洋政府档案》第155册，北京：中国档案出版社，2010年版，第318–321页。

⑤ 中国第二历史档案馆编：《京师公益联合会赠送痘苗两打作为试验用品嗣后请按半价购取》，《北洋政府档案》第155册，北京：中国档案出版社，2010年版，第325–327页。

遇有重要疫症发生，始可报部拨款临时购用”[1]。

7月9日为继续扩大销路，中央防疫处向京师各大药房、医院发布广告，希望它们能够到本处直接购买各种药品，并许诺一律给予八折优惠。该处同时还规定，“办公时间自上午九时至下午五时止，星期日、节日为休息，为谋顾客便利起见，特于售品所日夜置人轮值”[2]，以下是1925年北京药房、医院分布情况：

表5.4　1925年北京药房、医院分布表

序号	名称	地址
1	中英药房	观音寺
2	中美药房	同上
3	北洋药房	同上
4	中西药房	大栅栏
5	中法药房	同上
6	华美药房	同上
7	屈臣氏药房	同上
8	回春药房	同上
9	□德记药房	同上
10	金安氏药房	王府井
11	中外药房	煤市街
12	中华药房	鲜鱼口

① 中国第二历史档案馆编：《请酌给消毒药品及其他关于卫生药品藉备防疫之用》，《北洋政府档案》第155册，北京：中国档案出版社，2010年版，第328–333页。

② 中国第二历史档案馆编：《分至本京各药房医院本京不设经理处各药房医院购药均照八折计算》，《北洋政府档案》第155册，北京：中国档案出版社，2010年版，第334–336页。

续表1

序号	名称	地址
13	中央药房	同上
14	利亚药房	东交民巷
15	华安药房	崇文门
16	华洋药房	东安市场
17	华欧药房	同上
18	振亚药房	同上
19	五洲药房	前门
20	信昌药房	前门
21	日华同仁医院	东单三条
22	京汉铁路医院	康家胡同
23	长安医院	王府夹道
24	法国医院	东交民巷
25	德国医院	同上
26	长老会医院	北京桥二条
27	江口医院	东长安街
28	中央医院	平则门大街
29	利华药房	台基厂
30	左少宇医室	安定门谢家胡同
31	同仁医院	崇文门内
32	普仁医院	崇外羊肉胡同
33	妇婴医院	孝顺胡同
34	京师传染病医院	十条
35	罗氏驻华医社	东单三条
36	砂田医院	南池子永窖胡同
37	北京医院	石驸马大街

续表2

序号	名称	地址
38	尚志医院	西长安街
39	张嘉蓉女医院	西直门内大街
40	沅王桢诊疗所	安福胡同新民路
41	仓田医院	兵部洼
42	首善医院	宣外大街
43	北京疗养医院	王府井大街
44	寰西医院	西长安街
45	平民医院	西单北方街
46	张光汉诊疗所	安福胡同
47	原田医院	西单场胡同
48	顺天医院	李铁拐斜街
49	明明医院	南长街
50	瞿氏夫妇医院	西长安街

资料来源：中国第二历史档案馆编：《分至本京各药房医院本京不设经理处各药房医院购药均照八折计算》，《北洋政府档案》（第155册），北京：中国档案出版社，2010年版，第337–339页。

此后向中央防疫处直接索要疫苗之事渐少，已形成直接购买的习惯。1925年9月，京汉铁路南段发生霍乱疫情，9月5日京汉铁路局总医官又向中央防疫处购买二千西西（cc）[①]的霍乱疫苗，前后共计七千西西（cc）[②]。9月15日该处又收到西北边防督办公署的订单，要求

---

① “cc”是计量单位的一种，即“ml”（毫升）。

② 中国第二历史档案馆编：《京汉铁路南段地界发现霍乱疫症续订疫苗二千西西查照送交》，《北洋政府档案》第155册，北京：中国档案出版社，2010年版，第340–341页。

采购大量肠热症血清[1]。由此可见，该处制售的药品销路越来越广。1926年3月30日，中央防疫处收到外城官医院的公函，要求订购痘浆四十打，“该价若干，俟厅款领到时，即行奉缴”[2]。两天之后该处答应以半价（每打二角五分）卖给外城官医院[3]。

1927年9月30日，中央防疫处呈请内务部通过了《推广售品销路办法》，含扩充售品销路办法、试用推销员办法、应行手续、经售本处出品章程等四个文件。文件开头部分首先对当前防疫处制售药品的销售现状进行了总结，“历年售品销路统计，以北方数省及外人经营之医院为多，南方数省及本国医士实据少数”，究其原因有二，“一由经理店之不从事鼓吹；二由本处之宣传太少，致各处医士多未知本处之出品”。于是提出首先在上海地区试用推销员负责推销，“每月时常向各医院、药房力为兜销，赠送试用样品，分发本所印之各种印刷品，并接洽附近各省之销路”[4]。

除了制售药品外，中央防疫处每年还在春秋两季举办施种牛痘活动。1927年9月12日，该处按照往年惯例，向京师学务局商借演讲所和卫生诊疗所，作为临时牛痘施种地点，面向京师所有个人、机构、团体等。具体时间安排如下：

---

① 中国第二历史档案馆编：《拟派员采办肠热症血清祈将估价格外涅廉》，《北洋政府档案》第155册，北京：中国档案出版社，2010年版，第342–343页。

② 中国第二历史档案馆编：《订购痘浆四十打陆续取用该价俟厅款领到时奉缴》，《北洋政府档案》第155册，北京：中国档案出版社，2010年版，第344–347页。

③ 中国第二历史档案馆编：《外城官医院订购痘浆四十打请随时备价购取》，《北洋政府档案》第155册，北京：中国档案出版社，2010年版，第348–351页。

④ 中国第二历史档案馆编：《拟具推广售品销路办法呈候鉴核施行内》，《北洋政府档案》第155册，北京：中国档案出版社，2010年版，第352–364页。

表5.5　中央防疫处牛痘施种时间表

场地名称	地址	时间
卫生诊疗所	东城本司胡同	星期一至六
第九讲演所	南城宣外果子巷	星期二及四
第六讲演所	兴隆街	星期三及五
第五讲演所	西城教育部街	星期三及五
第十讲演所	北城地外大街	星期二及四
时间下午一至四时 概不收费		

资料来源：中国第二历史档案馆编：《分函第五六九十讲演厅仍照前案借用为施种牛痘地点由》，《北洋政府档案》（第155册），北京：中国档案出版社，2010年版，第470–479页。

同时规定前往中央防疫处亦可接种，时间限定在早上九点至下午四点。如有公众团体派人前来接种，则按照旧例，“公众团体五十人以上欲种痘者，可派员往种，不收手术费，其所用痘苗减半收费”[①]。

1928年3月5日，京都市内城官医院、外城官医院、中国红十字会北京医院按照1927年施种牛痘办法，与中央防疫处继续合作，推行牛痘接种[②]。接着，3月7日该处公布了“重订种痘新章”，规定“凡公众团体有二十人以上欲种痘者，可函告本处派员往种，手术费不收。其来天坛内本处，或至本司胡同公共卫生事务所种痘者，

① 中国第二历史档案馆编：《分函第五六九十讲演厅仍照前案借用为施种牛痘地点由》，《北洋政府档案》第155册，北京：中国档案出版社，2010年版，第479页。

② 中国第二历史档案馆编：《请照上年办法合作种痘事宜由》，《北洋政府档案》第155册，北京：中国档案出版社，2010年版，第520–521页。

完全免费”[1]。与此前相比，公众团体人数标准有所下调，由之前半价收费变成完全免费。3月16日，京师第一监狱请求中央防疫处，派员前往监狱，为犯人免费接种痘苗。该处参照规定，“若为慈善机关正式来函，经查明考量后，得免收费”，认为，“监狱为监犯种痘，系属慈善举动，自可援例免费”[2]。照此规定，中央防疫处先后为北京育婴堂、尚纲女校、慈云工厂等慈善公益机构免费接种痘苗，还送给天津青年会体育科二十打痘苗[3]。

2.预防狂犬病与接种狂犬病疫苗

1927年9月，北京市面上时常发生疯狗咬伤行人之事，且毒发身死之人较多。9月23–24日，中央防疫处在《顺天时报》《群强报》《北京导报》《华北正报》等报纸上，刊登预防狂犬病的中英文宣传单，并特别注明，“现登之天花种痘广告暂行停止”。中文传单内容如下：

预防狂犬病（俗名疯狗病）

（狂犬病） 为极危险之传染病症，人被疯狗咬伤，其毒即由伤口传染，经过数星期或一月后现疯狂病状，即为不治之

---

① 中国第二历史档案馆编：《重订种痘新章劝告种痘由》，《北洋政府档案》第155册，北京：中国档案出版社，2010年版，第522–523页。

② 中国第二历史档案馆编：《京师第一监狱为监犯种痘所需痘苗如由本处派员施种可援例免费》，《北洋政府档案》第155册，北京：中国档案出版社，2010年版，第531–533页。

③ 中国第二历史档案馆编：《天津青年会体育科所须痘苗十打作为赠品》，《北京育婴堂订于本月十六日派员前往种痘由》，《尚纲女校订于本月二十二日上午派员前往种痘并准免费由》，《慈云工厂订于本月二十四日上午派员前往种痘并准免费由》，《北洋政府档案》第155册，北京：中国档案出版社，2010年版，第522–523页。

症，疯狂数日，毒发而死。

（预防法） 若被疯狗咬伤之后，即日注射狂犬病疫苗，可以预防不致发病。

（犬之狂犬病） 人家所畜之狗，若被疯狗咬伤亦能传染，变为疯狗。

（预防法） 若将所畜之狗预先注射犬用狂犬病疫苗，虽遇疯狗咬伤，亦不传染。

人用、犬用狂犬疫苗两种，本处均有制售，并施预防注射，现为城内住户便利起见，其有被疯狗咬伤者，可于午后二时至五时，就近赴东城本司胡同卫生诊疗所请求注射。

北京天坛中央防疫处劝告

电话南分局2291 1410 2664

电报北京7089

而且据中央防疫处声称，“一经注射，即不沾罹狂病”，还在东城内务部街公共卫生事务所设立分所，方便市民携犬前往注射，“人用疫苗价五元，犬用疫苗价二元，手术费概免”[①]。

1927年9月30日，中央防疫处还将“预防狂犬病办法及传单”呈报内务部，希望以部令的名义，大力普及狂犬病疫苗接种，进而推广全国。由技师金宝善草拟的防治狂犬病办法具体内容如下：

一、扑杀野犬 狂犬病必先由犬类罹患方能及人，故捕捉

① 中国第二历史档案馆编：《请将预防注射狂犬病传单刊登报端由》，《北洋政府档案》第155册，北京：中国档案出版社，2010年版，第541–552页。

野犬不论有无该症一律捕杀，则病毒无从传染，是为杜绝狂犬病之惟一方法。应通行京师警察厅暨各省区警务处、县警察所等实行捕杀野犬。

二、取缔畜犬　居民畜犬理难禁绝，应通行京师警察厅暨各省区警察处、县警察所等规订取缔办法，调查居民所畜之犬，编列号数，给发牌照。按年或按月征收犬捐若干，并责成地面之防疫机关，或医院医师及兽医等，代施犬类狂犬病之预防注射。令各畜犬户每年定期遵行领取注射证单呈验，以资预防而杜传染。又此项犬类之预防注射为日人兽医专家梅野氏所创制，施之于东京市，成绩极佳，近则世界各国相继仿行，职处现亦按法制造犬用、人用两种预防疫苗以供需用。

三、除灭狂犬　凡有狂犬发现，无论是否野狗，应由负地方之责者立即捕杀，畜犬之户亦应负报告义务。又为慎重预防起见，如有人被犬伤，虽未能证明是否已有疯症，亦应指为疑似狂犬，捕送相当处所查验之，其被伤者应即施以预防注射，其预防注射原理见第五条。

四、查报狂犬症　凡为狂犬所伤者应即向警所报告，警所得报后，除令被伤者即刻施行预防注射外，应将伤人之犬寻获捕杀之。

五、防治狂犬症　凡为狂犬所伤，毒必内攻，一旦病发，无可救治。法人细菌学泰斗派斯透氏发明以狂犬病毒制成药苗，注射于被伤者，即能防遏其毒，不使内攻。嗣经各国学者研究试用，均知被狂犬所伤者除此别无防治之法。其法即将所制病苗分次用针打入被伤者之体内，使其抵抗狂犬病毒之力逐渐增高，终将疯毒化除，则病自消矣。惟须在疯狗咬伤后即刻施行，盖其功在预防疯毒内攻神经系统，迟则不及也。派斯透氏之制苗方法，近经各国学者因地制宜，略加改变，以便应用，职处近按山博尔氏法制之。

六、防治宣传　狂犬病至为危险，居民之不知防治而死者为数甚多。职处所印关于防治狂犬病之传单、图书宜令各地方官厅分送或翻印，以广推行。[①]

10月5日，中央防疫处再次函请内务部批准之前所呈报的“预防狂犬病办法”[②]。十日之后内务部原则上批准了该处请求，认为“所拟防治狂犬病条陈，多属可采”，“惟第二条所订居户畜犬于每年施行预防注射一节，按之现情，不无窒碍，似宜变通办法，一律饬令箍带口罩以防危险”[③]。然而中央防疫处并不完全认可内务部所提修改意见，于是将反馈意见复呈内务部审核。该处谈到，“箍带口罩固为重要办法，惟遇狂犬往往口罩损坏脱落，危险更甚。若施行预防注射，实根本防治之法，且每年仅注射一次，手续较为简单。拟将原条文中定期遵行字样改用劝告字样，似较易遵”[④]。11

① 中国第二历史档案馆编：《筹拟预防狂犬病办法由附条陈一件传单一件》，《北洋政府档案》第155册，北京：中国档案出版社，2010年版，第553–564页。

② 中国第二历史档案馆编：《筹拟防治狂犬病办法请核夺施行由》，《北洋政府档案》第155册，北京：中国档案出版社，2010年版，第565–568页。

③ 中国第二历史档案馆编：《呈悉所拟防治狂犬病条陈多属可采惟于居户畜犬注射似宜变通令带口罩令仰遵照修改呈候核夺由》，《北洋政府档案》第155册，北京：中国档案出版社，2010年版，第569–574页。

④ 中国第二历史档案馆编：《遵令修改防治狂犬病条陈第二条呈请鉴核施行由》，《北洋政府档案》第155册，北京：中国档案出版社，2010年版，第575–582页。

月2日，内务部回复中央防疫处，要求除第二条外，第一条也应进行修改。该部认为，“第一条内开通行京师警察厅暨各省警务处所句下面，应增入俟第二条所定办法实施著有成效后，再行扑杀野犬以防危险。第二条所载按年或按月征收犬捐一语应行删去，余尚可采”[①]。11月15日至17日，中央防疫处按照部令修改意见进行了删改，并将样稿送内务部再次审核。因第一条和第二条争议较大，故以下仅列出第一条和第二条修改后的内容。

> 一、扑杀野犬　狂犬病必先由犬类罹患方能及人，故捕杀野犬不论有无该症，一律扑杀则病毒无从传染，是为杜绝狂犬病之惟一方法。应通行京师警察厅暨各省区警务处、县警察所，俟第二条所定办法实施有成效后，再行扑杀野犬以防危险。
>
> 二、取缔畜犬　居民畜犬理难禁绝，应通行京师警察厅暨各省区警务处、县警察所等规订取缔办法，调查居民所畜之犬，编列号数，给发牌照。一律饬令箍带口罩，劝告各畜犬户每年应使其所畜之犬受预防犬病之注射以保安全。此项犬类之预防注射为日人兽医专家梅野氏所创行，每犬每年注射一次即可预防一年。施之于东京市，成绩极佳，近则各国相继仿行。职处于人用预防疫苗外，现已按法制造犬用预防疫苗以供需

① 中国第二历史档案馆编：《饬将防治狂犬病条陈第一第二两条遵令修改由》，《北洋政府档案》第155册，北京：中国档案出版社，2010年版，第583-586页。

用，其注射方法极为简单，医师及兽医均能施行。[1]

倘若将此处中央防疫处预防狂犬病措施与上海公共租界、法租界的巴斯德研究院进行对比，不难发现它们在扑杀野犬、注射巴氏狂犬疫苗、防治宣传等方面有异曲同工之妙，在这里很难说是中央防疫处直接抄袭了上海的“租界经验”，毕竟该处在成立之初便从法国购回了大量的细菌学书籍，透过这些文本，时人亦有能力融会贯通，进行试验和仿制狂犬疫苗，进而向公众推广接种。

3.预防斑疹伤寒与接种斑疹伤寒疫苗

1928年2月20日，驻扎在通县的陆军第三十六师暴发斑疹伤寒，“晋军近日患春瘟传染病甚烈，日有死亡，经传染越四五日即不能医救”，于是军警联合办事处函请内务部卫生司，派员前往通县防堵“春瘟”[2]。内务部将函电转发给了中央防疫处，该处当即派技术员王祖祥携带药品、器械前往通县调查。2月23日该处分别向陆军第三十六师和内务部报告了通县“春瘟”预防实况，函电称：“覆查报告内容及检查血液结果，此次发现之疫疠确为斑疹伤寒，并有普通伤寒症。查普通伤寒症预防办法约有数端，即隔离病人、早期诊断、注意饮水及食物、粪便消毒、预防注射等。除隔离病人，隔离接触者及早期诊断外，除虫是当时防治斑疹伤寒比较见效的办法。查通县驻军约有八千余人，应建小规模除虫室一所，每日烘烤

① 中国第二历史档案馆编：《呈送修正防治狂犬病条陈请备案由》，《北洋政府档案》第155册，北京：中国档案出版社，2010年版，第587-595页。

② 中国第二历史档案馆编：《通县晋军近日患春瘟传染病甚烈函请派员前往设法防堵由》，《北洋政府档案》第155册，北京：中国档案出版社，2010年版，第600-605页。

衣服五百套，预计三星期内将全体兵士衣服烘烤完竣，则虱虫类自能绝迹。该项除虫室之建筑费五百元、煤费二十元，贵司令部如能向通县官或商令商筹此款，照为修筑，其图样当由本处派员指示，所有预防上一切布置，本处亦可派选防疫专门医员协同办理，所需疫苗并可量为供给，以重卫生。惟除虱一项关系重要，因斑疹伤寒以虱为传染媒介，蔓延极速，尚请格外注意。”①2月28日，为修筑除虱室一事，中央防疫处再次函请内务部，希望能够由内务部出面与镇威第三、四方面军团部协商拨款②。

3月15日中央防疫处因考虑到“通县患病之兵士杂居繁盛市间，一旦辗转传染居民，行将四处蔓延，势难遏止，若不早为设法，诚恐滋生极大疫疠”，于是又为通县患病士兵入院治疗问题，呈请由内务部出面与镇威第三、四方面军团部协商，计划将通县所驻晋军三百六十余人送往各军医院收容医治③。同日，中央防疫处又函请陆军第三、四方面军团部后方医院及中国红十字会北京医院，希望能够收治遗留在通县的三百六十余名士兵④。3月19日，该后方医院回复中央防疫处，认为将患疫士兵送往后方特别是京师治

① 中国第二历史档案馆编：《陆军第三十六师司令部函述预防伤寒症办法请查照见覆由》，《具报预防通县疫症现在办理情形由》，《北洋政府档案》第155册，北京：中国档案出版社，2010年版，第606-614页。

② 中国第二历史档案馆编：《内务部请转商镇威第三四方面军团部转饬通县驻军修筑除虱室以防疫症传染由》，《具报预防通县疫症现在办理情形由》，《北洋政府档案》第155册，北京：中国档案出版社，2010年版，第615-618页。

③ 中国第二历史档案馆编：《内务部呈请咨商镇威第三四方面军团司令部迅将通县所留患病晋军三百六十余人分送各军医院收容医治由》，《北洋政府档案》第155册，北京：中国档案出版社，2010年版，第619-622页。

④ 中国第二历史档案馆编：《陆军第三四方面军团部各方医院中国红十字会北京医院通县遗留晋军病兵请设法收容医治并见覆由》，《北洋政府档案》第155册，北京：中国档案出版社，2010年版，第623-626页。

疗，殊为不妥，“发疹窒扶斯传染最速，且甚危险，不惟与敝院伤兵同居甚不相宜，以京畿首善之区，人烟较通更为稠密，将此项患者迁移来京尤非所宜”，进而提出将染病患者在通县当地进行收容、隔离和治疗，并表示“敝院已于月之十三日派医官、副官等携带药品前往举办，早已安置就绪”①。3月20日，中央防疫处函告后方医院，通县军营除虱室已由该处协同中国红十字会建筑完工，并表示，“至该除虱室如何运用，及其他防治手续上如有协助之必要时，本处仍可派员襄助办理”②。3月21日，后方医院回复中央防疫处，“据敝院派往通州医官报称多系负伤者，患病者只八十余名，且经详细检查，多系肠窒扶斯、流行感冒及重病感冒，疹窒扶斯患者无多。现经治疗，均大见痊愈，其所用器具，所着被服等亦令其随时严重消毒，想无传染之虞”，故认为暂无除虱必要，但为了慎重起见，该院决定，“再派妥员前往通州，会同原有医官切实调查，倘有除虱之必要再行函请贵处转知管理虱室人员，准予借用，并请贵处派员指导帮助”③。

① 中国第二历史档案馆编：《函覆通县军营防疫事项已安置就绪由》，《北洋政府档案》第155册，北京：中国档案出版社，2010年版，第627–632页。

② 中国第二历史档案馆编：《陆军第三四方面军团后方医院请为通县遗留病兵除虱希见覆由》，《北洋政府档案》第155册，北京：中国档案出版社，2010年版，第637–639页。

③ 中国第二历史档案馆编：《准函闻斑疹伤寒一症惟在除虱等因查通州兵士患病者只八十余名已渐痊愈倘有除虫必要时再行函请指导帮助由》，《北洋政府档案》第155册，北京：中国档案出版社，2010年版，第640–646页。

三、小 结

总而言之，中央防疫处是集防疫、消毒、血清治疗、制售药品、科学研究为一体的隶属于内务部的中央政府分支机构，它的设立标志着中国近代第一个完整建制、系统运作的中央级卫生防疫机构的诞生。它的诞生也绝非偶然，既是自晚清以来国人不断引介细菌学说知识催生的产物，亦是历届政府防治传染病经验积累的结果。自该机构设立之初，便将八种法定传染病作为主要研究对象，并制售各种疫苗。从组织结构上来看，中央防疫处从最初的“一处三科”逐渐演变为“一处二室三科”。二室即售品室和图书室，其中图书室收集了大量西方公共卫生学、细菌学、病理解剖学的书籍，仅从细菌学说原产地法国购买和捐赠的图书即达75种。因此，我们有理由认为此时中央防疫处的专业水平并不比世界其他细菌学研究机构差多少，甚至在大规模应用血清、疫苗方面，亦积累了不少本土实战经验。整个20世纪20年代，中央防疫处始终致力于售卖和推广接种各种疫苗，包括天花疫苗、狂犬病疫苗、斑疹伤寒疫苗，等等。

从总体上来看，虽然中央防疫处在1919年全国性霍乱中表现不佳，仅能维持京畿一带的防疫工作，人员和资金短缺问题亦亟待解决，尚未能起到全国防疫总机关的作用；然而随着组织人事的不断完善，从20世纪20年代起，中央防疫处通过每年预防春季时疫，研制血清、疫苗等，试图走出京畿，辐射全国，然而殊非易事。东北易帜、宁汉合流以后，南京国民政府在行政院中正式设立卫生部，接管前北洋政府内务部和中央防疫处，另在上海设立中央卫生实验所，下属五科，其中细菌科单列，专门负责血清、疫苗的制造和鉴定。至此，细菌学说的引介历经晚清政府、民初北洋政府、南京国民政府等不同历史时期，初步经历了概念引入、理论译介、通俗普及、防疫实践的多重历史进程。

结 语

假如我们把人类历史想象成一张随时境变迁的3D地图，其纵横交错的经纬线将时空切割成不同单元，那么正如全球享有盛名的历史学家麦克尼尔父子认为的那样，“世界性网络，从1890年之后变得更加紧密。虽然从地理范围上看，它只是稍稍有所扩展而已，但是交往的规模和速度却得到了显著的增强，这主要是由来自技术的——还有政治的——各种变革所使然。用文化术语来讲，世界性网络变得更为紧密，是一种相对稳定的进步过程，它使整个世界同质化，或更准确地讲，用更少的标准来达到更大趋同性的这一长期的过程得以持续发展”[①]。也正如刘东在“海外汉学研究丛书”总序中所言，“中国曾经遗忘过世界，但世界却并未因此而遗忘中国”[②]。那究竟改变世界面貌的知识和技术是如何“自西徂东”进入中国的呢?

---

① （美）约翰·R.麦克尼尔（J.R.McNeill）、威廉·H.麦克尼尔（W.H.McNeill）著、王晋新译:《人类之网：鸟瞰世界历史》，北京：北京大学出版社，2011年版，第307页。

② （美）罗芙芸著，向磊译:《卫生的现代性：中国通商口岸卫生与疾病的含义》，南京：江苏人民出版社，2007年版，总序。

进而言之，鸦片战争以来，中国面对千年未有之变局，从“师夷长技以制夷”到“中体西用”再到“全盘西化”，传统与现代经历了怎样的冲突与调适？显然这些都是中国近现代史无法回避的难题，本书则通过梳理细菌学说在近代中国的传播，认为近代国人对细菌的认识，从早期“如蝎如蟹”到今天常见的《大不列颠百科全书》给出的科学、精确的解释，这其中经历了复杂的历史情节，走过了一个从知识、观念到制度的艰难历程。诚如桑兵所言，“对于近代中国的知识与制度体系转型，学界往往会用现代化的解释框架来加以认识。现代化的概念，未必不能成为一种模式。不过，现代与传统、进步与落后之类的两级范畴，最终实际上落实到了中西对立的概念之上，不仅是简单地找变化，而且所找出的变化归根结底都是西化”[①]。

限于时空、经济、物质、技术、情感等因素，历史上生活中的许多概念、词汇在岁月长河中不断淘洗，或汹涌澎湃，或潜滋暗长，难以清晰界定，尤其是那些在潜意识里我们早已习以为常的词汇，比如“她”[②]“近代”“现代”“卫生”“细菌”等，越是想要厘定它们，发现越是剪不断理还乱。定义，也只是一种理论和观念的强加和束缚，在近代中国西学东渐的大潮里，许多来自西方、日本或者那些“侨词来归”[③]的词汇，其在“概念旅行”过程中已经发

① 桑兵等著：《近代中国的知识与制度转型》，北京：经济科学出版社，2013年版，第7页。

② 黄兴涛著：《“她”字的文化史——女性新代词的发明与认同研究》，福州：福建教育出版社，2009年版；《“她”字的文化史——女性新代词的发明与认同研究》，北京：北京师范大学出版社，2015年版。

③ 冯天瑜：《侨词来归与近代中日文化互动——以“卫生”“物理”“小说”为例》，《武汉大学学报（哲学社会科学版）》，2005年第1期。

生变异，近代国人也都是在以自己的理解，对之进行不同的使用和解读。在此状态下，这些词汇已经很难归复其在原初文化脉络中的本相，我们似乎也不应再过度纠结于定义或判断。其实，即便是有一些区别和厘定，在实际的使用场景中，"菌"的含义也是变动不居的，并非稳固、静止的同质称谓。时人关于"细菌"与"细菌学说"的讨论亦是众说纷纭。这种情况延续到民国时期亦是如此，一些民国学人也曾对"细菌"一词进行梳理，他们一般认为"细菌"是一"侨词来归"的词语，其近代含义来自日本，对应于西方的"Bacteria"，不是"食物"的意思，至少还包括三个层面——"细菌之于保卫生命""细菌之于个人卫生""细菌之于公共卫生"，至于"细菌"和"细菌学说"具体涉及哪些方面，细菌、细菌学说、卫生学与医学的关系等问题，时人也是见仁见智。不过，细菌的实际所指究竟为何并非今人所需关注的唯一焦点，史家更应关注时人赋予它的含义及其背后的意义，这就必然会牵涉到名词术语从分歧走向统一的复杂进程，而这一进程同样无法超脱当时的社会生态。

一、纵横交织

从纵向来看，晚清民初细菌学说的引介历经晚清政府、民初北洋政府、南京国民政府等不同历史时期。如果说在明末清初中西医学仅仅是通过极少数耶稣会士互相交流的话，那么鸦片战争以后，随着条约口岸的逐渐建立和新教传教士医学传教行为的逐渐合法化与内地化，中国传统医学的文化版图逐渐被西方医学所渗透。鸦片战争之后，中国人开始睁眼看世界，除了坚船利炮、文物典章的宏观世相外，还有略显低调的微观世界，最先走向世界的一批国人在日记中对显微镜、细菌、医院、卫生均有零散记载，细菌由此渐渐进入国人视野。虽说从鸦片战争到甲午中日战争期间，是国人“采西学”的重要阶段，甚至出现了举世瞩目的洋务运动，但是当我们透过洋务运动下的江南制造局翻译馆，以及来华医学传教士的同人刊物《博医会报》来观察时，事实证明，至少在19世纪80–90年代，有关细菌学说方面的知识主要出现在专业的医学杂志上。

庚子拳乱之后，以慈禧太后为首的晚清政府推行新政改革，由于长江以南各省份与列强一道，实行“东南互保”政策，使得华南、西南以及东南各省的教会医学院校得以存续，并将最新的医学知识传授给在校的中国学生，其中便包括细菌学。另一方面，新政期间，清政府鼓励国人出洋游学，大批官费、自费留学生前往日本、美国以及欧洲各国，其中有不少学生留日学医，日本由此开始成为细菌学知识的重要进口渠道之一。民初十年是中国乱象丛生的年代，动荡的政局却为民主、科学等思想与知识的传播创造了相对宽松的条件。在此阶段，人们对细菌学说的认识已经从腺鼠疫杆菌、肺鼠疫杆菌等菌种扩大到对细菌的性质、分类、培养、作用等知识的系统译介，并呈现出由专业知识走向工农生产和日常生活的趋势。1919年中央防疫处的设立可视为细菌学说被引介的标志性事件。它的诞生也绝非偶然，既是自晚清以来国人不断引介细菌学说知识催生的产物，亦是历届政府防治传染病经验积累的结果。自该机构设立之初，便将八种法定传染病作为主要研究对象，并在整个20世纪20年代，致力于售卖、推广和接种各种疫苗，其实际影响范围逐渐跳出京畿，但又很难辐射全国。1928年五院制的南京国民政府成立，在行政院中正式设立卫生部，北洋时期的中央防疫处为新立的卫生部所接管，另外成立中央卫生实验所，总部设在上海，下属五科，其中细菌科单列，专门负责血清、疫苗的制造和鉴定。至此，细菌学说的引介初步经历了概念引入、理论译介、通俗普及到防疫实践的混合历史进程。

从横向来看细菌学说的“在地化”过程，大体在晚清民初的中国大地上画出了一张从条约口岸到东北三省，从东北三省到晋绥直隶，从晋绥直隶再到全国各地的社会文化版图。1894年广东和香港发生鼠疫，当时在港西人均认为此年鼠疫是中世纪黑死病的“起死回生”。当自中世纪以来的港口检疫制度无法彻底控制疫情蔓延时，他们便把目光转移到了在港华人的身上，认为不讲卫生的在港华人及其居住区秽恶不堪的环境是导致这场瘟疫的罪魁祸首，这说明此时港英政府仍然对“瘴气论”下的“公共卫生学”坚信不疑，强调清洁环境和烧毁疫区。面对强势的港英政府，在港华人部分选择留在香港，大部分则选择返回广东，这给防控疫情工作造成极大困难。港英政府、广东地方政府、在港华人、在港西人等多方势力围绕避疫、检疫与治疫展开了较量。各方争论的焦点实则在于病原本身为何，以及病原体的携带者究竟是人还是鼠。为此，港英政府不得不邀请国际细菌学专家北里柴三郎和耶尔森前往香港验查。经过二氏研究表明，此次瘟疫的病原体是鼠疫杆菌，可以初步断定跳蚤可能是这种传染病的病媒，这在当时是轰动世界的发现。这改变了自中世纪以来一贯认为鼠疫是“上帝带给人类的惩罚”的宗教认识。科学研究消解了鼠疫的神秘感，也改变了时人对瘟疫发生原因的认知。遗憾的是，在当时香港和广东有限的医疗条件下，中西医虽然使出浑身解数，但是仍然不能有效控制疫情和病情，这反映出细菌学说形成初期尚未能彻底改变当时医疗技术的现实状况，这就给传统驱瘟治疫的手段留下了可供施展的空间，往往在地方社会占据主导地位。因此，甲午前后细菌学说自身作为一种正在成长的知识，在西方社会尚属初露锋芒，要想让中国人彻底接受它，显然任重而道远。

1910–1911年的东北大鼠疫仿佛预示着清王朝即将寿终正寝，这场疫情夺走了大批民众的生命，还引起了国际社会的广泛关注。在清政府的邀请下，世界各国纷纷派遣优秀的医学专家前往东北，或参与防治，或调查病源，这其中便有曾经在1894年香港鼠疫防治过程中发现鼠疫杆菌的北里柴三郎，从这个意义上来说，东北成了国际医学专家的实验场。通过各种试验，人们最终发现引发东北鼠疫的病原体是一种与腺鼠疫杆菌迥然不同的肺鼠疫杆菌，这种细菌可以通过空气、动物、人等途径传播。如果说1894年腺鼠疫杆菌的发现是人类首次向瘟疫宣战吹响了科学号角的话，那么东北鼠疫期间经过各国医学专家的共同努力，肺鼠疫杆菌的发现则是细菌学说在东北这个特殊的帝国场域中，得到各国专家认可和实践的重要成就，这对于细菌学说本身而言，是其走向全球化的重要一步，从这个意义上来讲，东北鼠疫的防治与肺鼠疫杆菌的发现均是具有世界意义的重大事件。瘟疫除了带给普通民众死亡的恐惧感之外，还带动了最新医学知识的传播和推广，东北鼠疫期间，精英知识分子通过政府公告、卫生书籍、新闻报刊等媒介，以演说、社论、竹枝词、檄文、古诗、漫画等形式，将细菌学说、卫生学知识传递给普罗大众，此亦构成晚清民初下层社会启蒙运动的重要一页。

1917–1918年华北地区暴发了严重的腺鼠疫，此时南北军阀势力在湘、鄂地区激战正酣。由于疫区境内有多条铁路干线经过，以段祺瑞为首的北洋政府不得不抽调人员，组织防疫。曾在东北鼠疫期间做出卓越贡献的伍连德也被派往疫区。虽然从中央到地方均非常强调管控交通和施行消毒，但仍然有诸多因素妨碍防疫工作展开：其一，乡民愚昧无知，对消毒、清洁措施无感；其二，地方官员不作为，故意隐瞒疫情；其三，军队飞扬跋扈，不顾防疫大局，视民命如草芥；等等。尽管有东北鼠疫防治经验可资借鉴，且在东北鼠疫期间已经有大批精英人士向民众推介细菌学说知识，但是山西、绥远、直隶地区毕竟属于中国中部，知识传播和普及的速度远远比不上东部沿海、沿江地区，所以一方面我们看到在新文化运动期间虽已有大量细菌学说知识引入，但另一方面又不难理解由于地区差异性而导致人们对细菌学说知识接受的程度参差不齐。尽管中央政府出台了《传染病防治条例》《消毒办法、清洁办法》《奖励、惩戒、给恤各办法》等法律条文，并且临时建立了由内务部牵头的中央防疫委员会，但是毕竟临时抱佛脚的防疫政策显得步调较为凌乱，且各项防疫开支靡费甚巨。因此，从当时国内的防疫形势来看，亟须建立一个既能传播细菌学说知识，又能生产、接种生物制品（血清、疫苗）的政府常设性机构，这便是1919年中央防疫处的由来。

1919年成立的中央防疫处是集防疫、消毒、血清治疗、制售药品、科学研究为一体的隶属于内务部的中央政府分支机构，它的设立标志着中国近代第一个完整建制、系统运作的中央级卫生防疫机构的诞生。从组织结构上来看，中央防疫处从最初的“一处三科”逐渐演变为“一处二室三科”，二室即售品室和图书室，其中图书室收集了大量西方公共卫生学、细菌学、病理解剖学等书籍，仅从细菌学说原产地法国购买捐赠的图书即达75种。因此，我们有理由认为此时中央防疫处的专业水平并不比世界其他细菌学说研究机构差多少，甚至在大规模应用血清、疫苗方面，积累了大量的本土实践经验。整个20世纪20年代，中央防疫处始终致力于售卖、推广和接种各种疫苗，包括天花疫苗、狂犬病疫苗、斑疹伤寒疫苗，等等。从总体上来看，中央防疫处在1919年全国性霍乱中表现不佳，仅能维持京畿一带的防疫工作，人员和资金短缺问题亦亟待解决，此时尚未能起到全国防疫总机关的作用。然而随着组织职能的不断完善，从20世纪20年代起，中央防疫处通过每年预防春季时疫，研制血清、疫苗等工作，试图承担起保卫国民生命的国家责任，但实际上成效不佳。

综上，目前可得出以下几点认识：其一，细菌学说知识进入中国的历史进程大体经历了从晚清初步接触阶段到清末东西洋译介阶段，再到民初十年系统译介与启蒙下层阶段，再到20世纪20年代细菌学说制品大规模应用阶段。其二，细菌学说知识进入中国的历史进程与其他诸如声、光、化、电、工、农、商、兵等西学引介过程相比，在西学东渐文化轨迹之外，自有其可圈可点的地方。首先19世纪80年代细菌学说在西方世界尚属初步形成阶段，而此时由于1894年的香港鼠疫，使得细菌学说漂洋过海来到了中国，北里柴三郎在香港发现的鼠疫杆菌与之前的巴斯德、科赫等人的研究成果一道，宣告了细菌学说时代的降临。此后清末东北鼠疫期间各国医学专家（包括细菌学专家）在东北疫区的“在地化”实践，极大地推动了细菌学说在中国的传播，同时也增强了细菌学说在西方医学界的影响力。从这个意义上来说，细菌学说知识的传播之于西方和中国而言，有其同步性的一面，不完全是先进改变落后的进化论式演进过程。其三，由于中国广土众民，传统医学积淀深厚，深植于中国社会文化土壤，故面对西方新奇的细菌学说知识，中西医之间自有一段碰撞与融合的历史进程，这就牵涉到细菌学说知识与晚清占据主导地位的温病学说之间的碰撞、调适和汇通，若非深入内在理路，恐难做出合情合理的解读。其四，从细菌学说知识的引介轨迹来看，大体随晚清民初历次重大疫情的发生不断变动，与当时的国家与社会变迁亦有内在关联，呈现出从香港殖民地的西医到条约口岸的传教士，从条约口岸的传教士到沿海地区的报纸、杂志等知识传播媒介以及翻译馆、医学院校、新式学堂科研院所等机构，从各种传播媒介和知识传授与研究机构到东北国际性医学学术会议（奉天万国鼠疫研究会），从东北国际化防治鼠疫和研究病原的共同实践到晋绥直隶中央防疫委员会设法统筹防疫，再从中央防疫委员会的临时组建到中央防疫处的常设发展，大体上细菌学说知识在中国经历了从知识引介到制度构建的“在地化”过程。

二、医学之网

诚如1912年汪惕予面对时局之感言，“际此民国肇兴，百度更新，区区医事虽曰小道，无裨大计，然于国运隆替，人种强弱亦息息相通，盖未可薄视者”[①]。细菌学说也好，因虫治病说也罢，于

① 汪自新：《论文：本报续刊之宣言》，《医学世界》，1912年第14期，第10页。

时人而言，未尝不是时局下基于各自知识与学术积累的主动或被动的选择。又如1927年《中西医学报》“编辑者言”所论，“医学是没有国界的，德国柯赫氏发明的结核杆菌，可以同样使人患痨病……所以我们研究医学，我们应用医学，不应该有中外之观念，我们只应该问，这是不是最好的，这是不是最精确的，却不应该去问，这是不是本国的，或者是不是外国的，而因此生了一种歧视”[①]。

再透过1927年《上海特别市市政卫生局管理医师（西医）暂行章程》的规定可知，当时医师资格考试除了解剖学、生理学、病理

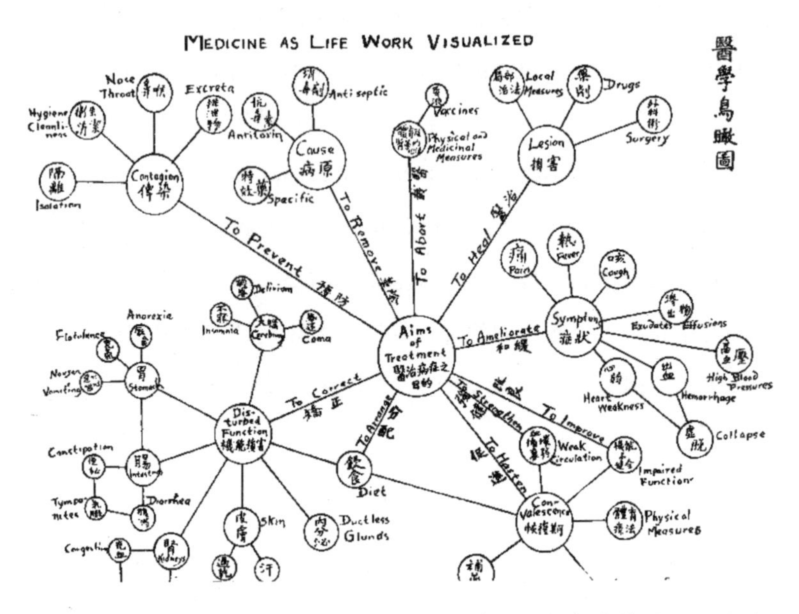

资料来源：《医学鸟瞰图》，《卫生（上海）》1927年第4卷第2期，插图页

图6.1 《医学鸟瞰图》

① 《编辑者言》，《中西医学报》，1927年第9卷第3期，栏页。

学、诊断学、产妇科、内科、外科、眼耳鼻喉科、药物学之外，还有卫生学（微生物学附）[①]。与此同时，《上海特别市市政府卫生局管理助产女士（产婆）暂行章程》中也规定，助产士资格考试科目，除了产科实习外，还包括生理学、解剖学、产科学、卫生学、细菌学（消毒法特别注意）[②]。由此可见，时人对细菌学说的认识从最初的懵懂逐渐走向一种职业选择。

图6.1基本将整个西方近代医学知识体系展露无遗，显然作为病原体的细菌与作为传染源的细菌分别构成了“革除（to remove）”与“预防（to prevent）”两个重要逻辑，但并不是全部，西方近代医学知识体系还包括“矫正（to correct）”“分配（to arrange）”“促进（to hasten）”“强健（to strongthen）”“改良（to improve）”“和缓（to ameliorate）”“医治（to heal）”“截医（to abort）”等路径，每一种路径延伸的结果是针对身体各个部位的不同治疗方式。

此外，中国近代医学之网还因医学理论与实验的不断改进而变得愈来愈密，亦因公共卫生、防治疾疫、医学教育、卫生行政等多方力量推动而不断扩展。与此同时，中国传统医学之网并没有彻底消失，而是在交流、碰撞与汇通过程中不断成长与转化。抚今追昔，或许一个更值得思考的问题是，什么才是最好的医学？

---

① 《附录：（三）上海特别市市政府卫生局管理医师（西医）暂行章程》，《卫生（上海）》，1927年第4卷第3期，第48–49页。

② 《附录：（五）上海特别市市政府卫生局管理助产女士（产婆）暂行章程》，《卫生（上海）》，1927年第4卷第3期，第54页。

参考文献

一、史料之部

（一）官书

张廷玉等撰：《明史·方伎传》，卷二百九十九，列传第一百八十七，北京：中华书局，1977年。

赵尔巽等撰：《清史稿·艺术传》，卷五百〇二，列传二百八十九，北京：中华书局，1977年。

赵尔巽等撰：《清史稿·黄遵宪传》，卷四百六十四，列传二百五十一，北京：中华书局，1977年。

赵尔巽等撰：《清史稿·康有为传》，卷四百七十三，列传二百六十，北京：中华书局，1977年。

赵尔巽等撰：《清史稿·黎庶昌传》，卷四百四十六，列传二百三十三，北京：中华书局，1977年。

赵尔巽等撰：《清史稿·郭嵩焘传》，卷四百四十六，列传二百三十三，北京：中华书局，1977年。

赵尔巽等撰：《清史稿·薛福成传》，卷四百四十六，列传二百三十三，北京：中华书局，1977年。

赵尔巽等撰:《清史稿·曾纪泽传》,卷四百四十六,列传二百三十三,北京:中华书局,1977年。

赵尔巽等撰:《清史稿·李凤苞传》,卷四百四十六,列传二百三十三,北京:中华书局,1977年。

赵尔巽等撰:《清史稿·戴鸿慈传》,卷四百三十九,列传二百二十六,北京:中华书局,1977年。

赵尔巽等撰:《清史稿·何如璋传》,卷四百四十四,列传二百三十一,北京:中华书局,1977年。

(二)档案

华中师范大学中国近代史研究所、苏州市档案馆合编:《苏州商会档案从编(1919-1927年)》第3辑(上下册),武汉:华中师范大学出版社,2009年。

华中师范大学中国近代史研究所、苏州市档案馆合编:《苏州商会档案从编(1905-1911年)》第2辑(上下册),武汉:华中师范大学出版社,第2版,2012年。

(美)戴吉礼(Dagenais, F.)主编:《傅兰雅档案》,第1-3卷,桂林:广西师范大学出版社,2010年。

中国第二历史档案馆整理编辑:《政府公报》(影印版),上海:上海书店,1988年。

中国第一历史档案馆藏:《光绪朝朱批奏折》(影印版),北京:中华书局,1996年。

中国第二历史档案馆藏:《中国旧海关史料》(影印版),1859-1928年部分,北京:京华出版社,2001年。

中国第二历史档案馆藏:《北洋政府档案》(影印版),第121-135册,目录第6册,北京:中国档案出版社,2010年。

(三)报刊

1.中文报刊

《点石斋画报》《申报》《大公报》《时报》《汉口中西报》《东方杂志》《新青年》《晨报副刊》

2.英文报刊

《教务杂志》《万国公报》《中西闻见录》《字林西报/北华捷报》《博医会报》 (Library of the Yale Divinity School, *The China Medical Journal*, 1912)

3.医学杂志

《德华医学杂志》《东亚医学》《光华卫生报》《青浦医药学报》《天德医疗新报》《通俗事月刊》《同德医学》《同仁会医学杂志》《卫生季刊》《卫生月刊》《卫生杂志》《协医通俗月刊》《医界春秋》《医学公报》《医药观》《中国红十字会会务通讯》《中华医药杂志》《中西医学报》《中医杂志》

(四)医学书籍

北京中国协和医学院细菌科编:《细菌学说讲义及实验大纲》,北京:北京健康书店,1951年。

北平协和医学院细菌学说及免疫学系编:《细菌学说检查法》,上海:上海广协书局,1936年,第2版。

曹炳章:《中国医学大成》,《瘟疫明辨》《随息居霍乱论》《瘟疫霍乱答问》，北京：中医古籍出版社，1995年。

国立编译馆编：《细菌学说免疫学名词》，上海：商务印书馆，1937年，第1版。

黄翠芬主编：《细菌学说》（医士学习丛书），上海：华东医务生活社，1951年。

胡先骕：《细菌》（收入王云五主编《万有文库·第一集一千种》），上海：商务印书馆，1934年，第2版。

M.E.Reid著：《细菌学初编》，盖仪贞（N.D.Gage）、吴建庵译，中国护士学会审订，上海：上海广协书局，1947年，第7版。

（清）纪昀等撰：《四库全书》，子部，医家类之《瘟疫论》《瘟疫论补遗》《痎疟论疏》《医学源流论》，景印文渊阁四库全书，台北：台湾商务印书馆，2008年。

沙介荣：《传染病学及流行病学》，北京：人民卫生出版社，1986年。

上海第一医学院、武汉医学院合编：《流行病学》，北京：人民卫生出版社，1981年。

小林六造：《细菌之变异及菌解素》（收入王云五主编《万有文库·第二集七百种》），上海：商务印书馆，1935年，第1版。

（英）贝克（Baker）等著：《微生物学》，北京：科学出版社，2010年。

（五）史料汇编

洪卜仁主编：《厦门医疗卫生资料选编：1909—1949》，厦门：厦门大学出版社，2017年。

沈云龙主编:《光绪政要》(沈桐生辑),近代中国史料丛刊第三十五辑,第345册,台北:文海出版社,1966年。

温州市档案局(馆)译编:《近代温州疾病及医疗概况:瓯海关〈医报〉译编》,北京:社会科学文献出版社,2018年。

徐珂编撰:《清稗类钞》,北京:中华书局,1986年。

余新忠选编:《中国近代医疗卫生资料汇编:全三十册》,北京:国家图书馆出版社,2018年。

二、中文专著(含中译本)

陈邦贤:《中国医学史》,收入《民国丛书·第三编·科学技术史类79》,上海:上海书店,1991年。

常建华:《社会生活的历史学:中国社会史研究新探》,北京:北京师范大学出版社,2004年。

陈旭麓:《近代中国的新陈代谢》,上海:上海人民出版社,2011年。

池子华:《红十字与近代中国》,合肥:安徽人民出版社,2004年。

曹树基、李玉尚:《鼠疫:战争与和平(1230~1960年)》,济南:山东画报出版社,2006年。

陈寅恪:《陈寅恪集·书信集》,北京:三联书店,2009年。

(德)伯恩特·卡格尔-德克尔:《医药文化史》,姚燕、周惠译,北京:三联书店,2004年。

丁福保:《西洋医学史》,收入《民国丛书·第三编·科学技术史类79》，上海：上海书店，1991年。

邓正来、(美)亚历山大(Alexander，J.C.)主编:《国家与市民社会：一种社会理论的研究路径》，上海：上海人民出版社，2005年。

邓铁涛主编:《中国防疫史》，南宁：广西科学技术出版社，2006年。

杜维运:《史学方法论》，北京：北京大学出版社，2006年。

杜丽红:《制度与日常生活：近代北京的公共卫生》，北京：中国社会科学出版社，2015年。

董少新:《形神之间：早期西洋医学入华史稿》，上海：上海古籍出版社，2012年。

冯尔康:《中国社会史研究概述》，天津：天津教育出版社，1988年。

傅维康主编:《中国医学史》，上海：上海中医学院出版社，1990年。

(法)米歇尔·福柯:《临床医学的诞生》，南京：译林出版社，2001年。

(法)安克强:《上海妓女：19-20世纪中国的卖淫与性》，袁燮铭、夏俊霞译，上海：上海古籍出版社，2004年。

(法)马赛尔·德吕勒:《健康与社会》，王鲲译，南京：译林出版社，2009年。

(法)米歇尔·福柯:《知识考古学》，谢强、马月译，北京：三联书店，2012年。

复旦大学历史学系、中外现代化进程研究中心编:《中国现代学科的形成》（近代中国研究集刊第3辑），上海：上海古籍出版社，2007年。

复旦大学历史学系、中外现代化进程研究中心编：《药品、疾病与社会》（近代中国研究集刊第6辑），上海：上海古籍出版社，2018年。

范行准：《明季西洋传入之医学》，上海：上海人民出版社，2012年。

高晞：《德贞传：一个英国传教士与晚清医学近代化》，上海：复旦大学出版社，2009年。

黄兴涛：《“她”字的文化史——女性新代词的发明与认同研究》，福州：福建教育出版社，2009年。

葛兆光：《宅兹中国：重建有关“中国”的历史论述》，北京：中华书局，2011年。

侯杰、王昆江：《清末民初社会风情：〈醒俗画报〉精选》，天津：天津人民出版社，2005年。

何小莲：《西医东渐与文化调适》，上海：上海古籍出版社，2006年。

何江丽：《民国北京的公共卫生》，北京：北京师范大学出版社，2016年。

胡成：《医疗、卫生与世界之中国（1820-1937）：跨国和跨文化视野之下的历史研究》，北京：科学出版社，2013年。

蒋竹山：《当代史学研究的趋势、方法与实践：新文化史到全球史》，台北：五南图书出版股份有限公司，2012年。

焦润明：《清末东北三省鼠疫灾难及防疫措施研究》，北京：北京师范大学出版社，2011年。

李经纬、鄢良:《西学东渐与中国近代医学思潮》，武汉：湖北科学技术出版社，1990年。

李廷安:《中外医学史概论》，收入《民国丛书·第三编·科学技术史类79》，上海：上海书店，1991年。

李传斌:《条约特权制度下的医疗事业：基督教在华医疗事业研究(1835-1937)》，长沙：湖南人民出版社，2010年。

廖育群:《岐黄医道》(国学丛书)，沈阳：辽宁教育出版社，1991年。

罗福惠:《中国民族主义思想论稿》，武汉：华中师范大学出版社，1996年。

梁其姿:《施善与教化：明清的慈善组织》，台北：联经出版社，1997年。

梁其姿:《麻风：一种疾病的医疗社会史》，朱慧颖译，北京：商务印书馆，2013年。

李经纬主编:《中外医学交流史》，长沙：湖南教育出版社，1998年。

李孝悌:《清末的下层社会启蒙运动：1901-1911》，石家庄：河北教育出版社，2001年。

李经纬、张志斌:《中医学思想史》，长沙：湖南教育出版社，2003年。

廖育群:《医者意也：认识中医》，桂林：广西师范大学出版社，2006年。

李建民主编:《从医疗看中国史》，台北：联经出版社，

2008年。

李尚仁主编:《帝国与现代医学》，北京：中华书局，2012年。

梁启超:《中国历史研究法》，北京：中华书局，2009年。

刘士永:《武士刀与柳叶刀：日本西洋医学的形成与扩散》，台北：台湾大学出版中心，2012年。

路彩霞:《清末京津公共卫生机制演进研究（1900-1911）》，武汉：湖北人民出版社，2010年。

（美）班凯乐著:《十九世纪中国的鼠疫》，朱慧颖译，北京：中国人民大学出版社，2015年。

（美）本尼迪克特·安德森:《想象的共同体：民族主义的起源与散布》，吴叡人译，上海：上海人民出版社，2011年。

（美）林·亨特编:《新文化史》，姜进译，上海：华东师范大学出版社，2011年。

（美）贺萧:《危险的愉悦：20世纪上海的娼妓问题与现代性》，韩敏中、盛宁译，南京：江苏人民出版社，2003年。

（美）古斯塔夫·勒庞:《乌合之众：大众心理学研究》，冯克利译，北京：中央编译出版社，2004年。

（美）林达·约翰逊:《帝国晚期的江南城市》，成一农译，上海：上海人民出版社，2005年。

（美）德博拉·海登:《天才、狂人的梅毒之谜》，李振昌译，上海：上海人民出版社，2005年。

（美）费侠莉:《繁盛之阴——中国医学史中的性（960-1665）》，甄橙主译，南京：江苏人民出版社，2006年。

（美）王笛:《街头文化：成都公共空间、下层民众与地方政治，1870-1930》，李德英等译，北京：中国人民大学出版社，2006年。

（美）史书美：《现代的诱惑：书写半殖民地中国的现代主义（1917-1937）》，何恬译，南京：江苏人民出版社，2007年。

（美）黄宗智：《法典、习俗与司法实践：清代与民国的比较》，上海：上海书店出版社，2007年。

（美）罗芙芸：《卫生的现代性：中国通商口岸卫生与疾病的含义》，向磊译，南京：江苏人民出版社，2007年。

（美）刘禾：《跨语际实践：文学，民族文化与被译介的现代性（中国：1900-1937）》，宋伟杰译，北京：三联书店，2008年。

（美）约翰·M.巴里：《大流感：最致命瘟疫的史诗》，钟扬、赵佳媛、刘念译，上海：上海科技教育出版社，2008年。

（美）罗威廉：《汉口：一个中国城市的冲突和社区（1796-1895）》，鲁西奇、罗杜芳译，北京：中国人民大学出版社，2008年。

（美）约翰·伯纳姆：《什么是医学史》，北京：北京大学出版社，2010年。

（美）威廉·H.麦克尼尔：《瘟疫与人》，余新忠、毕会成译，北京：中国环境科学出版社，2010年。

（美）麦克尼尔（McNeill, J.R.）、麦克尼尔（McNeill, W.H.）著：《人类之网：鸟瞰世界历史》，王晋新译，北京：北京大学出版社，2011年。

（美）孔飞力：《叫魂：1768年中国妖术大恐慌》，陈兼、刘昶译，北京：三联书店，2012年。

（美）贾雷德·戴蒙德:《枪炮、病菌与钢铁：人类社会的命运》，谢延光译，上海：上海译文出版社，2012年。

（美）艾媞捷、琳达·巴恩斯编:《中国医药与治疗史》，朱慧颖译，杭州：浙江大学出版社，2020年。

马秋莎:《改变中国：洛克菲勒基金会在华百年》，桂林：广西师范大学出版社，2013年。

皮国立:《近代中医的身体观与思想转型：唐宗海与中西医汇通时代》，北京：三联书店，2008年。

皮国立:《气与细菌的近代中国医疗史：外感热病的知识转型与日常生活》，台北：台北中医药研究所，2013年。

瞿立鹤:《清末西艺教育思潮》，台北：中国学术著作奖助委员会，1971年。

瞿同祖:《中国法律与中国社会》，北京：中华书局，2003年。

彭善民:《公共卫生与上海都市文明》，上海：上海人民出版社，2007年。

邵雍:《中国近代妓女史》，上海：上海人民出版社，2005年。

邵雍:《中国近现代社会问题研究》，合肥：合肥工业大学出版社，2010年。

桑兵:《近代中国的知识与制度转型》，北京：经济科学出版社，2012年。

苏精:《西医来华十记》，北京：中华书局，2020年。

（日）饭岛涉著:《鼠疫与近代中国：卫生的制度化和社会变迁》，朴彦、余新忠、姜滨译，北京：社会科学文献出版社，2019年。

（意）卡斯蒂廖尼：《医学史》（上下二册），程之范主译，桂林：广西师范大学出版社，2003年。

（意）克罗齐：《美学原理》，朱光潜译，上海：上海人民出版社，2007年。

（英）彼得·伯克：《历史学与社会理论》，姚朋等译，上海：上海人民出版社，2000年。

（英）玛格塔：《医学的历史》，李诚译，太原：希望出版社，2003年。

（英）麦高温：《中国人生活的明与暗》，朱涛、倪静译，北京：中华书局，2006年。

（英）约·罗伯茨编：《十九世纪西方人眼中的中国》，蒋重跃、刘林海译，北京：中华书局，2006年。

（英）罗伊·波特主编：《剑桥插图医学史》（修订版），济南：山东画报出版社，2007年。

（英）杜格尔德·克里斯蒂：《奉天三十年（1883-1913）：杜格尔德·克里斯蒂的经历与回忆》，张士尊、信丹娜译，武汉：湖北人民出版社，2007年。

（英）科林·A. 罗南：《剑桥插图世界科学史》，周家斌、王耀扬等译，济南：山东画报出版社，2009年。

（英）玛丽·道格拉斯著：《洁净与危险：对污染和禁忌观念的分析》，黄剑波、柳博赟、卢忱译，北京：商务印书馆，2018年。

（英）彼得·伯克著：《图像证史》，杨豫译，北京：北京大学出版社，2008年。

（英）彼得·伯克著:《什么是文化史》，蔡玉辉译，北京：北京大学出版社，2009年。

（英）彼得·伯克著:《文化史的风景》，丰华琴、刘艳译，北京：北京大学出版社，2013年。

严昌洪:《20世纪中国社会生活变迁史》，北京：人民出版社，2007年。

严昌洪:《中国近代史史料学》，北京：北京大学出版社，2011年。

杨念群:《“感觉主义”的谱系：新史学十年的反思之旅》，北京：北京大学出版社，2012年。

杨念群:《再造“病人”：中西医冲突下的空间政治：1832-1985》，北京：中国人民大学出版社，2012年。

杨祥银:《殖民权力与医疗空间：香港东华三院中西医服务变迁：1894—1941年》，北京：社会科学文献出版社，2018年。

余新忠:《清代江南的瘟疫与社会：一项医疗社会史的研究》，北京：中国人民大学出版社，2003 年。

余新忠等著:《瘟疫下的社会拯救——中国近世重大疫情与社会反应研究》，北京：中国书店，2004年。

余新忠:《清代卫生防疫机制及其近代演变》，北京：北京师范大学出版社，2016年。

余新忠主编:《新史学·第9卷，医疗史的新探索》，北京：中华书局，2017年。

赵铠、章以浩主编:《中国生物制品发展史略（1910-1990）》，北京：北京生物制品研究所，2003年。

朱慧颖：《天津公共卫生建设研究：1900-1937》，天津：天津古籍出版社，2014年。

张大庆：《医学史十五讲》，北京：北京大学出版社，2007年。

张大庆：《中国近代疾病社会史（1912-1937）》，济南：山东教育出版社，2006年。

张泰山：《民国时期的传染病与社会：以传染病防治与公共卫生建设为中心》，北京：社会科学文献出版社，2008年。

张仲民：《出版与文化政治：晚清的"卫生"书籍研究》，上海：上海书店出版社，2009年。

赵洪钧：《近代中西医论争史》，北京：学苑出版社，2012年。

三、回忆录、传记、文集

陈存仁：《银元时代生活史》，桂林：广西师范大学出版社，2007年。

陈存仁：《我的医务生涯》，桂林：广西师范大学出版社，2007年。

韩策、崔学森整理，王晓秋审订：《汪荣宝日记》，北京：中华书局，2013年。

李国庆、何林夏主编：《中国城乡生活》（中国研究外文旧籍汇刊·中国记录第一辑系列），桂林：广西师范大学出版社，2009年。

上海人民出版社编：《章太炎全集》，上海：上海人民出版社，1982年。

王咪咪编:《范行准医学论文集》，北京：学苑出版社，2011年。

伍连德著:《鼠疫斗士：伍连德自述（上）》，程光胜、马学博译，长沙：湖南教育出版社，2011年。

伍连德著:《鼠疫斗士：伍连德自述（下）》，程光胜、马学博译，长沙：湖南教育出版社，2012年。

恽毓鼎:《恽毓鼎澄斋日记》（国家清史编纂委员会·文献丛刊），杭州：浙江古籍出版社，2004年。

钟叔河:《走向世界丛书之曾纪泽：出使英法俄国日记》，长沙：岳麓书社，1984年。

钟叔河:《走向世界丛书之郭嵩焘：伦敦与巴黎日记》，长沙：岳麓书社，1984年。

钟叔河:《走向世界丛书之康有为：欧洲十一国游记二种；梁启超：新大陆游记及其他；钱单士厘：癸卯旅行记·归潜记》，长沙：岳麓书社，1984年。

钟叔河:《走向世界丛书之林鍼：西海纪游草；斌椿：乘槎笔记·诗二种；志刚：初使泰西记；张德彝：航海述奇·欧美环游记》，长沙：岳麓书社，1984年。

钟叔河:《走向世界丛书之刘锡鸿：英轺私记；张德彝：随使英俄记》，长沙：岳麓书社，1984年。

钟叔河:《走向世界丛书之罗森：日本日记；何如璋等：甲午以前日本游记五种；王韬：扶桑游记；黄遵宪：日本杂事诗（广注）》，长沙：岳麓书社，1984年。

钟叔河:《走向世界丛书之王韬：漫游随录；李圭：环游地球新录；黎庶昌：西洋杂志；徐建寅：欧游杂录》，长沙：岳麓书社，1985年。

钟叔河：《走向世界丛书之薛福成：出使英法义比四国日记》，长沙：岳麓书社，1985年。

钟叔河：《走向世界丛书之容闳：西学东渐记；祁兆熙：游美洲日记；张德彝：随使法国记；林汝耀等：苏格兰游学指南》，长沙：岳麓书社，2008年再版。

钟叔河：《走向世界丛书之蔡尔康等：李鸿章历聘欧美记；戴鸿慈：出使九国日记；载泽：考察政治日记》，长沙：岳麓书社，2008年再版。

四、学位论文

戴翥：《叶天士〈临证指南医案〉外感温热类温病养阴学术思想及用药规律研究》，云南中医学院硕士学位论文，2012年。

丁建中：《外燥致病机制的实验研究》，湖北中医学院博士学位论文，2006年。

姬凌辉：《清末民初细菌学说的引介与公共卫生防疫机制的构建》，华中师范大学硕士学位论文，2015年。

郝斌：《伏气学说的源流及其理论的文献研究》，北京中医药大学博士学位论文，2007年。

韩鹏：《消化性溃疡细菌学说的产生、认同与传播》，北京大学博士学位论文，2008年。

农汉才：《祝味菊生平与学术思想研究》，中国中医研究院硕士学位论文，2005年。

彭鑫：《〈伤寒论〉阳明、太阴病证与肠道微生态及人体反应性关系研究》，北京中医药大学博士学位论文，2008年。

田进文：《从细胞到人体的阴阳五藏之演化及肝藏生理病理的研究》，山东中医药大学博士学位论文，2003年。

王磊：《中医病因学史论》，黑龙江中医药大学博士学位论文，2008年。

吴少俊：《吴有性〈温疫论〉、袁班〈证治心传〉与中医温病学形成的研究》，广州中医药大学博士学位论文，2009年。

文达良：《从气机升降理论探讨岭南医家论治温病经验》，广州中医药大学博士学位论文，2013年。

尹倩：《民国时期的医师群体研究（1912-1937）：以上海为中心》，华中师范大学博士学位论文，2008年。

张维骏：《生态医学思想下的中西医病因学比较研究》，湖北中医药大学博士学位论文，2011年。

五、期刊论文

曹树基：《国家与地方的公共卫生——以1918年山西肺鼠疫流行为中心》，《中国社会科学》，2006年第1期。

杜正胜：《作为社会史的医疗史——并介绍“疾病、医疗与文化”研讨小组的成果》，台北《新史学》，1995年第6卷第1期。

杜丽红：《清末东北鼠疫防控与交通遮断》，《历史研究》，2014年第2期。

邓铁涛：《试论吴鞠通病原说的科学性》，《中国中医基础医学杂志》，1998年第5期。

富川佐太郎、原晋林:《灭菌与消毒的发展历史》,《消毒与灭菌》，1984年第1期。

富川佐太郎、原晋林:《灭菌与消毒的发展历程表》，1984年第4期。

饭岛涉:《作为历史进程指标的传染病》,《中国社会历史评论》第8卷，2007年。

关洪全:《试论中医“六淫”与“内生五邪”学说中的病原微生物致病认识》,《中医研究》，2009年第4期。

高恺谦:《评皮国立,〈“气”与“细菌”的近代中国医疗史——外感热病的知识转型与日常生活〉》，台北《新史学》，2013年第24卷第4期。

黄可泰、夏素琴:《梅契尼科夫与关于衰老起因的自身中毒学说》,《自然杂志》，1993年第4期。

贾鸣、胡晓梅、胡福泉:《细菌生物被膜的耐药机制及控制策略》,《生命的化学》，2008年第3期。

姬凌辉:《近十年来中国近代细菌学说史研究的回顾与思考》,《长江师范学院学报》，2014年第4期。

姬凌辉:《流感与霍乱：民初上海传染病防治初探（1918-1919）》,《商丘师范学院学报》，2014年第7期。

姬凌辉:《中国古代因虫致病说述论》,《中医药文化》，2016年第4期。

姬凌辉:《1919年上海南市垃圾清理与民初卫生防疫观念述论》，上海市档案馆编:《上海档案史料研究》第二十一辑，上海:

上海三联书店，2016年，第3—24页。

姬凌辉:《亦学亦官：近代微生物学家陈宗贤史实考论》，上海市档案馆编:《上海档案史料研究》第二十二辑，上海：上海三联书店，2017年，第80—98页。

姬凌辉:《晚清“采西学”中的“显微镜知识”与本土回应》，《自然辩证法通讯》，2018年第3期。

姬凌辉:《风中飞舞的微虫：“细菌”概念在晚清中国的生成》，复旦大学历史学系、中外现代化进程研究中心编:《近代中国的知识与观念》（近代中国研究集刊第7辑），上海：上海古籍出版社，2019年，第112-140页。

姬凌辉:《难以协调的遮断交通：1917-1918年“绥晋”鼠疫防治述论》，王振国主编:《中医典籍与文化·第一辑，多元医学交流与融通》，北京：社会科学文献出版社，2020年。

姬凌辉:《民国时期本土生物制品的市场与价格问题研究——以中央防疫处为例（1919-1933）》，《中国社会经济史研究》，2020年第1期。

李世虞:《麻风的耐药问题》，《皮肤病防治》，1984年第Z2期。

李经纬、张志斌:《中国医学史研究60年》，《中华医史杂志》，1996年第3期。

李贞德:《从医疗史到身体文化的研究——从“健与美的历史”研讨会谈起》，台北《新史学》，1999年第10卷第4期。

林富士:《中国疾病史研究刍议》，《四川大学学报》（哲学社会科学版），2004年第1期。

刘兰林:《疠气学说创立基础及发展迟滞的原因》,《安徽中医学院学报》, 2003年第2期。

刘兵、章梅芳:《科学史中“内史”与“外史”划分的消解——从科学知识社会学的立场看》,《清华大学学报》(哲学社会科学版), 2006年第1期。

李建华、宋丰贵:《细菌生物膜形成与细菌耐药机制研究进展》,《中国新药与临床杂志》, 2008年第1期。

李忠萍:《“新史学”视野中的近代中国城市公共卫生研究评述》,《史林》, 2009年8期。

路彩霞:《近十余年大陆晚清民国医疗卫生史研究综述》,《中国经济与社会史评论》, 2010年卷。

皮国立:《探索过往, 发现新法——两岸近代中国疾病史的研究回顾》, 台北《台湾师范大学历史学报》, 2006年第35期。

苏全有、邹宝刚:《中国近代疾病史研究的回顾与反思》,《辽宁医学院学报》(社会科学版), 2011年第2期。

王小军:《中国史学界疾病史研究的回顾与反思》,《史学月刊》, 2011年第8期。

徐叔云:《抗菌素临床应用与药理》,《安徽医学》, 1973年第1期。

谢汇江:《结核病的感染与发病(现代实用结核病系统讲座第二讲)》,《中华结核和呼吸杂志》, 1994年第6期。

徐建国:《新病原性细菌的世界性和来源问题》,《疾病控制杂志》, 1997年第1期。

邢玉瑞:《杂气学说的沉浮及其思考》,《江西省中医学院学报》，2007年第3期。

余新忠：《关注生命——海峡两岸兴起疾病医疗社会史研究》，《中国社会经济史研究》，2001年第3期。

余新忠：《中国疾病、医疗史探索的过去、现实与可能》，《历史研究》，2003年第4期。

余新忠：《从避疫到防疫：晚清因应疾病观念的演变》，《华中师范大学学报》（哲学社会科学版），2008年第2期。

余新忠：《卫生何为——中国近世的卫生史研究》，《史学理论研究》，2011年第3期。

余新忠：《回到人间 聚焦健康——新世纪中国医疗史研究刍议》，《历史教学》，2012年第22期。

叶宗宝：《中国疾病史研究的回顾与前瞻》，《信阳师范学院学报》（哲学社会科学版），2011年第31卷第1期。

赵惠远：《微生物的变异》，《赤脚医生》，1979年第9期。

张新亮，盖丽丽：《戾气学说的新评价和启示》，《中华中医药学刊》，2007年第9期。

张照青：《1917–1918年鼠疫流行与民国政府的反应》，《历史教学》，2004年第1期。

赵庆云：《“三次革命高潮”解析》，《近代史研究》，2010年第6期。

六、英文著作

Andrews, Bridie. The Making of Modern Chinese Medicine, 1850–1960. Vancouver, Toronto: UBC Press, 2014.

——and Mary Brown Bullock, eds. Medical Transitions in Twenties Century China. Bloomington & Indianapolis: Indiana University Press, 2014.

Carol Benedict, Buonic Plague in Nineteenth–Century China, Standford University Press, 1996.

Ferguson, Mary E. China Medical Board and Peking Union Medical College: A Chronicle of Fruitful Collaboration (1914–1951). New York: China Medical Board of New York Inc., 1970.

Foucault, Michel. The Birth of the Clinic: An Archaeology of Medical Perception. 2nd ed., trans.A. M. Sheridan Smith. New York: Vintage Books, 1994.

Kuriyama, Shigehisa. "Concepts of Disease in East Asia." In The Cambridge World History ofHuman Disease, ed. Kenneth Kiple, 52–59. Cambridge, England: Cambridge University Press, 1993.

—— "The Imagination of Winds and the Development of the Chinese Conception of the Body." In Body, Subject, & Power in China, ed. Angela Zito and Tani E. Barlow, 23–41. Chicago: University of Chicago Press, 1994.

—— The Expressiveness of the Body and the Divergence of Greek and Chinese Medicine. New York: Zone Books, 1999.

——"Epidemics, Weather, and Contagion in Traditional Chinese Medicine." In Contagion: Perspectives from Pre-Modern Societies, ed. Lawrence I. Conrad and D. Wujastyk, 3-22. Vermont, England: Ashgate Publishing, 2000.

Lei, Sean Hsiang-lin. "Sovereignty and the Microscope: Constituting Notifiable Infectious Disease and Containing the Pneumonic Plague in Manchuria." In Health and Hygiene in Chinese East Asia: Policies and Publics in the Long Twentieth Century, ed. Angela Ki Che Leung and Charlotte Furth, 73-108. Durham and London: Duke University Press, 2010.

Nathan, Carl F.Plague Prevention and Politics in Manchuria: 1910-1931. Cambridge, Mass.: Harvard East Asian Monographs, 1967.

Needham, Joseph and Lu Gwei-djen.Science and Civilisation in China, vol. VI, Biology and Biological Technology, Part 6: Medicine, edited and with an introduction by Nathan Sivin. Cambridge, England: Cambridge University Press, 2000.

Rogaski, Ruth.Hygienic Modernity: Meanings of Health and Disease in Treaty-Port China. Berkeley: University of California Press, 2004.

七、英文论文

Andrews, Bridie. "Tuberculosis and the assimilation of germ theory in China, 1895-1937." Journal of the History of Medicine and

Allied Sciences 52.1 (1997): 14–58.

Linghui Ji，The Concept of “Bacteria” During the Late Qing Dynasty，Journal of Literature and Art Studies 12(2017): 1707–1714.

Egger， Garry. “In Search of a Germ Theory Equivalent for Chronic Disease.” Preventing Chronic Disease 9 (2012): E95.

八、工具书

北京图书馆编:《民国时期总书目（1911–1949）》,《自然科学·医药卫生卷》，北京：书目文献出版社，1995年。

北京图书馆编:《民国时期总数目（1911–1949）》,《教育·体育卷》，北京：书目文献出版社，1995年。

辞海编辑委员会编:《辞海》，上海：上海辞书出版社，1981年。

陈久金编:《中朝日越四国历史纪年表》，北京：群言出版社，2008年。

孙修福编:《近代中国华洋机构译名大全》，北京：中国海关出版社，2002年。

《简明不列颠百科全书》，北京：中国大百科全书出版社，1986年。

中国社会科学院语言研究所词典编辑室编:《现代汉语词典》（2002年增补本），北京：商务印书馆，2002年。

九、电子及数据库资料

晚清民国期刊全文数据库（上图）、晚清民国大报库（爱如生）、抗日战争与近代中日关系文献数据平台、《申报》数据库（爱如生）、CADAL民国书刊主站、中国方志库、超星数字图书馆、华艺台湾学术文献数据库、JSTOR、台湾“中研院”近代史研究所近代史数位资料库，等等。

附　录

附录一　1692-1900年西方细菌学说发展概况年表

年份	人物	主要事迹	大事记
1692	卢温福氏 Van Leeuwenhock	以自制简单显微镜于雨水及唾液下痢症之粪检验，得一种生活体，名曰最小动物Wingzige Thierhen，是即霉菌学开明之初祖。	
1798	狭那氏 Edward Jenner	发明牛痘接种痘疮免疫之法。	
1831	歇尔敦氏 Hilton	实验筋肉中有被囊族毛虫。	
1837	拉都尔氏 Cagniard Latour	发见发酵原因之酵母菌Hefepilz	
1838	伊连璧氏 Eh enberg	阐发滴虫Infuso-ri 为完全之有机体。	
1840	利碧氏 Liebig	倡人生营养说 Er-nahrugsthorie	
1843	克林格氏 Klencke	因接种试验，发明结核症有传染性。	

续表1

年份	人物	主要事迹	大事记
1849	罗耶里 Rayer；布灵第尔Pollender	于病牛血液中检出脾脱疽杆状菌Milzbrandbacillus	
1859	费周氏Virchow	费氏提倡细胞病理学。	生物学家达尔文Darwin之种源论Entebung der arten行世。
1860	马廉斯丹氏Malmaten；多华尼氏Davaine	马氏Malmaten发见肠颤毛滴虫属Bantidium coli。	多氏Davaine 内脏病论行世。
1862	巴斯刁尔氏Pasteur	于发酵作用检索传染病之理，次年，遂有微生体生活之论证。	
1866	华基利尔氏Wucherer	就人类中发见人血丝状虫 Filari-asanguinis	德国创设卫生学讲座。
1867			万国医学会 International medicinischer congress 开第一次议会于法都巴勒。
1872	塞尔美氏	发见尸体毒 Pto-maine	
1873	奥北迷尔氏Obermeier	于再归热病人之血液中发见螺旋状菌 Spirochaete Obermeieri。	德国创立公众卫生会
1874			德国公布强制执行之种痘法例。万国卫生会成立于奥都维也纳。

续表2

年份	人物	主要事迹	大事记
1875	苛翰氏 Cohn	立分裂菌 Spltpilze 之系统。	
1876	古弗氏 Koch	发见脾脱疽菌 Mizbrandbacillus。	德国北勒斯劳府 Brussle 开第一次万国卫生议会；英国颁布公众卫生条例；德国置帝国卫生厅；日本长谷川泰□说东京济生学舍。
1877	波灵格尔氏 Bollinger;苛翰氏 Cohn	波灵格尔氏于病牛体中发见放线状菌 Aktinomy-cespilz。 苛翰氏考述连锁族毛虫 Streptotri-cheen。	德国巴维也拉王国都城穆尼克 Munchen 创设卫生院。
1878	古弗氏 Koch； 巴斯刁尔氏 Pasteur	古弗氏 Koch 研究创伤传染病之原因。巴斯刁尔氏 Pasteur 于检验之腐败水中发见败血性螺旋菌。	
1879	尼塞耳氏 Neiser; 潘弗克氏 Ponfick。	尼塞耳氏 Neiser 于淋毒性病人之浓汁中发见淋病双球菌 Conokak-kus。 潘弗克氏 Ponfick 考证人类与动物之放线状菌病，为同一之病原。	

续表3

年份	人物	主要事迹	大事记
1880	渥士顿氏 Oxton 亚理穆尔翰善氏 Armauer Hansen伊伯特氏 Eberth及古弗氏 Koch	渥氏发见釀脓起体 Eitererreger. 亚氏于患癞病者之结节中发见杆癞病菌 Lerabacil-lus. 伊氏及古氏发见肠窒扶斯病人之脾脏并肠腺中，有一种病原菌 Ba-cillus typhosus.	日本公布传染病预防规则
1881	古弗氏 Koch 斯丁北氏 Sternburg	发见丹毒病原连锁菌 Streptkokkus erysiperatis.又于土中发见败血性螺旋菌，命名为恶性水肿菌 Bacillus oedematis maligni 斯氏由败血症唾液中发见肺炎双球菌 De A，Frankels chepneumokokkus	德国柏林 Berlin 创立内科公会。
1882	古弗氏 Koch 罗斯鲁氏 Leffler 士超昔氏 Schutz 罗伟兰氏 Lweran	古弗氏发见结核菌 Tuberkelbacillus. 罗斯鲁氏与士超昔氏发见驴马及人体之马鼻疽菌 Rotzbacillus. 罗伟兰氏发见麻剌利亚孢子虫【即瘴气虫】Malara.	德国创设内科学会 Dentscher congress fur inneremedicin.

续表4

年份	人物	主要事迹	大事记
1883	古弗氏 Koch 福勒兰多氏 Friedlander	古弗氏考察印度虎列刺病【即霍乱】发见一种虎列刺螺旋菌 Vibrio cholerae. 福勒兰多氏于肺气胞内渗出液发见一种肺炎菌Friedlander's pnenmobacillus.	日本创设私立卫生会
1884	卡尔辣多尼氏 Carlo Rattone 及尼古来尔氏 Nicolaier 罗福鲁氏 Lofflr 罗森巴昔氏 Rosenbach	卡尔辣多尼氏及尼古来尔氏于破伤风传染病者发见破伤风有头菌 Tetanusbacillus. 罗福鲁氏于实布垤里亚病人之义膜中发见病原菌 Baeillus biphtheriae. 罗森巴昔氏发见化脓性之黄金色葡萄球状菌 Staphybkokkus pyogenes aureus 又发见醸脓性连锁球状菌 Steptkokkus pyogenes.	
1885	鲁斯特嘉尔典氏 Lusgarlen	鲁斯特嘉尔典氏于梅毒性溃疡脓汁中发见杆状梅毒菌 Syphilisbacillus	

续表5

年份	人物	主要事迹	大事记
1887	威悉尔般氏 Weichselbaum 布墨尔氏 Beumer 及倍辟尔氏 Peiper	威悉尔般氏发见脑脊髓膜炎双球菌 Diprokokkus intracellularis Me-ingitibis. 布墨尔氏及倍辟尔以注射法发明肠窒扶斯之免疫法。	
1888	巴比士氏 Babse	巴比士氏发见尿血性牛疫之寄生虫 Babosia bovia	
1889	亚理可翰氏 Ali-cohen	亚理可翰氏于饮料水中发见运动性球菌 Microccus agilis.	
1890	古弗氏 Koch 马福锡氏 Maffucci	古弗氏于柏林万国医学会第十次开议，演解原生虫 Protozoa 于细菌 Pilze，Fuuge 之分别，是年又发明结核菌毒质 Tuberculinoben. 马福锡氏发见异种之鸟结核菌 Bacilus luberculosis avium	
1891	帕锡圭尔氏 Pas-quale	于埃及马苏阿 Massawa 地方【红海西南滨岸地】就井水及粪溺中发见虎列剌同状菌 Vibriomassauh	德国公布职工卫生保护规则

续表6

年份	人物	主要事迹	大事记
1892	柏弗科尔氏 Pfeiffer	柏弗科尔氏于同病者之略痰及小气管内发见流行性感冒菌 Infulu-enzabacillus。是年于奥国境之多瑙河，于德国境之易北河及滤水池发见虎列剌同状菌 Wasserbibrionen.	
1893	敦伯尔氏 Dunbar 日本北里博士	敦伯尔氏于易北河水中，廓塞尔氏 Kutscher 于下痢病人之粪溺中发见磷光性螺旋菌 Vibrio Dunbar 北里于新潟县流行病发见一种恙虫微生物 Tsulsug-amushi pasmodion.	
1894	耶里辛氏 Yersin 北里博士	耶里辛氏及北里博士考察香港鼠疫（即瘟疫，又作百斯笃，旧称黑死病）于肿胀腺内发见两种杆状菌 Pestbasillus.	
1896	日本绪方博士	于台湾检验鼠疫菌，定耶里辛氏所发见者为该疫之病原菌，北里氏所发见者为该疫末期败血症之变异菌。	

续表7

年份	人物	主要事迹	大事记
1897	日本志贺氏 古弗氏 Koch	日本志贺氏于东京赤痢流行病发见赤痢杆状菌 Bacillus dysentericus. 古弗氏发明新结核菌毒质 Tuberculin reste.	
1898			柏林创设X光线学会
1899			德国卫生会研究鼠疫 Peste 预防法，开学术会议。
1900			第十三次万国医学会议、第十四次万国卫生会议，开于法都巴勒。

资料来源：《医话丛存续编:细菌学发现年表(医学卫生报)》，《中西医学报》，1910年第4期，文页第30页。汪自新(惕予)：《学说：细菌发明源流考》，《医学世界》，1913年第23期，第1–26页。

附录二　近代中国细菌学说书籍出版目录（1840-1949）

细菌学			
书名	作者、译述者	版本	备注
穉学新编	（美）挨起挪著，（美）文渊博译，毛培之笔述，吴欣璜鉴定	上海：中华博医会，1908年5月初版，1919年3版，[26]+246页，有图表，23开，精装	内有显微镜光学原理、应用方法、细菌学说概论。书前有译者序。
波路氏微菌学	（英）波路（Ball）著，陈世华译	广州：大同春药房、百利恒药房，1912年10月出版，281页，有插图，25开	封面书名为：波路氏微菌学全书
病原细菌学（前、后编）	（日）佐佐木秀一著，丁福保编译	上海：医学书局，1914年5月初版，2册（218；271页），有图表，24开，精装（丁氏医学丛书，丁福保主编）	书分：细菌生物学（学说篇）、细菌检查法（实习篇）、病原菌各论、病原不明之传染病4编。
万病自然疗法	顾实编，黄士恒校	上海：商务印书馆，1916年10月初版，1917年7月再版，147页。	用细菌学说解释病因
史氏病理学	（美）Alfred Stengel Herbert Fox著，（英）孟合理编译，鲁德馨校	上海：协和书局，1916年出版，465页。中华医学会编译部发行1935年3月第3版。	部分章节用细菌学说解释病理。
蚕体病理教科书	郑辟疆编	上海：商务印书馆，1917年10月初版，1925年9月第7版，133页。	

续表1

细菌学			
书名	作者、译述者	版本	备注
细菌学名词草案：细菌学术语附免疫学术语	科学名词审查会	上海：科学名词审查会，1918年。	
肺病疗养法	景得益译	上海：中华书局，1919年10月初版，1926年3月4版，105页。	
穉学（穉性类）	莫家珍著	上海：广学书局，1920年初版，[69]页，23开	穉学为Bacteriology的中译名，即：细菌学说。书名原文：Bacteria in Nature
穉学初编	（美）盖仪贞（N.D.Gage）等译	上海：广学会，1920年。	
细菌学总论、免疫学、细菌名称、细菌分类	医学名词审查会、科学名词审查会	科学名词审查会医学名词审查本，1920-1923年间，少量印刷，88页，16开	英、德、日、中文名词对照
巴斯德传	丁柱中译	上海：中华书局，1920年9月出版，500页。	
实用细菌学	姜白民编，胡定安校	上海：商务印书馆，1922年6月初版，1933年3月国难后1版，268+[20]页，有图，24开	附中文及英文索引
细菌	胡先骕著	上海：商务印书馆，1923年1月初版，1926年3版，1933年4月国难后1版，1935年2月国难后2版，39页，48开（百科小丛书，王云五主编）	自1933年版起改排为32开，36页

续表2

细菌学			
书名	作者、译述者	版本	备注
免疫学原理	龙毓莹编	上海：商务印书馆，1923年4月初版，1933年7月国难后第1版，1935年5月国难后第2版，206页。（医学丛书）	
学校传染病处理法	高镜朗著，顾寿白校	上海：商务印书馆，1925年3月初版，129页。	
家庭细菌学	蔡松筠编著	上海：文明书局，1926年6月初版，144页，32开	
近世病原微生物及免疫学	（日）志贺洁著，汤尔和译	上海：商务印书馆，1928年4月初版，542+[16]页，有图表，精装	内分：细菌汎论、细菌学说检查法、微生物学要论、血清学及其应用、免疫学说及侧锁说、实验化学治疗术等7编。书后附：免疫学术词汇
细菌	国立中山大学农林科推广部编	广州：编者刊印，1928年5月初版，1929年1月再版，1934年10月6版，8页，有图，24开（农林浅说，病虫害类，第1号）	

续表3

细菌学			
书名	作者、译述者	版本	备注
细菌学名词草案：英文—德文—中文English—German—Chinese	北平协和医科大学细菌部	北京：北平协和医科大学细菌部出版，1929年	
细菌学袖珍（英文）	林宗扬	北京：北平协和医科大学校细菌部出版，版次不详。	定价1元半
细菌学袖珍（中文）	李涛	北京：北平协和医科大学校细菌部出版，版次不详。	定价1元半
细菌学全书（中文）	细菌学家合编	北京：北平协和医科大学校细菌部出版，版次不详。	在编辑中
细菌与人生	张东民编	上海：中华书局，1929年4月初版，1939年11月昆明3版，75页，有图表，36开（常识丛书，第34种）	
眼病	刘雄著	上海：商务印书馆，1929年10月初版，96页。（王云五主编，万有文库第一集一千种，医学小丛书）	用细菌学说解释眼病

续表4

细菌学			
书名	作者、译述者	版本	备注
疾病原因论	顾寿白著	上海：商务印书馆，1929年10月初版，84页。（王云五主编，万有文库第一集一千种，医学小丛书）	用细菌学说解释病因
传染病	余云岫著	上海：商务印书馆，1929年10月初版，60页。（王云五主编，万有文库第一集一千种，医学小丛书）	用细菌学说解释传染病
肺痨	原荣著，王颂远译	上海：商务印书馆，1929年10月初版，100页。（王云五主编，万有文库第一集一千种，医学小丛书）	用细菌学说解释肺结核
性病	刘崇燕、姚昶绪著	上海：商务印书馆，1929年10月初版，118页。（王云五主编，万有文库第一集一千种，医学小丛书）	介绍了最新的菌液疗法
药物要义	姚昶绪著	上海：商务印书馆，1929年10月初版，145页。（王云五主编，万有文库第一集一千种，医学小丛书）	介绍有血清剂

续表5

细菌学			
书名	作者、译述者	版本	备注
人类的暗杀者	周晦盦著，陈筑山等校	北平：中华贫民教育促进会，1930年11月出版，20页，50开	封面印有：平民读物科学常识
药理学	（日）林春雄著，刘懋淳译	东京：同仁会，1930年1月出版，551页。	介绍了血清疗法、霉菌疗法、死菌接种法、霉菌汁接种法。
秦氏细菌学说	（美）秦氏（H.Zinsser）著，汤飞凡译	上海：中国博医会，1931年9月初版，[1010]页，有图表，18开，精装	书名原文：*A Textbook of Bacte-riology*
细菌学总论	张效宗编著	上海：东南医学院出版股，1932年初版，1935年再版，308页，23开	
肺痨病自己疗养法	刘启敬编	上海：光达医院，1932年10月初版，163页。	
细菌与人生	胡步蟾编	上海：新亚书店，1933年9月初版，58页，有图表，36开（科学知识普及丛书，薛德焴主编）	
肺结核诊疗之实际	方植民译，姚伯麟校	上海：启智书局，1933年4月出版，117页。	又名近世肺结核研究概观
肺病预防疗养教则	（日）原荣著，谢芸寿译，孙去病校	上海：社会医报馆，1933年4月初版，200页。（社会医学丛书之三）	

续表6

细菌学			
书名	作者、译述者	版本	备注
实用细菌学	姜白民编述，胡定安校	上海：商务印书馆，1934年3月初版，302页。	
细菌学	张崇熙编	上海：东亚医学编辑所，1934年7月初版，1935年12月再版，72页，有图，23开	
细菌之变异及菌解素	（日）小林六造著，魏岩寿译	1.上海：商务印书馆，1935年3月初版，105页，有图，32开（万有文库；自然科学小丛书，王云五等主编） 2.上海：商务印书馆，1935年6月初版，101页，42开（通俗文化丛书）	
家畜传染病学	贺克编，程绍迥校	上海：商务印书馆，1935年初版，114页。（王云五发行，高级农业学校教科书）	
菌类	小南清著，于景让译	上海：商务印书馆，1935年6月初版，93页。（王云五、周昌寿主编，自然科学小丛书）	
科学的生老病死观	朱洗著	上海：商务印书馆，1936年6月初版，233页。	

续表7

细菌学			
书名	作者、译述者	版本	备注
科学小品集：我们的抗敌英雄	高士其等著	上海：读书生活社，1936年6月初版，231页。（李公朴主编，读书生活丛书）	
细菌与人（高士其科学小品集）	高士其著	上海：开明书店，1936年8月初版，217页，32开（开明青年丛书）	
细菌微生体学讲义	黄成印译	军医教育班学员班编印，1936年1月初版，159页，16开	
细菌学	华北国医学院编	北平：编者刊印，1936年出版，106页，16开	书为医学院的微生物学教材，由王仲书、董又安等人分篇合作，未正式署名。
农用杀虫杀菌药剂学	顾玄著	上海：商务印书馆，1936年12月出版，291页。（王云五主编，农学丛书）	
农用杀虫杀菌药剂	曹自晏编	上海：黎明书局，1936年10月初版，123页。（黎明农业丛书）	
细菌学实习提要	（日）佐藤秀三编，祖照基译	上海：商务印书馆，1937年8月初版，172页，有图表，23开（大学丛书 中华教育文化基金董事会编辑委员会主编）	

续表8

细菌学			
书名	作者、译述者	版本	备注
显微镜中之奇观（一、二、三、四册）	（日）仲磨照久编，林克庸译	上海：商务印书馆，1937年3月出版，116页。（王云五编，万有文库之自然科学小丛书，第二集七百种）	
细菌学免疫学名词	国立编译馆编订	上海：商务印书馆，1937年2月初版，230页，16开（王云五发行）	1934年11月教育部公布。英、法、德、日、中五种文字对照
兽医学大意讲义	庞敦敏著	上海：集成相记印书局，1937年3月出版，365页。	封面汤尔和题字，金宝善、侯毓汶作序。
细菌学说	新医进修社编，庄畏仲主编	上海：编者刊印，1940年4月初版，150页，32开	
细菌学大要	江先觉编	陆军军医学校军医预备团编印，1940年12月初版，43页。	
豆科植物根瘤细菌之研究——（一）纯种之分离与检定	沈珂芝著	国立武汉大学理学院生物系第9届毕业论文，1940年，32页。	
四川土壤中固氮细菌azotobacter之调查与分离	项斯鲁著	国立武汉大学理学院生物系第9届毕业论文，1940年，38页。	
霉菌mucorales之概述	曹菊逸著	国立武汉大学理学院生物系第9届毕业论文，1940年，43页。	

续表9

细菌学			
书名	作者、译述者	版本	备注
植物病菌害	张俊德、汪声闻合著	国立武汉大学理学院生物系第10届毕业论文，1941年，38页。	
菌儿自传	高士其著	上海：开明书店，1941年1月初版，1943年1月湘1版，1949年2月4版，129页，32开（开明青年丛书）	以自述体裁讲解几种病菌的生活史
科学先生活捉小魔王的故事	高士其著	上海：读书生活出版社，1941年6月初版，204页，32开	以故事形式讲述各种病原微生物的生物学特性，及其与传染病的关系。并介绍饮食、起居等个人生活卫生、防病知识。
嗜菌体及其用途	颜春晖著	1941年1月初版，[8]页，18开	《中华医学杂志》第27卷第1期抽印本
肉眼看不见的细菌	徐君梅编	福建省政府教育厅编辑委员会，1941年12月初版，32页，32开（战时国民读物：健康知识）	

续表10

细菌学			
书名	作者、译述者	版本	备注
细菌学总论及免疫学实习指导	李振翩编	长沙：商务印书馆，1941年3月初版，88+[12]页，有图表，32开	1935年教育部医学教育委员会组织编写，医学院教学用书。此书根据协和医学院及国立上海医学院的教学经验，参阅林宗扬《细菌学说检查法》编成。附录：细菌学说教授经验谈。书前有颜福庆序。
滤过性毒病发展之现状	李涛等著	上海：中华医学杂志，1941年1月初版，13页，16开	《中华医学杂志》第27卷第1期抽印本
非豆科植物之共生固氮细菌	胡玉莲著	国立武汉大学理学院生物系第11届毕业论文，1941年，16页。	
罐头食品制造法	周卒禨编	上海：中华书局，1941年1月出版，173页。（化学工业丛书第十五种）	
病原微生物学概要总论（上、下册）	杨敷海著	编者刊印，1942年出版，2册（68页；108页），有图表，25开	封面书名为：病原细菌学说概要
简易细菌学	曹葭生编，程慕颐校	上海：五洲印务公司（印），1942年6月再版，96页，有表，36开	

续表11

细菌学			
书名	作者、译述者	版本	备注
Study on the life cycle of vetch nod-ule bacteria	吴洁如著	国立武汉大学理学院生物系第11届毕业论文，1942年，15页。	
The Aspergilli of KiatingSzechuen China	赵学慧著	国立武汉大学理学院生物系第12届毕业论文，1943年，18页。	
病原细菌学及免疫学简义	庞敦敏著，吴祥凤校	北平：人人书局，1943年3月初版，267页，32开。	
显微镜下的敌人——巴斯德的故事	（俄）库斯涅佐娃著，叶萌译	桂林：科学书店，1943年11月初版，391页。	
植物生长素对酵母菌生长之影响	吴熙春著	国立武汉大学理学院生物系第13届毕业论文，1944年，25页。	
The Studies of My-corrhigo on Some Familiar Wsgechuan Plants	李良凰著	国立武汉大学理学院生物系第13届毕业论文，1944年，39页。	
我们怎样演出法西斯细菌	军委会政治部剧宣队编	出版地不详，1944年2月14日至18日首次上演于□江复兴剧场，岚记于1944年2月11日破屋油灯下。	
传染病小集	祝绍煌编著	中华书局，1944年10月发行，1946年10月出版，85页。	

续表12

细菌学			
书名	作者、译述者	版本	备注
细菌与人类	司徒宗著	上海：永祥印书馆，1945年10月初版，61页，32开（青年知识文库，第1辑，第9种，范泉主编）	金宝善、胡定安分别作序
痢疾及其预防	司马淦、王培信编	正中书局，1945年11月渝初版，1946年11月沪1版，142页。（陈果夫、胡定安主编，卫生教育小丛书）	
法西斯细菌	夏衍著	上海：开明书店，1946年1月开明初版，148页。（夏衍戏剧集之一：心防）	
活捉小魔王	高士其著	上海：读书出版社，1946年6月再版，1947年5月3版，204页，32开。（新思想自然科学通俗讲话）	本书为《科学先生活捉小魔王的故事》改名再版。
人体寄生原虫学	陈超常编	上海：中国科学图书仪器公司印行，1946年11月，94页。	
植物病原菌学	段永嘉著	出版信息不详，1947年出版，220页。	
细菌学初编	M.E.Reid著，盖仪贞（N.D.Gage），吴建庵译，中国护士学会审订	上海：广协书局，1947年修正7版，245页，有图表，32开	据原著1930年第11修订版译成。书名原文：*Bacteriology in a Nutshell*

续表13

细菌学			
书名	作者、译述者	版本	备注
盘尼西林	J. D. Ratelirr著，范存恒译	上海：商务印书馆，1947年6月初版，136页。（朱经农发行）	
简易细菌学	胶东军区卫生部编	胶东新华书店，1948年10月初版，36页，有图，32开	解放区出版物。
细菌学实习提要	东北军区卫生部编	编者刊印，1948年11月初版，432页。	解放区出版物。
青霉素治疗之现状	M. J. Romansky著，郁采繁译	中华医学会，1949年1月初版，12页。	
链霉素临床之应用	郑文思编	上海：文通书局，1949年3月初版，141页。（医学丛书）	
重要植物病院菌之分类与检索	郑曼倩编译	上海：新农企业股份有限公司，1949年4月出版，107页。	
版次信息不全之书			
中华细菌学会免费研究章程	中华细菌学会编	编者刊印，33页。	
饮料水标准检验法	方乘编译	上海：商务印书馆，279页。	系根据美国公众卫生协会及自来水公司协会印行的Standard Methods of Water Analysis 增删编译而成，凡化学名称术语，悉依教育部规定，其尚未经部定者，除一二特例外，暂时采用坊间理化学及细菌学通用名词。

续表14

版次信息不全之书			
书名	作者、译述者	版本	备注
细菌学及免疫学总论	张效宗编著	上海：东南医学院，222页，24开	
实用细菌学	黄志上编著	济南：医务生活社，203页，32开	
毒菌学者（上册）	（英）惠林克劳著	上海：商务印书馆，97页。（说部丛书第三集第廿四编）	

微生物学			
书名	作者、译述者	版本	备注
微生物	余云岫编	上海：商务印书馆，1920年6月初版，1924年6月3版，45页，48开（医学小丛书）；上海，商务印书馆，1929年10月初版，1932年11月国难后1版，1934年9月国难后2版，49页，32开（万有文库，第2集，王云五主编；医学小丛书）	介绍有关病原微生物的知识
生物学的人生观	Christian A. Herter著，张修爵译	上海：商务印书馆，1924年3月初版，364页。（尚志学会丛书）	
公民生物学（上、下册）	王守成编	上海：商务印书馆，1925年6月初版，1930年6月3版，上册319页，下册230页。（新学制高级中学教科书）	1928年8月经大学院审定，领到第84号执照。

续表15

微生物学			
书名	作者、译述者	版本	备注
微生物世界	世界书局编	上海：世界书局，1926年9月初版119页，有图，32开	（中学世界百科全书 第1集 3）
微生物之起源及其在自然界之任务	贝熙（Buissiere）讲，谭熙鸿译	北京：中法教育界月刊，1926年10月出版，10页，16开	北京中法大学讲演录之二
达尔文以后生物学上诸大问题	（法）昂格拉司著，周太玄译	北京：朴社，1927年5月初版，1937年8月1日起归开明书店出版发行。	
近世病原微生物及免疫学	（日）志贺洁著，汤尔和译	上海：商务印书馆，1928年4月初版，542+[16]页，有图表，精装	内分：细菌汎论、细菌学说检查法、微生物学要论、血清学及其应用、免疫学说及侧锁说、实验化学治疗术等7编。书后附：免疫学术词汇
生物学精义	（日）冈村周谛著，汤尔和译	上海：商务印书馆，1929年12月初版，648页。（科学丛书）	
生物学笔记	（法）经利彬著	北平：国立北京大学出版社，1929年6月出版，120页。（理学丛书）	
寄生虫	顾寿白著	上海：商务印书馆，1929年10月初版，121页。（王云五主编，万有文库第一集一千种，医学小丛书）	

续表16

微生物学			
书名	作者、译述者	版本	备注
微生物	余云岫著	上海：商务印书馆，1929年10月初版，57页。（王云五主编，万有文库第一集一千种，医学小丛书）	
人生植物学	（日）三好学著，许心芸译述，夏诒彬、凌昌焕校	上海：商务印书馆，1930年12月初版，364页。（科学丛书）	
微生物学大意	钱亦石著	上海：神州国光社，1931年12月出版，58页，36开	论述微生物的种类，传染病的病理、症候和预防等
微生物学总论	东南医学院	上海：东南医学院出版股，1931年出版，132+30页，24开	书末另附"传染论"一篇
微生物实验法	魏岩寿著	上海：商务印书馆，1931年9月出版，117页，23开	
食品微生物学	陈同白编	上海：商务印书馆，1933年10月初版，1935年4月再版，116页。（王云五主编，百科小丛书）	
农业病虫害防治法	邹钟琳编	上海：商务印书馆，1933年2月初版，1938年11月第7版，80页。	王云五发行

续表17

微生物学			
书名	作者、译述者	版本	备注
生物学大纲	（美）伍特鲁夫著，沈霁春、伍况甫译	上海：世界书局，1934年11月初版，1935年9月再版，615页。	
桑树病虫害学	朱美予编	上海：商务印书馆，1934年2月初版，1934年9月再版，202页。（高级农业学校教科书）	
土壤肥料实验法	蓝梦九著	北平：国立北平大学农学院，1934年，136页。（国立北平大学农学院丛书）	
生物学（上下册）	周建人编	上海：商务印书馆，1935年10月初版，上下册共415页。（师范学校教科书）	王云五发行
植物学	胡哲齐编	上海：商务印书馆，1935年4月初版，1935年6月再版，108页。（初中复习丛书）	
微生物	（日）朱内松次郎著，魏岩寿译	1.上海：商务印书馆，1935年3月初版，129页，有图，32开（万有文库，第2集，王云五主编；自然科学小丛书，王云五、周昌寿主编） 2.上海：商务印书馆，1935年6月初版，1947年2月3版，129页，有图，32开（自然科学小丛书；新中学文库）	

续表18

微生物学			
书名	作者、译述者	版本	备注
微生物学纲要（上、下册）	华阜熙编	上海：中华书局，1935年4月初版，2册，204页；110页，有图，32开（中华百科丛书）	附中西文名词索引
微生物与人生	（美）彭琼斯（S.Bayne-Jones），陈兆熙译	1.上海：商务印书馆，1935年9月初版，130页，有图，32开（万有文库，第2集，王云五主编；自然科学小丛书，王云五、周昌寿主编） 2.上海：商务印书馆，1936年6月初版，130页，有图，32开（自然科学小丛书）	书前有原著者序。书名原文：Man and Microbes
酸酵工业	陈陶声著	上海：中华书局，1935年，226页。	
酿造工业	金培松编	正中书局，1936年12月初版，1939年4月第3版。（应用科学丛书）	
植物病理原论	（日）草野俊助著，陈铭石译	上海：商务印书馆，1936年11月初版，66页。（王云五、周昌寿主编，自然科学小丛书）	
微生物界的探险者	陈明齐著	上海：开明书店，1936年2月初版，151页，有图，32开（开明青年丛书）	以故事体裁介绍巴士德、里德等科学家对微生物学的探讨和贡献。

续表19

微生物学			
书名	作者、译述者	版本	备注
新编实用酿造微生物学大纲	何庆云编	上海：黎明书局，1936年10月初版，100页。（黎明工业丛书）	
植病丛谈	张巨伯、崔伯棠编	上海：中国科学图书仪器公司，1936年5月初版，1947年3月3版，110页。（中国科学社科学画报丛书）	
1935年至1936年度国立清华大学农业研究所虫害组病害组研究报告	国立清华大学农业研究所编	编者刊印，1937年7月出版，71页。	
生命之起原与进化（上）	奥兹本著，沈因明译	上海：商务印书馆，1937年3月出版，190页。（王云五主编，万有文库第二集七百种，汉译世界名著）	
植物病理	孙钺著	上海：中华书局，1937年4月出版，296页。（农业丛书）	
酱油酿造法	（日）植村定治郎著，蔡弃民译，谭勤余校	上海：商务印书馆，1939年4月初版，1947年1月第5版，187页。（实用工艺丛书第一集）	
植病研究法	阎若珉著	成都：农民书店，1942年12月出版，126页。	

续表20

微生物学			
书名	作者、译述者	版本	备注
发酵学	郭质良编	正中书局，1943年2月初版，290页。	
土壤微生物学	蓝梦九著	上海：中华书局，1945年，175页。	
微生物浅说	童致棱编	上海：中华书局，1947年12月初版，58页，32开（中华文库，初中第1集，舒新城等主编）	
初中植物学教本（下册）	贾祖璋编	出版信息不详，1947年2月第16版，122页。	教育部审定，修正课程标准适用。
向微生物挑战	马客谈著	上海：世界书局，1948年10月初版，33页，32开（少年自然科学丛书48）	
生物学的显微镜技术	刘棠瑞编	正中书局，1948年7月初版，286页。	
版次信息不全之书			
食品化学工业制造法	徐彬如编	上海：世界书局，出版年份不详，376页。	
农产酿造	方乘著	上海：出版社不详，出版年份不详，699页。	
作物病理学	王历农编	出版信息不详，343页。	

后 记

当此新冠疫情肆虐之际，人文学者应当发声。本书最初的想法来自从小家里缺医少药的苦难经历，父母均得过重疾，尤其是母亲曾患化脓性脑膜炎，鬼门关走一遭，这让我对疾病的感受刻骨铭心。此后，怀揣着对历史一如既往的热爱，逐渐走上了学术研究道路，从本科开始便对医疗史研究抱有极大兴趣。这部书稿是我在本科学位论文《流感与霍乱：民初上海传染病防治初探（1918-1919）》和硕士学位论文《清末民初细菌学的引介与公共卫生防疫机制的构建》基础上修改而来，它们代表着过去十余年我对细菌、传染病、公共卫生等话题的思考和追寻。

此书既为习作，难免有生涩之处。本已无意出版，得益于浙江大学历史学院中国近现代史研究所（即蒋介石与近代中国研究中心、国家与近代中国研究中心）友善的学术环境，又有幸申请到浙江大学多项出版资助，还有北京师范大学出版社谭徐锋老师帮助联络出版事宜，更有四川人民出版社封龙老师及其团队的精心编校，在此期间收获了不少宝贵修改建议，令全书增色不少。惶恐之余，我对文稿内容又进行了长达半年左右的修改，尽可能参考最近十年的研究成果，但仍难免挂一漏万，如仍有不当之处，文责全然在己。

如果说本书偶有所得的话，还离不开长期以来各位师友亲朋的支持、鼓励与帮助。按照学术成长历程，首先感谢中南财大的袁咏红老师，让我在信息相对闭塞的学习环境中提前接触到了《日本国志》《日本杂事诗》以及钟叔河主编的《走向世界丛书》，打开了一扇史学之窗，从书的馆藏图章得知武汉有一个中国近代史研究所。其次感谢信阳师院的叶宗宝老师，在我大学迷茫之际，义务指导了我的论文写作，提出时下医疗史研究正在成为新兴学术点，可以关注一下1918-1919年的流感与霍乱，从报刊资料入手，最终写成本科学位论文，虽然很不成熟，但却为我打开了学术视野，让我知道“外面的世界很精彩”，也第一次听闻复旦大学历史学系诸位名师的大名。

感谢我的硕导华师近史所郑成林老师，以及其他师友，具体细节已在硕士论文致谢中多有言说，此处不再展开。回想起来，虽然郑老师不做医疗史，但他看问题的视野与角度引发了我对相关问题的持续思考，并不断在中国近代史研究所资料室爬梳史料，良好而又充满人情味的学术环境让我在桂子山上的求学生涯无比愉悦。那时候还没有微信，许多线上学术交流是在QQ群中进行，我也曾经一时好奇建立了一个群，没想到诸多师友加入，日后诸位同人也成为我研究医疗史道路上的良师益友，余新忠老师、路彩霞老师、尹倩老师都曾不厌其烦地解答我的问题，还少不了被我登门叨扰，实在是自己天资愚钝，世面见得少，总想看看外面的世界，在此过程中，余新忠老师始终对我这个后生抱有信心，多有助力，这一点让我至今非常感动。

感谢我的博导复旦历史系章清老师，是他暂时打消了我本硕阶段对细菌学说、传染病、公共卫生等问题相对偏窄的认识，其中有不少已经变成一种执念。章老师高屋建瓴的学术气度往往带给我前所未有的思想冲击，在其指导下我逐渐从知识转向制度，得益于这种“跳出来”看问题的视野和训练，当我重新“回头看”时，反而思路变得更加清晰。读博期间，除了撰写博士论文外，我还向系里的张仲民老师、高晞老师、孙青老师、章可老师、曹南屏老师等诸位师友多有请教，尤其是张仲民老师在资料、理念、方法、写作等方面给予了莫大的指导和帮助。

父母给我以生命，爱人给我以生命的色彩。万分感谢妻子李秋菊女士长期以来对我的包容与理解，支持与鼓励，信任与付出。一路走来，正是她的出现，让我的生命开始不断有了新的角色：爱情懵懂的男孩，憨厚腼腆的丈夫，新手上路的父亲，努力拼搏的青椒……这部书稿陪伴着我们走过了青春年少，来到了风华正茂，我想以这种正式出版的方式来纪念我们的过去，实际上也是在提醒自己要活在当下，正是因为你们的存在，才让我对未来不再感到畏惧。

2021年12月31日于玉泉

图书在版编目（CIP）数据

晚清民初细菌学说与卫生防疫 / 姬凌辉著. -- 成都:
四川人民出版社, 2023.3
（新史学丛书 / 谭徐锋主编）

ISBN 978-7-220-12893-6

Ⅰ.①晚… Ⅱ.①姬… Ⅲ.①细菌学—研究②卫生防疫—史料—中国—清后期 Ⅳ.①Q939.1②R185

中国版本图书馆CIP数据核字(2022)第208965号

WANQING MINCHU XIJUN XUESHUO YU WEISHENG FANGYI
晚清民初细菌学说与卫生防疫
姬凌辉　著

出品人	黄立新
策划统筹	封　龙
责任编辑	冯　珺
版式设计	戴雨虹
装帧设计	周伟伟
责任印制	周　奇
出版发行	四川人民出版社（成都三色路238号）
网　址	http: //www.scpph.com
E-mail	scrmcbs@sina.com
新浪微博	@四川人民出版社
微信公众号	四川人民出版社
发行部业务电话	（028）86361653　86361656
防盗版举报电话	（028）86361653
照　排	四川胜翔数码印务设计有限公司
印　刷	成都蜀通印务有限责任公司
成品尺寸	148mm×210mm
印　张	12.75
字　数	300千
版　次	2023年3月第1版
印　次	2023年3月第1次印刷
书　号	ISBN 978-7-220-12893-6
定　价	78.00元

让 思 想 流 动 起 来